KB270031

봄 · 여름 · 가을용
프리미엄 손뜨개

| 서경숙 지음 |

Premium Knitting

예신 Books

F.o.r.e.w.o.r.d 머리말

　이 책에는 봄·여름·가을용 손뜨개 작품들이 수록되어 있으며, 세련미가 한층 더해진 작품들로 구성되어 있습니다.

　이 손뜨개 책의 가장 큰 매력은 대부분의 작품을 대·중·소 세 개의 사이즈로 구분하여 각각 제도함으로써 독자들이 자신의 체형에 맞는 작품을 뜰 수 있도록 배려한 것입니다.

　카페 패키지를 통해 이미 작품을 접해본 분들도 많겠지만 이 책을 통하여 손뜨개 의상의 다양한 코디법을 보여주고자 하였습니다. 따라서 서로 다른 옷의 상하의를 교차해서 입었을 때 여러 벌의 효과를 낼 수도 있고, 한 작품을 응용하여 전혀 다른 작품을 제작할 수도 있도록 하였습니다.

　한 벌의 옷으로 여러 스타일의 코디가 가능함을 직접 보여드리고 싶지만 패션 화보가 아닌 손뜨개 책의 특성상 한 가지 이미지만을 실었습니다.

　전작인 스타일리시 손뜨개의 작품들이 어느 옷에나 조화가 잘 된다는 것은 카페 회원님들을 통해 인정받은 사실입니다.

　정장 풍으로 우아하게, 캐주얼 차림에는 발랄하게, 때론 섹시하고 귀엽게 분위기에 따라 변화가 가능하도록 고심하여 디자인하였습니다.

　스타일리시 손뜨개에 이어 이 책을 통하여 역시 여러분들의 손뜨개가 한 단계 업그레이드 되고 즐거운 취미가 되길 바라며 단순한 손뜨개가 아닌 핸드메이드로서의 가치와 뛰어난 착용감으로 실용성이 부여되기를 바랍니다.

서경숙

C.o.n.t.e.n.t.s 차 례

PART 01

 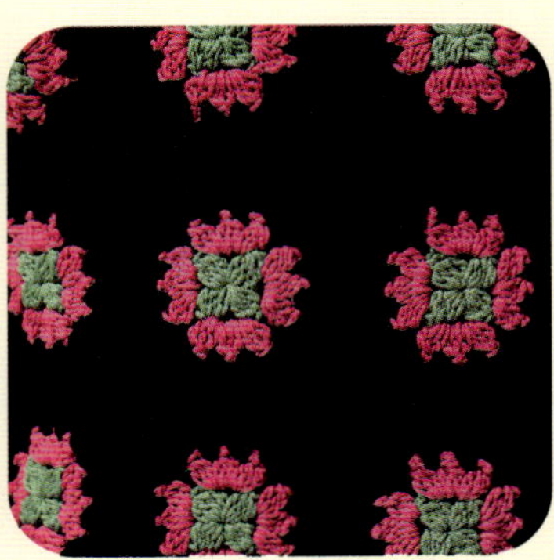

봄 · 가을 패션 손뜨개

Knit for between the seasons

PART 02

여름 패션 손뜨개

Knit for summer

PART 01

봄 · 가을 패션 손뜨개
Knit for between the seasons

kintting 01

후르츠 칵테일 재킷 & 헤어밴드

1. 앞목
2. 소매
3. 다트 줄임과 밑단
4. 전체 무늬와 뒷고대

 **뜨는 방법**

1 자신에게 맞는 사이즈를 찾아 폴리아크릴사 1겹, 밤부사 1겹을 합쳐 뜹니다.

2 4mm 대바늘로 뒤판, 앞판, 소매순으로 뜹니다. 뒤판, 앞판 다트 줄임은 그림을 참조하여 줄이고, 소매는 일반 줄임합니다.

3 몸판과 소매를 잇습니다.

4 밑단과 소매단에 레이스를 5호 코바늘로, 3단 6호 코바늘로 2단 뜹니다.

5 목선의 레이스를 5호 코바늘로 5단 뜹니다. 앞에서 14무늬, 뒤에서 16무늬 모두 44무늬를 만듭니다. × 표시한 곳 8군데에서 1무늬씩 줄여줍니다.

6 앞단 레이스를 5호 코바늘로 4단 뜹니다.

7 마지막 마무리는 배색실 한 겹을 2호 코바늘로 조개뜨기를 하되 밑단과 소매단은 6코씩, 목선과 앞단은 5코씩 합니다.

8 대바늘뜨기 몸판과 코바늘 레이스의 경계를 겉으로 접어 배색실 한 겹을 2호 코바늘로 라인을 떠 줍니다. 사슬2코 짧은뜨기, 혹은 사슬3코 짧은뜨기식으로 간격 넓이에 맞춰 뜹니다.

| 재 료 |

폴리아크릴사 연두색 300g, 밤부사 연두색 100g, 핑크 20g, 18mm 단추 4개

| 바 늘 |

4mm 대바늘, 모사용 2호 · 5호 · 6호 코바늘

| 사이즈 |

S(샘플사이즈), M, L

| 게이지 |

대바늘뜨기 몸판무늬 21코 30단

| 앞판 · 뒤판 |

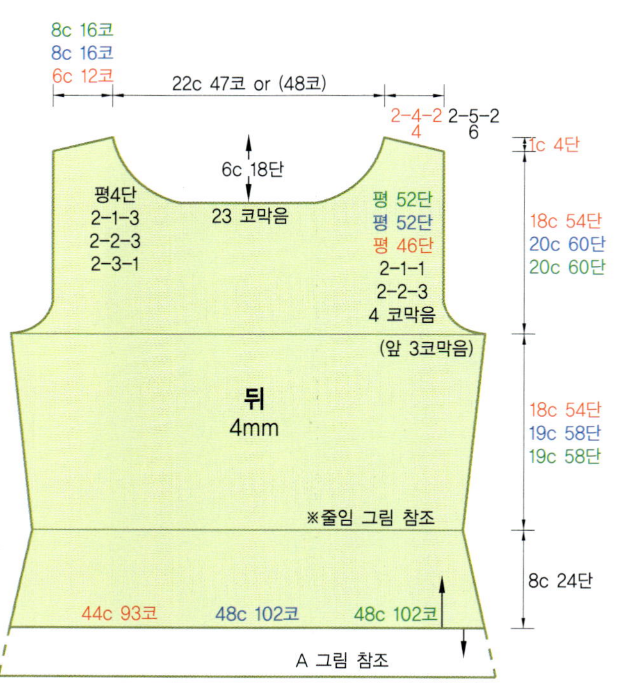

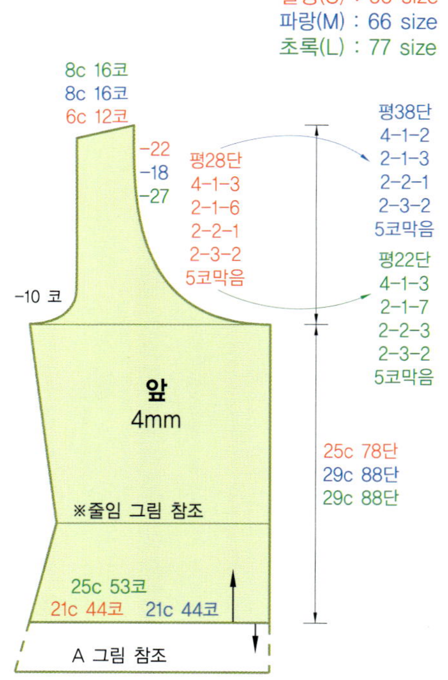

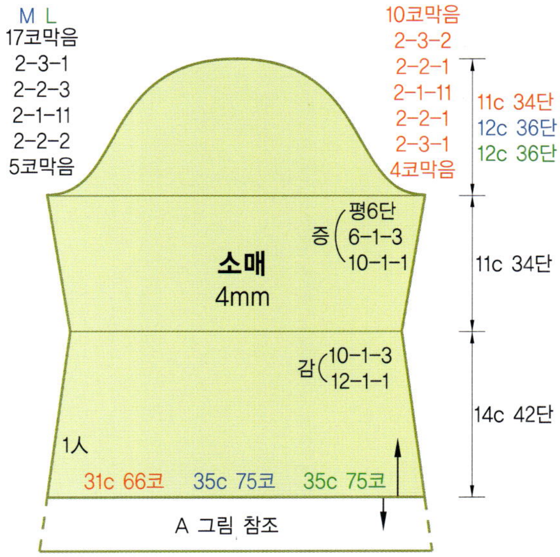

M L
17코막음
2-3-1
2-2-3
2-1-11
2-2-2
5코막음

10코막음
2-3-2
2-2-1
2-1-11
2-2-1
2-3-1
4코막음

11c 34단
12c 36단
12c 36단

소매
4mm

증 (평6단
6-1-3
10-1-1)

11c 34단

감 (10-1-3
12-1-1)

14c 42단

1人

31c 66코   35c 75코   35c 75코

A 그림 참조

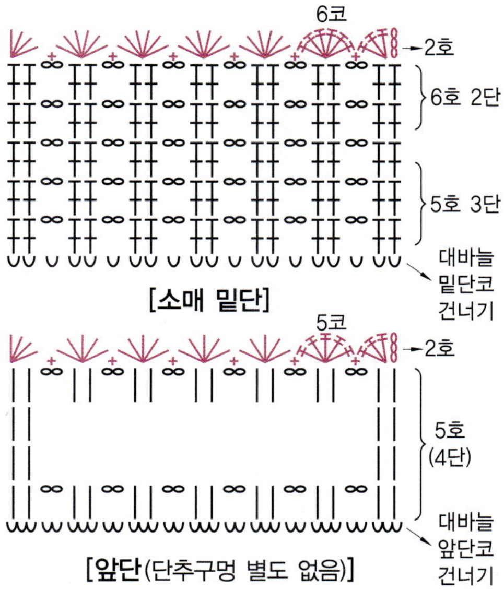

6코
→2호
6호 2단
5호 3단
대바늘
밑단코
건너기

[소매 밑단]

5코
→2호
5호
(4단)
대바늘
앞단코
건너기

[앞단(단추구멍 별도 없음)]

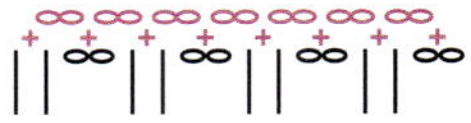

[라인 만들기]

몸판과 레이스의
경계를 접어서
2호로 떠 줌

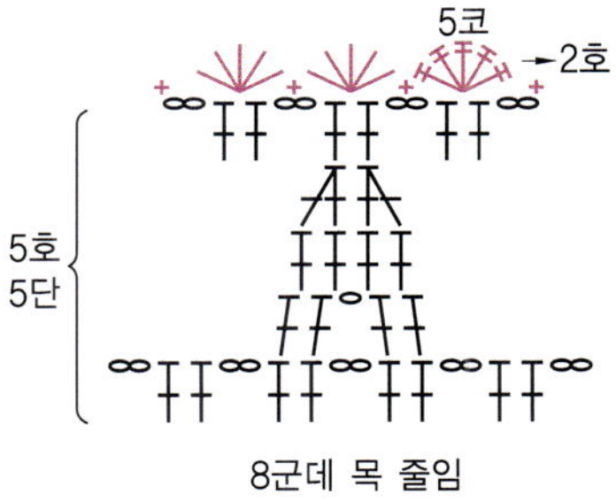

5코
→2호
5호
5단

8군데 목 줄임

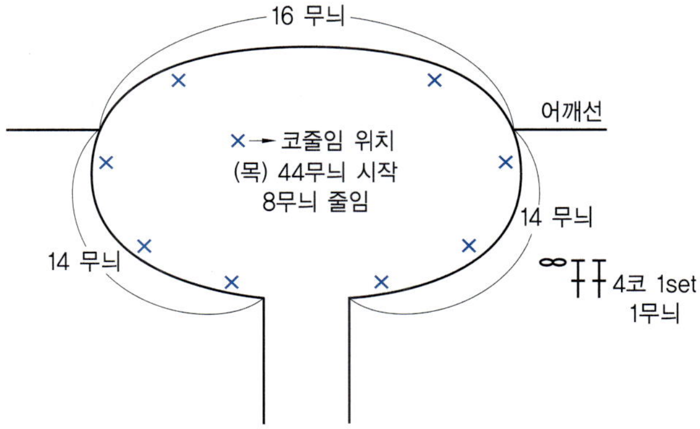

16 무늬

× → 코줄임 위치
(목) 44무늬 시작
8무늬 줄임

어깨선

14 무늬

14 무늬

4코 1set
1무늬

6호 코바늘로 자투리 실을 이용하여 간단한 헤어밴드를 만들어 멋을 냅니다.(재료 : 면사, 바늘 : 6호 코바늘)

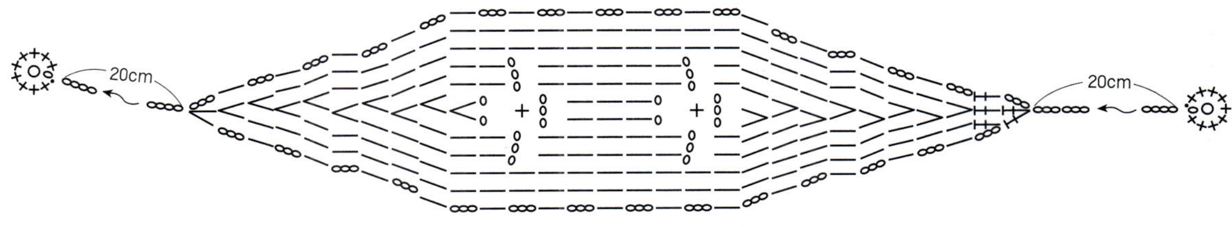

|다 트|

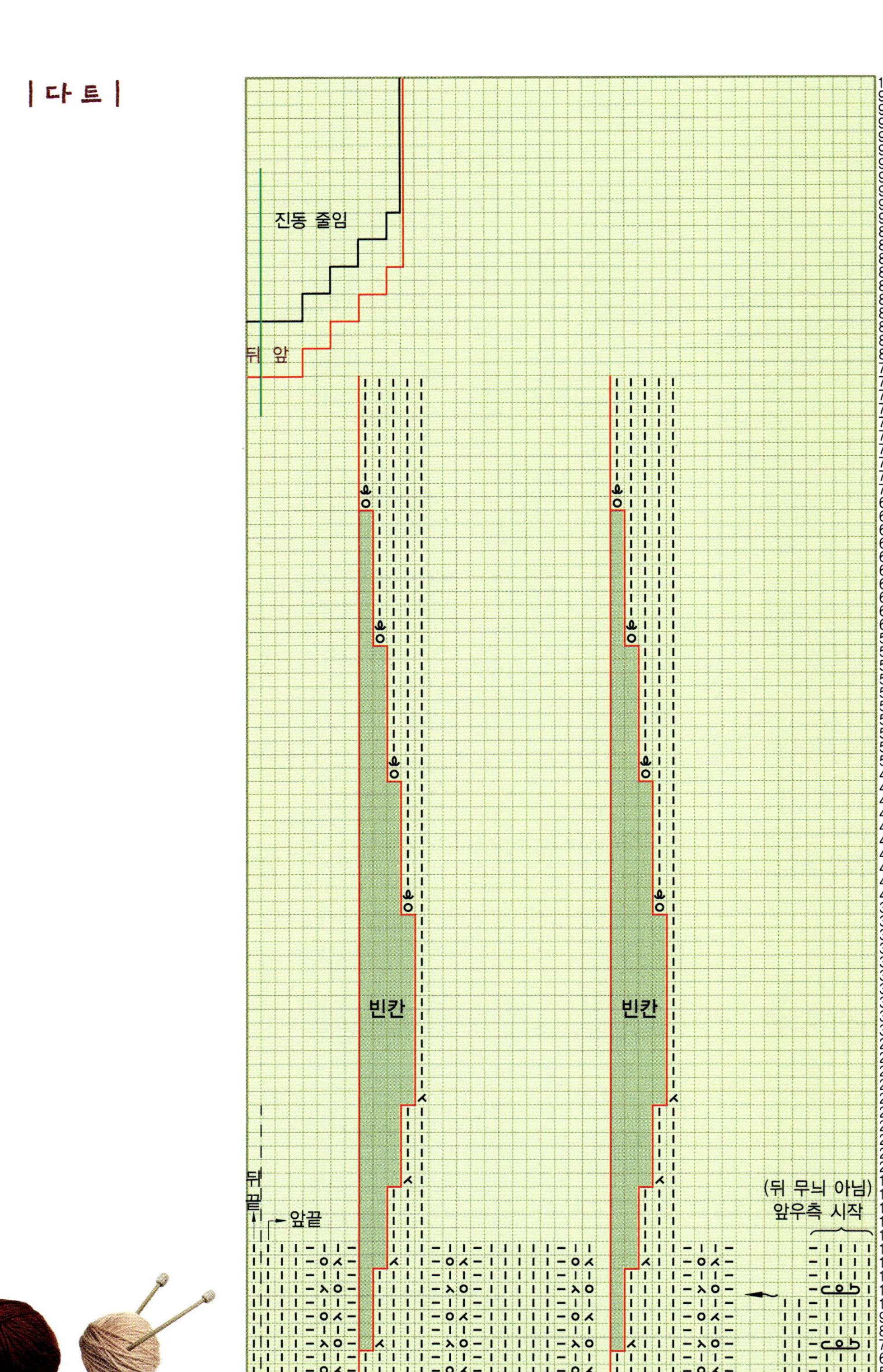

진동 줄임
뒤 앞
빈칸
빈칸
뒤끝
앞끝
(뒤 무늬 아님)
앞우측 시작
93 (102))뒤
90 (99)
44 (53))앞
41 (50)
85 (94)
80 (89)
75 (84)
70 (79)
65 (74)
60 (69)
5
1

| 다 트 |

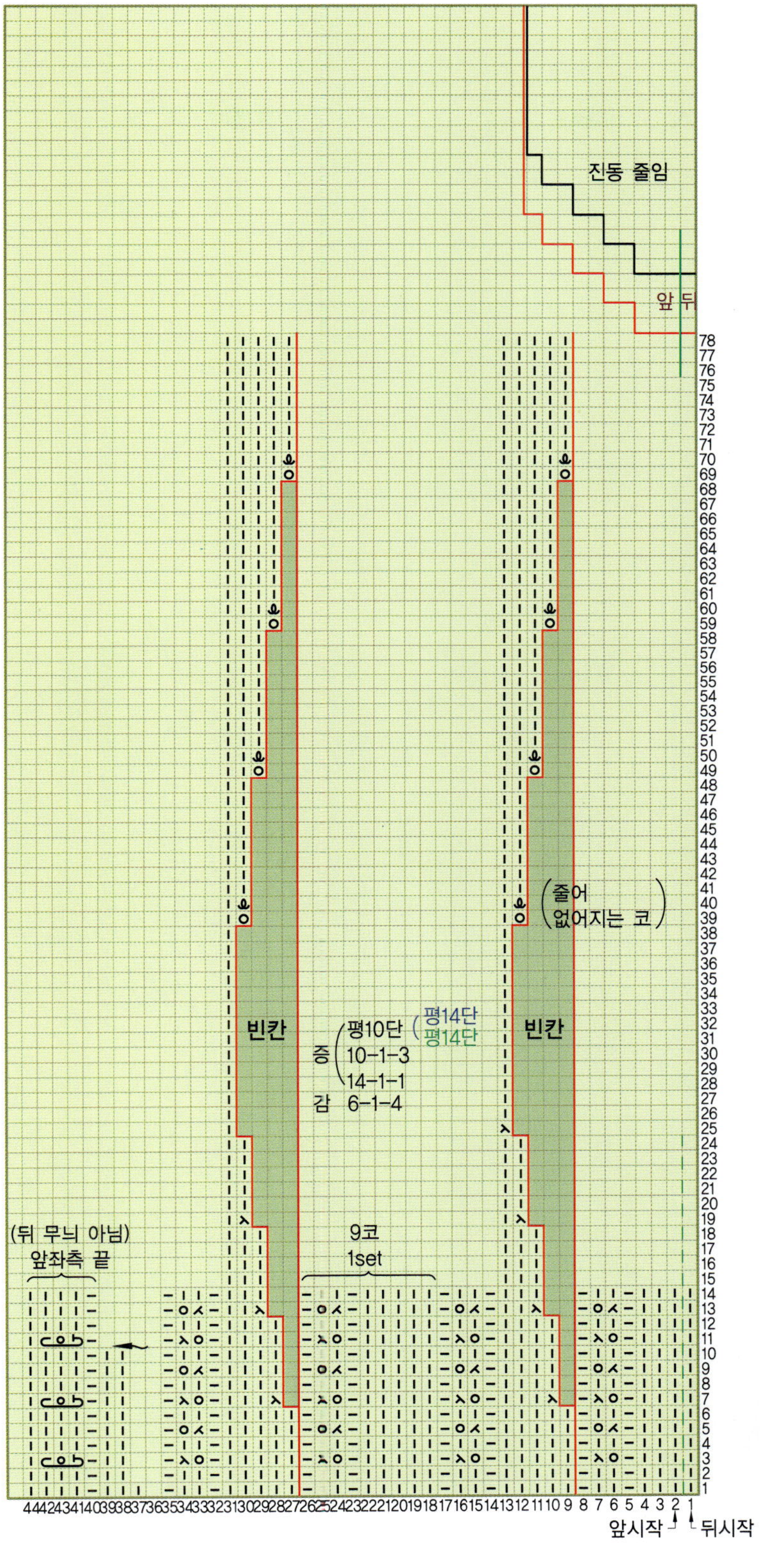

진동 줄임

앞 뒤

$\left(\begin{array}{c}\text{줄어}\\\text{없어지는 코}\end{array}\right)$

빈칸

평10단 평14단
평14단
증 10-1-3
  14-1-1
감 6-1-4

빈칸

(뒤 무늬 아님)
앞좌측 끝

9코
1set

앞시작 뒤시작

13

kintting 02

| 레이시 카디건 & 스커트 |

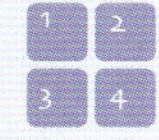

1. 아웃라인 마무리
2. 소매단
3. 전체 무늬
4. 스커트 무늬

레이시 카디건 & 스커트

1 3mm 대바늘로 일반코 281코를 잡아 몸판 전체를 떠 올라갑니다.

2 옆 중심코에 맞춰 표시를 해 두고 진중 중심 14코 코막음을 한 다음 뒷판 진동부터 줄입니다.

3 양쪽 앞판을 뜨고 어깨를 잇습니다.

4 소매는 아웃라인까지 마치고 진동에 잇습니다.

5 전체 아웃라인을 3호 코바늘로 코바늘뜨기하면서 단추구멍을 내주고 늘어지거나 오그라들지 않도록 주의합니다.

6 목둘레는 늘어지지 않도록 하기 위하여 3호 코바늘로 3단을 뜨고, 2호 코바늘로 2단을 뜨고 피코뜨기합니다.

| 재 료 |

실켓면사 280g, 10mm 단추 6개

| 바 늘 |

3mm 대바늘, 모사용 2호 코바늘, 3호 코바늘

| 사이즈 |

S (샘플사이즈)

| 게이지 |

27코 35단

| 앞판 · 뒤판 |

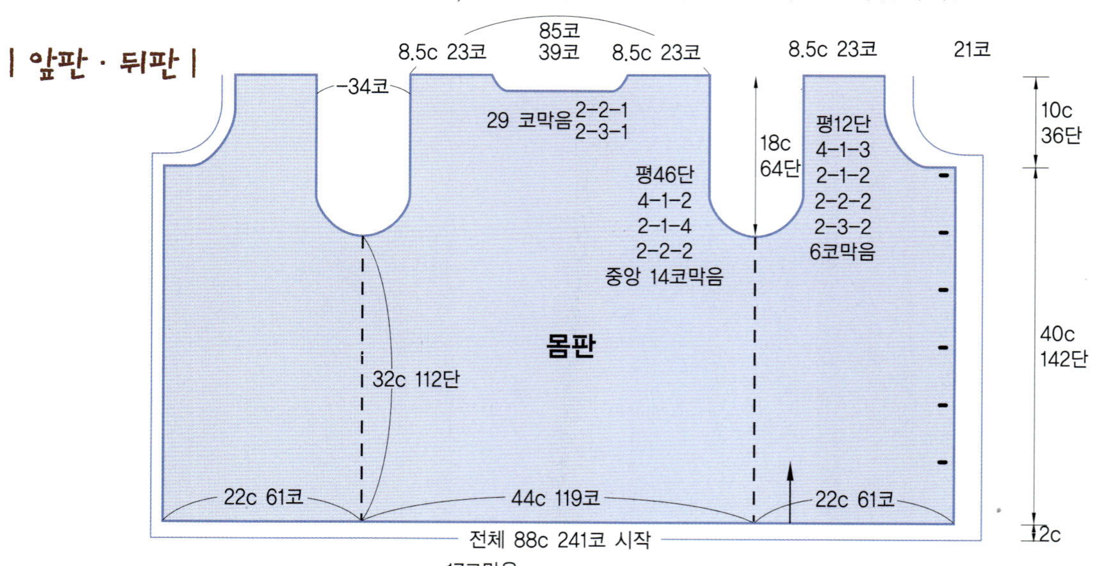

| 소 매 |

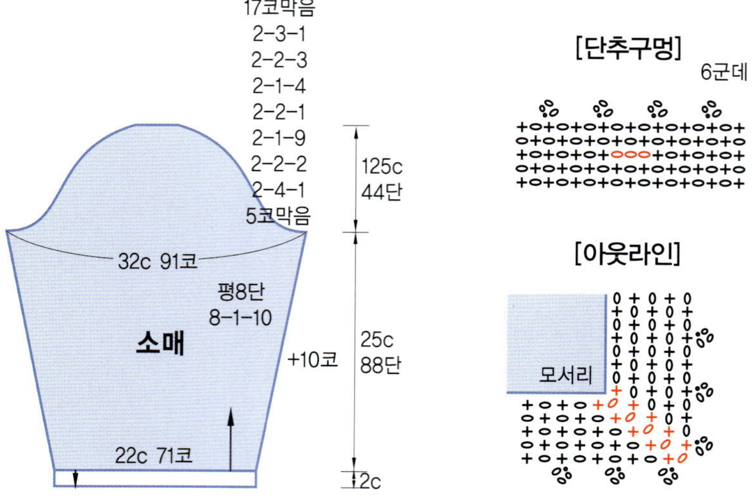

| 무 늬 |

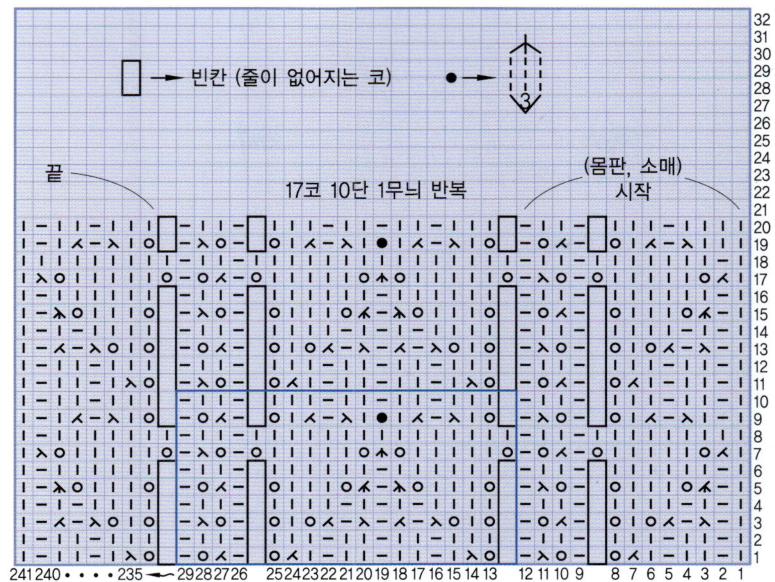

| 스커트 |

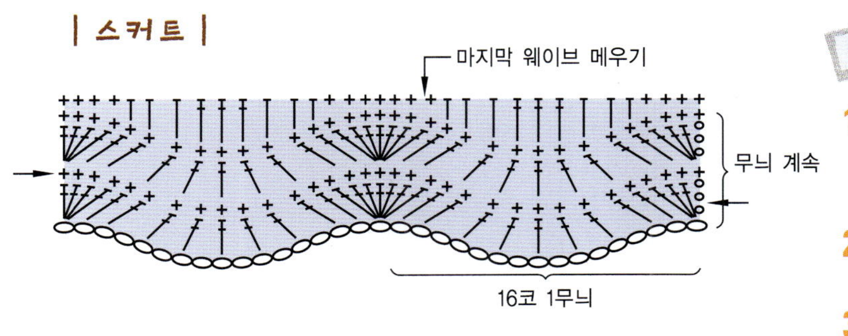

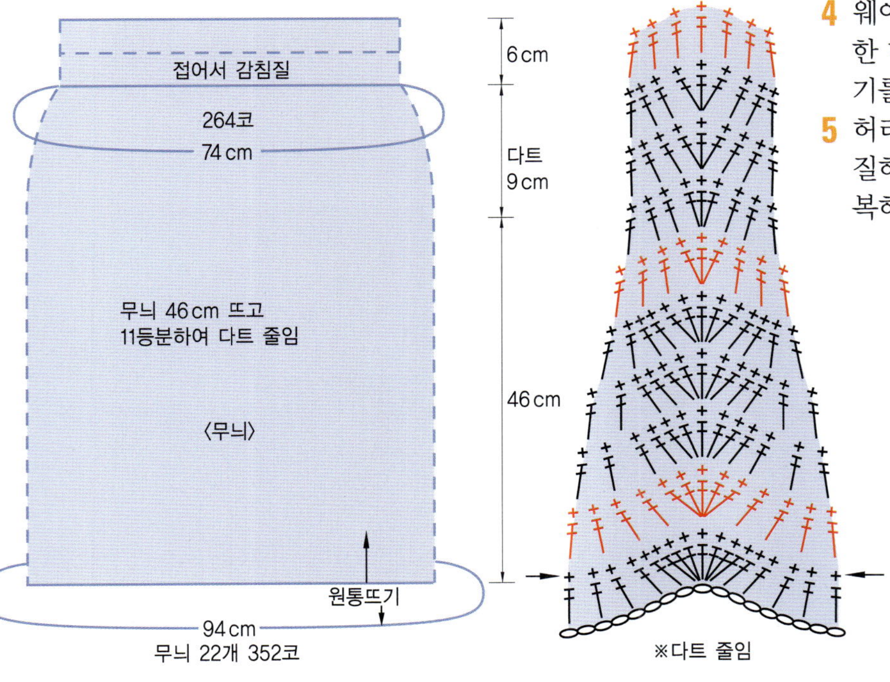

스커트 뜨는 방법

1 2호 코바늘로 사슬뜨기 352코를 뜨고 무늬 첫단을 뜬 다음 둥글게 잇습니다. 이때 뫼비우스 띠가 되지 않도록 주의합니다.

2 한길긴뜨기는 겉에서 진행하고 짧은뜨기는 안에서 진행하면서 원통으로 떠 올라갑니다.

3 전체 8군데에서 다트를 줄여줍니다.

4 웨이브로 파인 부분을 메꿔주어 평평하게 한 다음 고무줄 폭의 두 배 만큼 한길긴뜨기를 합니다.

5 허리단을 접어 안에서 고무줄 실로 감침질하거나 빼뜨기와 사슬뜨기 2~3코를 반복하며 이어주고 고무줄을 넣습니다.

| 재 료 |
실크사 430g, 폭 3cm
고무줄 허리에 맞게 준비

| 바 늘 |
모사용 2호 코바늘

| 사이즈 |
S (샘플사이즈)

| 게이지 |
16코 1세트 4.3cm

kintting 03
| 스프링 코트 |

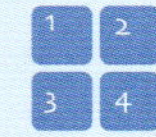

1. 밑단
2. 소매
3. 전체 무늬
4. 아웃라인

스프링 코트

뜨는 방법

1 자신에게 맞는 사이즈를 선택합니다.

2 첫단의 사슬뜨기는 촘촘해지지 않도록 합니다.(요령 – 7호 코바늘로 사슬뜨기)

3 몸판 전체 15cm 가량을 뜨고 다트를 줄입니다.

4 뒷판부터 진동을 줄이며 완성하고 양쪽 앞판을 뜹니다.

5 어깨는 돗바늘로 감침질하거나 빼드기로 잇습니다.

6 소매는 원통으로 떠서 진동에 잇되 겉에서 빼뜨기하여 진동라인이 도드라지게 합니다.

7 전체 아웃라인 에칭을 떠 줍니다. 이때 단추구멍을 별도로 내지 않습니다.

8 목둘레 아웃라인은 몸판의 아웃라인보다 콧수가 적습니다. 늘어짐이 없도록 주의하여 뜹니다.

9 목선을 겉에서 접어 빼뜨기하여 진동과 같이 도드라져 보이게 합니다.

| 재 료 |
면사 450g, 28mm 단추 3개

| 바 늘 |
모사용 6호 코바늘

| 사이즈 |
S(샘플사이즈), M

| 게이지 |
생략

| 앞판 · 뒤판 |

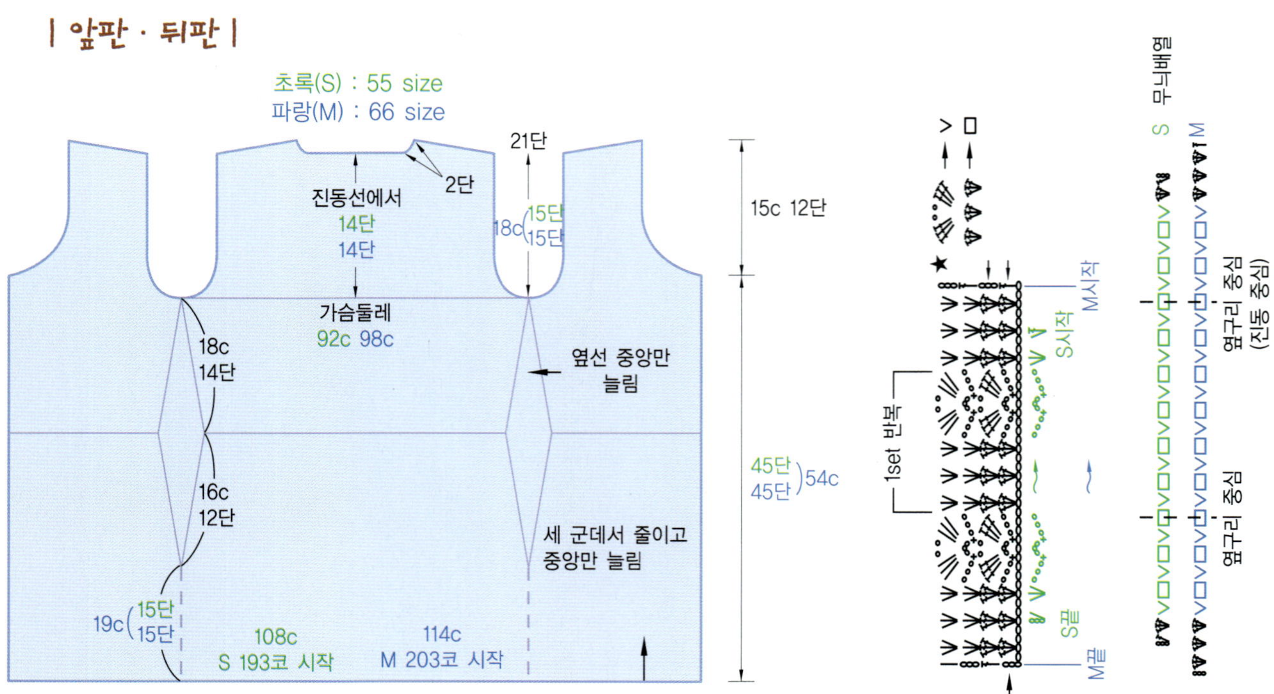

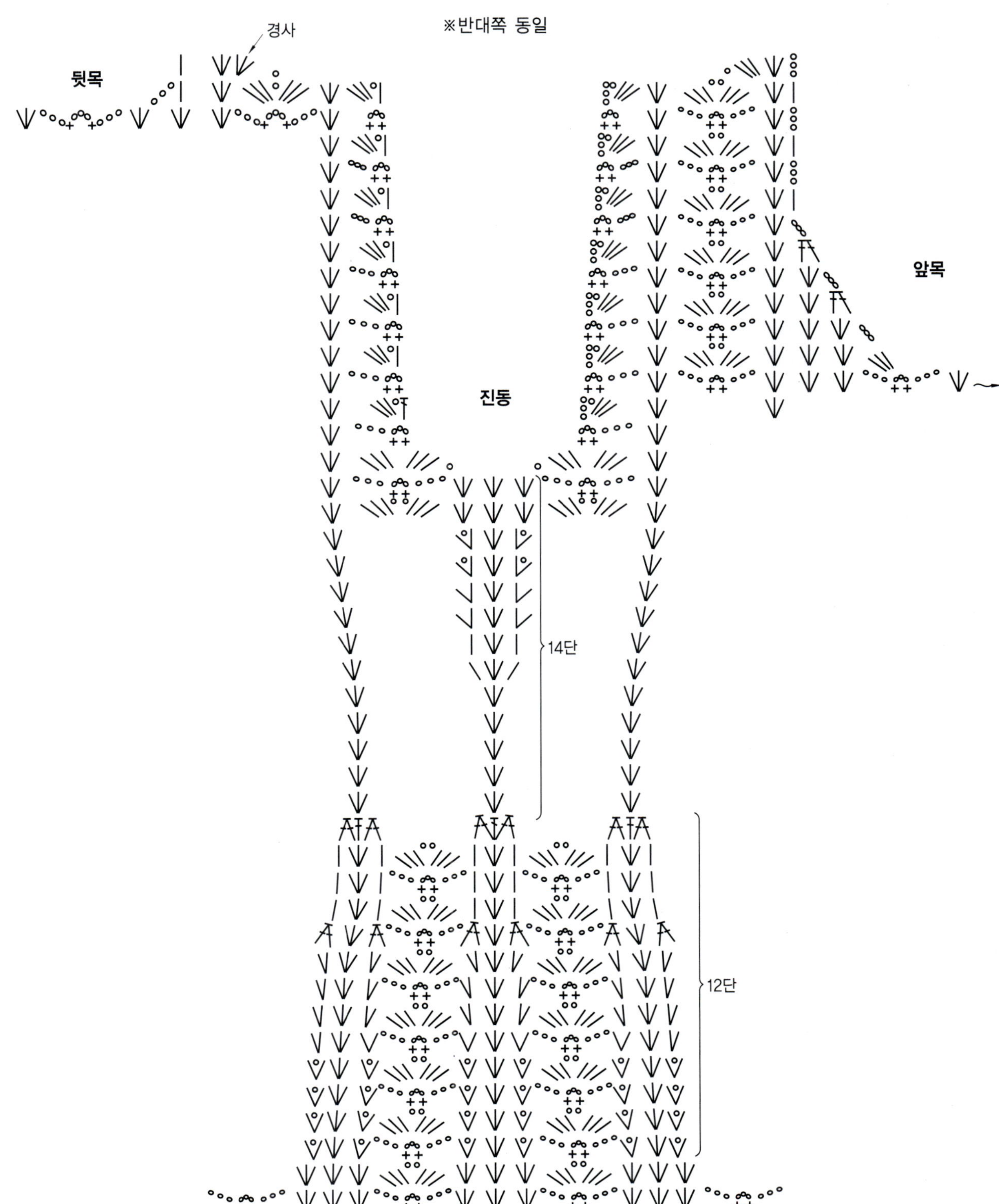
경사
※반대쪽 동일
뒷목
앞목
진동
14단
12단

※ 소매를 진동에 이을 때는 겉에서 한 가닥씩 잡아 빼뜨기합니다.

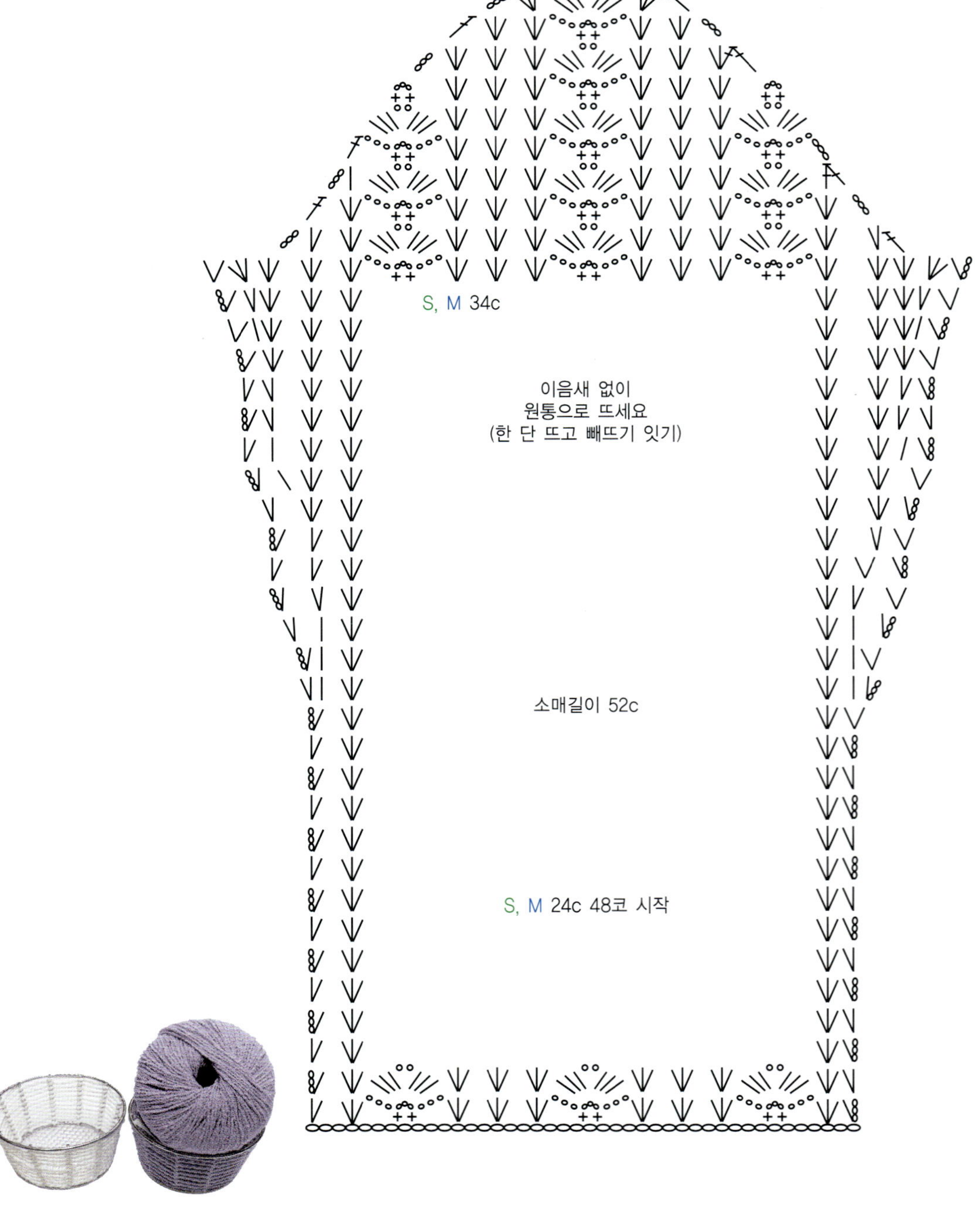

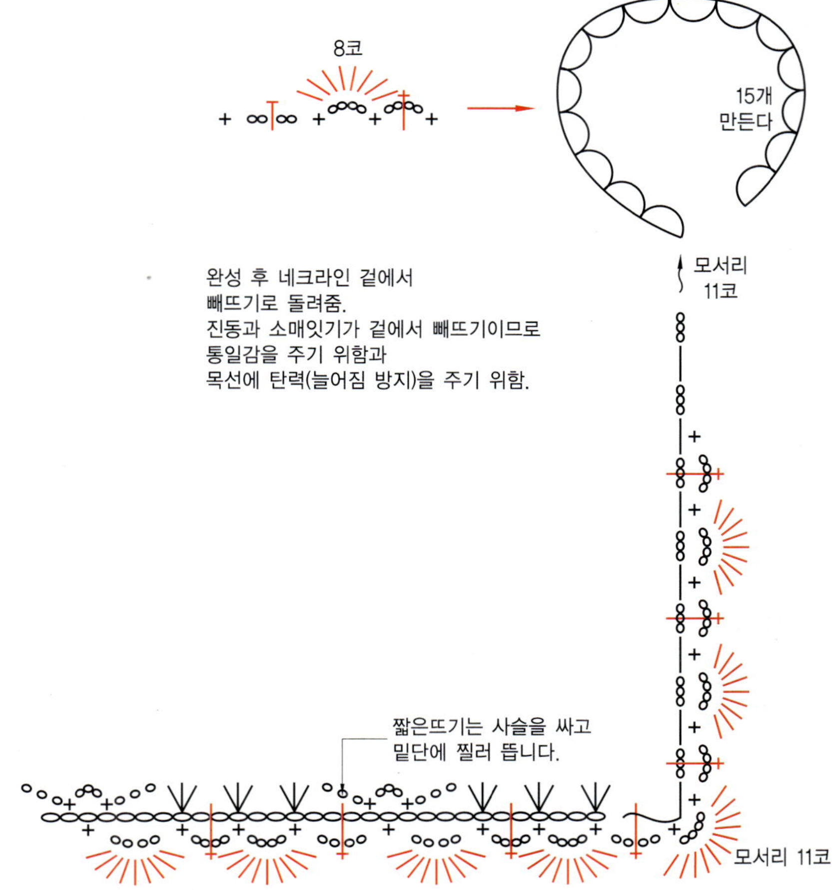

① 사슬 4코와 짧은뜨기
② 한길긴뜨기 9코와 짧은뜨기
   모서리는 11코, 목은 8코씩

[단추구멍]

좌우가 맞지 않을 수 있습니다.
오른쪽 단추구멍 위치
기준으로 단추를 달아주세요.

체리색 재킷

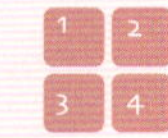

1. 위 · 아래 칼라 연결
2. 단추 위치
3. 아웃라인
4. 소매 부분

체리색 재킷

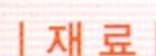

| 재료 |
실켓면사 체리색 2겹 500g, 보라색
2겹 60g, 15mm 단추 3개

| 바늘 |
모사용 2, 3, 4호 코바늘

| 사이즈 |
S(샘플사이즈), M

| 게이지 |
4호 코바늘뜨기 기준 10cm²
4무늬 8단

뜨는 방법

1 자신에게 맞는 사이즈를 선택합니다.

2 4호 바늘로 몸판 무늬보다 4무늬 적게 시작하여 몸판 전체뜨기를 하며 양쪽에서 코늘림합니다.

3 4호 바늘로 6단을 뜨고 3호, 2호, 3호, 4호순으로 바늘을 바꿔가며 표기된 치수에 맞춰 뜹니다.

4 옆 중심에서 뒷판부터 진동을 줄이며 완성하고, 양쪽 앞판을 떠 안에서 감침질이나 빼뜨기로 어깨를 잇습니다.

5 소매를 완성하고 어깨잇기 방법으로 진동에 잇습니다.

6 소매 길이를 조절하여 반소매와 긴소매 두 가지를 뜰 수 있습니다.

7 위 칼라를 코늘림하면서 뜹니다.

8 보라색으로 아웃라인을 뜨고 위 칼라와 아래 칼라가 모아지는 부분을 예쁘게 연결합니다.

| 앞판 · 뒤판 |

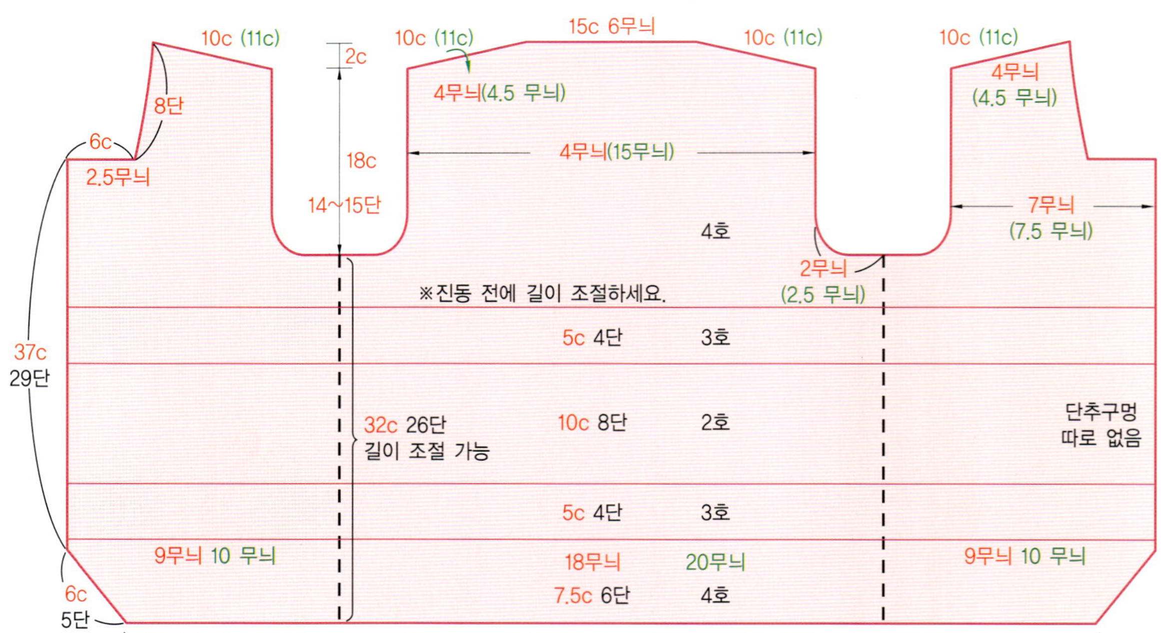

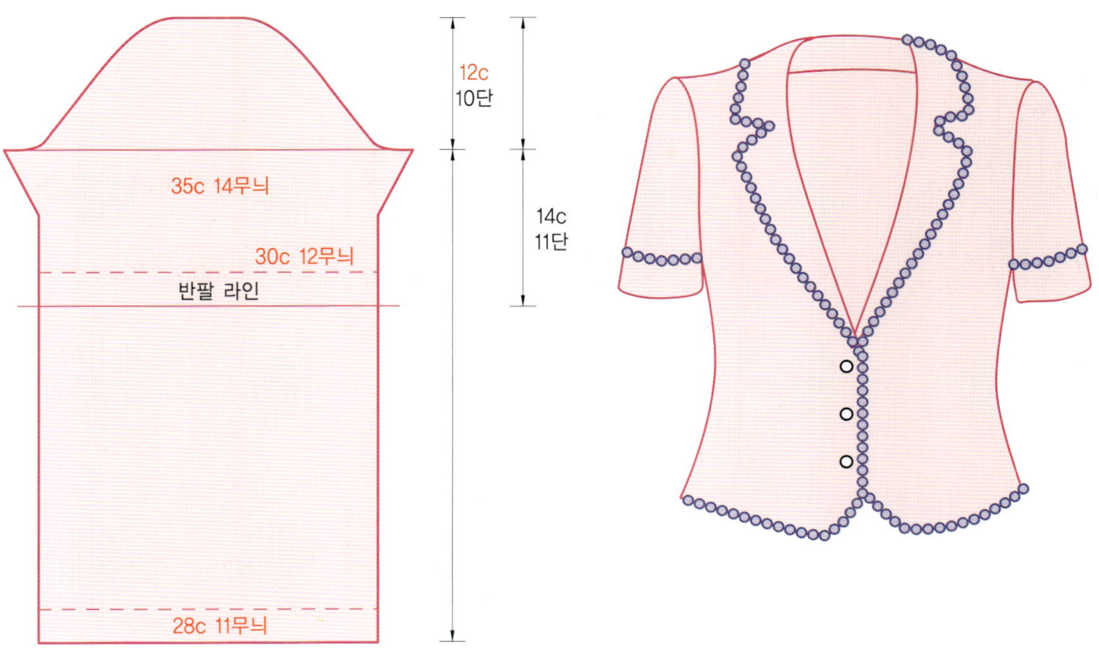
12c
10단
35c 14무늬
30c 12무늬
반팔 라인
14c
11단
28c 11무늬

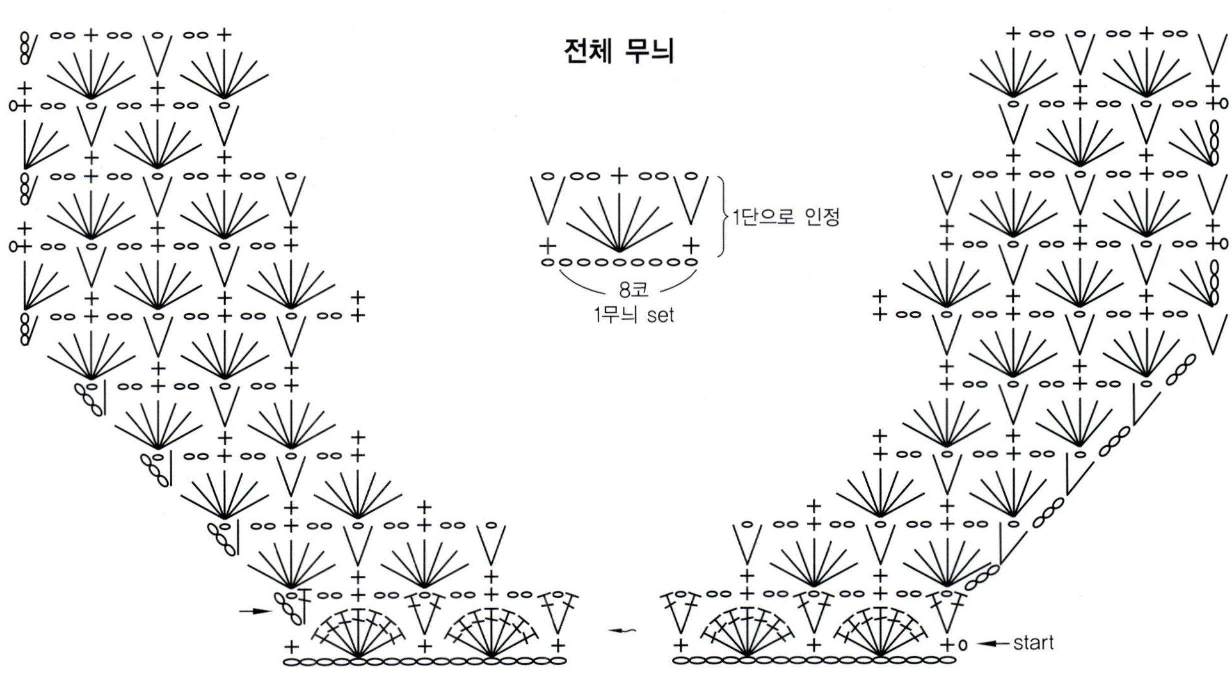
전체 무늬
1단으로 인정
8코
1무늬 set
start

|진동|

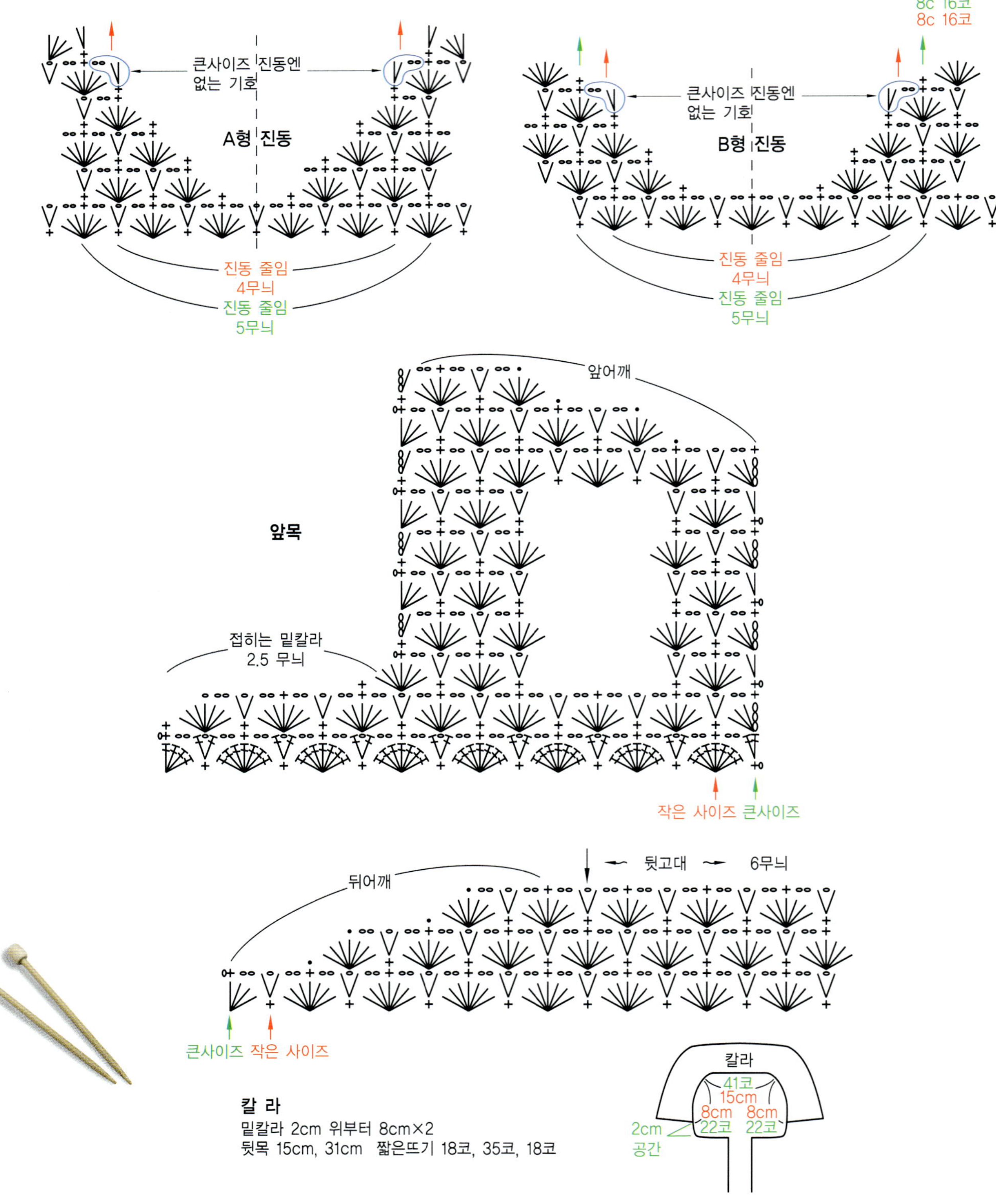

칼 라
밑칼라 2cm 위부터 8cm×2
뒷목 15cm, 31cm 짧은뜨기 18코, 35코, 18코

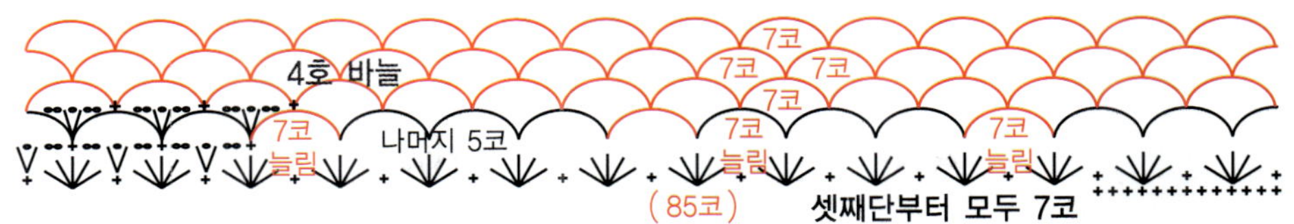

| 소 매 |

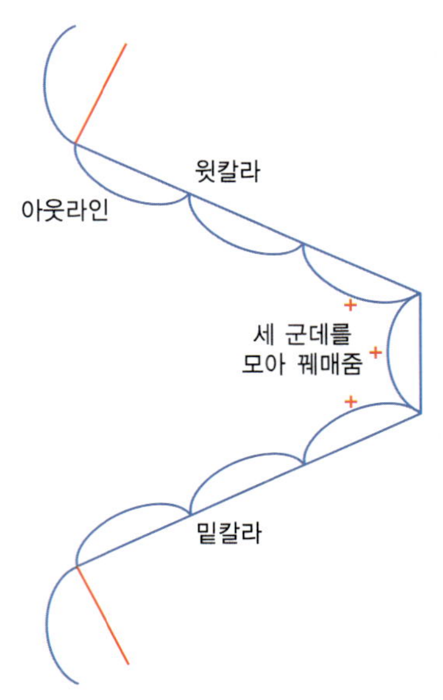

소매산
소매산과 진동이 안 맞을 경우
소매산 1단을 더 뜬다.
(☆표 부분과 같이 바로 윗단에)

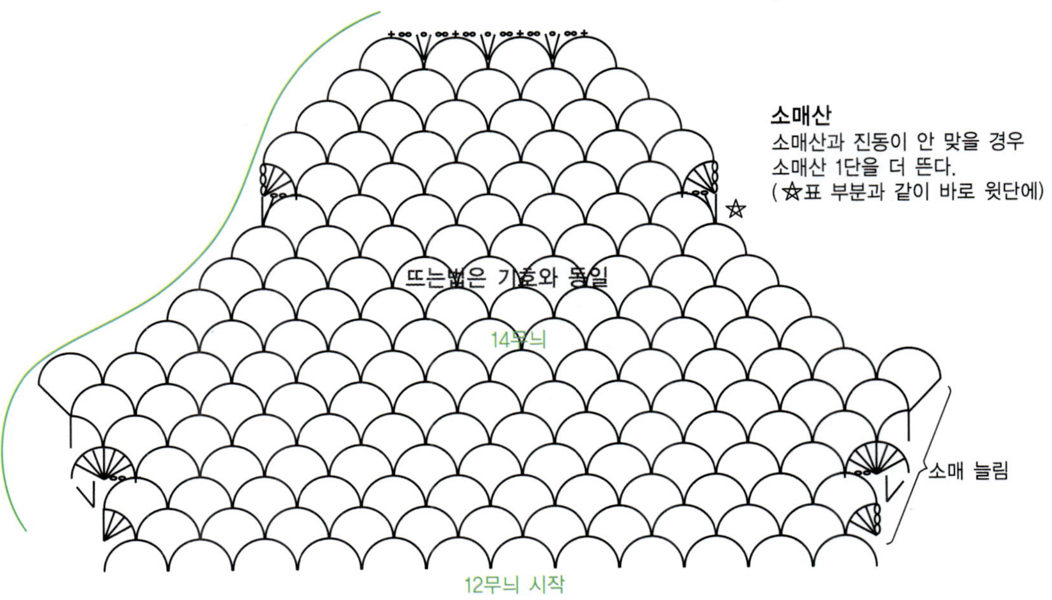

접어올리는 turn-up 소매이므로
소매의 아웃라인은 안쪽에서 뜬다.

kintting 05
|비둘기색 그물 코트|

1. 칼라
2. 밑단
3. 소매
4. 전체 무늬

비둘기색 그물 코트

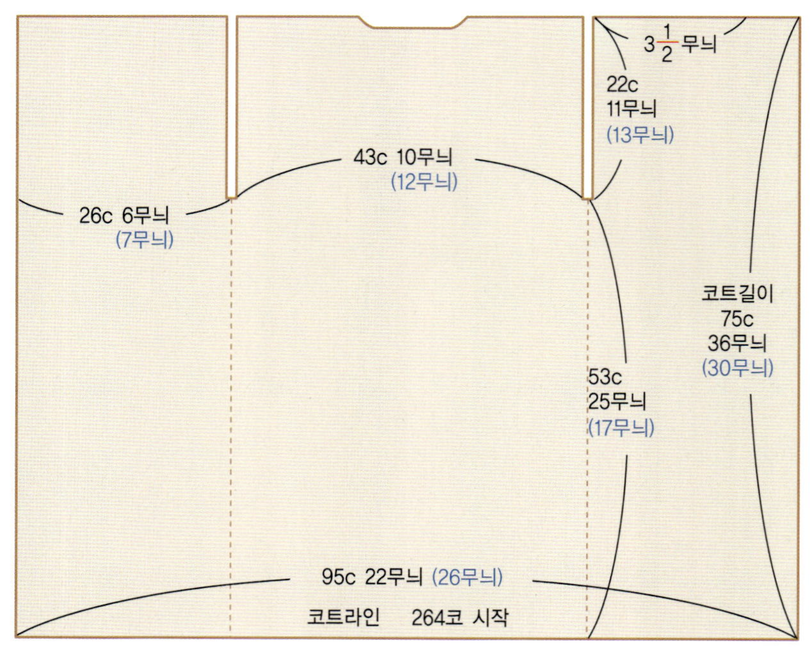

뜨는 방법

1 자신에게 맞는 사이즈를 선택합니다.
2 몸판 전체뜨기로 떠 올라갑니다.
3 옆 중심에서 진동을 1자 형태로 내 주면서 뒤를 완성하고 양쪽 앞판을 뜹니다.
4 표시된 부분까지 어깨를 지그재그 사슬뜨기로 잇습니다.
5 소매는 진동에서 무늬 개수에 맞게 코를 만들어 밑으로 뜹니다. 레이스를 뜨기 전에 스팀 다림질을 하여 길이를 조절합니다.
6 전체 레이스를 배색에 맞게 뜹니다.

| 재 료 |
스파클사 비둘기색 300g, 비취색 70g

| 바 늘 |
모사용 5호 코바늘

| 사이즈 |
S(샘플사이즈), Big size

| 게이지 |
생략

| 앞판 · 뒤판 |

파랑 : Big Size

[전체 무늬]

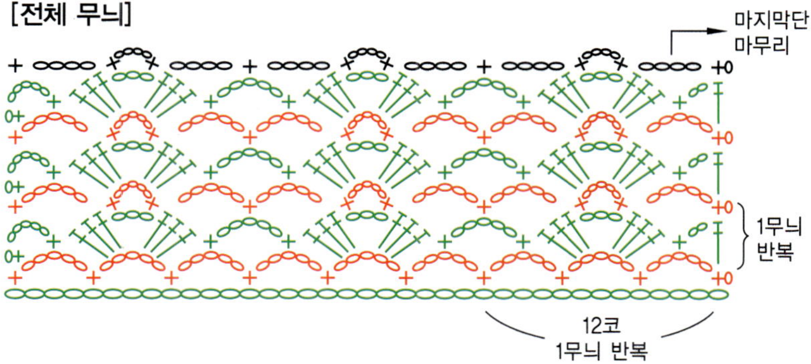

[진동 뜨기]

뒤·앞판 2쪽, 3등분하여 무늬 개수에 맞게 전체 무늬와
동일하게 뜹니다.
진동은 둥근형이 아니라 1자형으로 파입니다.

[뒷고대 파기]　　　　　※앞목은 파지 않는다.

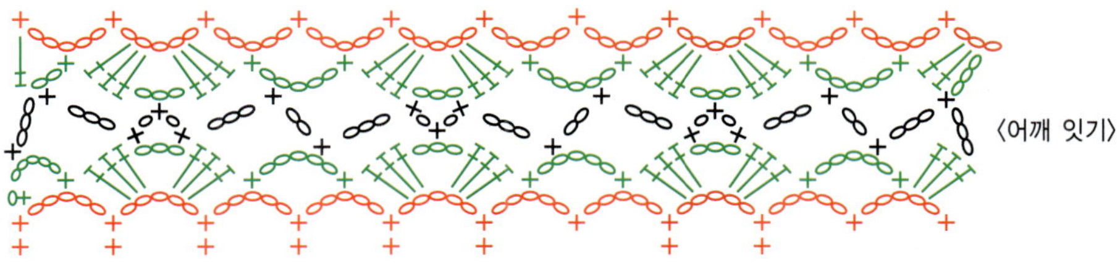

[어깨 잇기·사슬 그물로]

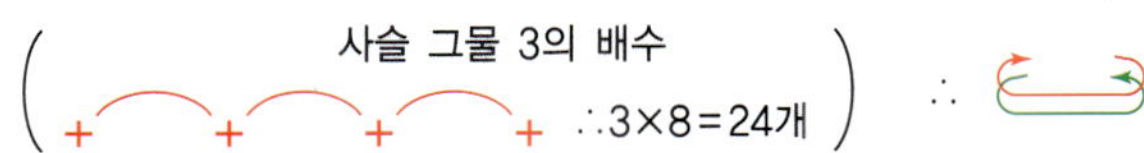

[소 매]

전체 8무늬 set 만들어 원통뜨기 15무늬단
(Big 10무늬)
*뜨는법 – 전체 무늬와 같으나 한 바퀴 돌아와서
　빼뜨기하고 반대 방향으로 진행

33

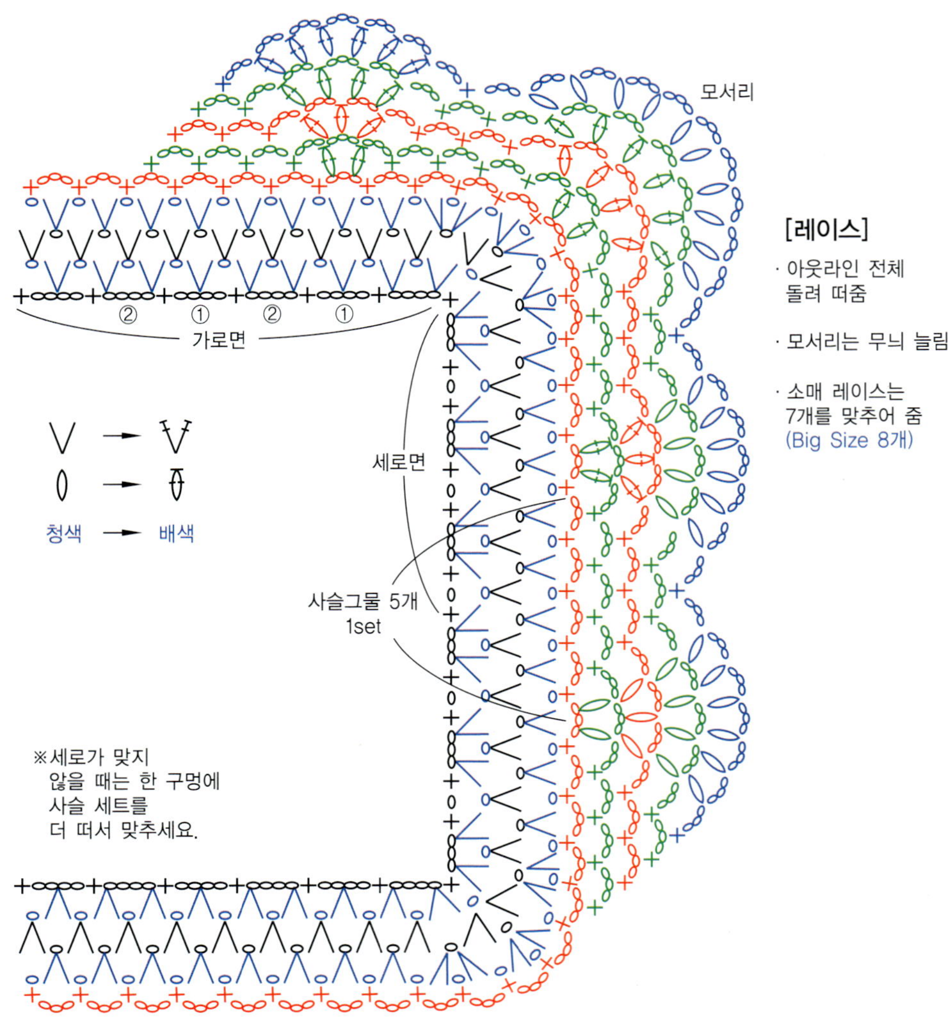

[레이스]

· 아웃라인 전체
  돌려 떠줌

· 모서리는 무늬 늘림

· 소매 레이스는
  7개를 맞추어 줌
  (Big Size 8개)

34

니트(knit)

　　메리야스라는 말의 어원은 에스파냐어 메디아스(medias) 또는 포르투갈어인 메이아스(meias)에서 유래되었는데, 이는 영어에서 양말이라는 뜻의 호스(hose) 또는 호저리(hosiery)에 해당된다. 한때 메리야스를 막대소(莫大小)라고도 불렀던 이유는 메리야스가 신축성이 커서 착용상 크고 작은 치수에 구애되지 않는 옷이라는 뜻에서였다. 니트(knit)는 고대영어 니탄(cnyttan)에서 비롯되었다고 한다. 이 용어는 1492년에 영국 역사가에 의해서 처음 'bones knitting together' 또는 'the close family circle' 이란 뜻으로 기록되었다고 한다.

　　메리야스의 발생 기원은 언제 어디서부터인지 확실하지 않다. 3세기의 것으로 추정되는 유프라테스 강변에서 발견된 황갈색 모편물(毛編物) 조각, 4세기의 것으로 추정되는 역시 아라비아에서 발견된 적색 수편 샌들 양말(런던 빅토리아앨버트 미술관 소장)이 가장 오래된 유품이다. 이로 미루어 보아 수편의 역사가 적어도 BC 1000년 경으로 거슬러 올라간다고 보아도 무방할 것이다.

　　유목 · 농경으로 식생활을 해결하던 고대인들은 발을 보호하기 위하여 맨 처음에는 모피를 조각조각 잘라서 이것을 동물뼈로 만든 바늘로 대충대충 꿰매어 신었을 것이다. 이로부터 오랜 세월이 지나 손뜨개질의 양말이 탄생했을 것으로 추측된다.

　　이집트의 안티노(Anti-Noe)에서 발견된 두 개의 어린이용 양말(레스터시 박물관 소장)은 5세기 경의 것이며, 아라비아 지방의 푸스타트(Fustat)에서는 700~900년 경 견(絹) 편물을 떴는데 당시 사용된 바늘 끝은 훅 모양으로 생겼다고 한다.

　　유럽에 수편이 전파된 것은 500년 경 아랍인 또는 고트인에 의하여 이탈리아 · 에스파냐를 거쳐 들어갔다는 설이 있다. 이 설은 당시 파리에서는 처음으로 메리야스 동업조합(guild)이 설립되었다는 데 근거를 둔다. 이후 유럽 등지에서는 동업조합을 중심으로 수편이 계속 발전되었다.

　　14세기에 영국과 프랑스에서는 오늘날과 같은 장양말을 왕실이나 귀족층에서 신었음이 확실하다. 이것은 모사 또는 견사의 수편으로 만든 것이다. 특히 견양말은 왕실 문화의 꽃을 피웠으며, 이후 전 세계 여성들에게 인기를 끌었다.

　　11세기에 메리 여왕이 쓴 성서시편에 수록되어 있는 그림에 의하면, 왕녀의 침전에서 시녀가 스타킹을 신기고 벗겨주는 시중을 들고 있다. 왕녀의 맨발과 다리의 모양이 시녀가 손에 든 스타킹의 모양과 꼭 같아서 당시의 수편 양말을 얼마나 정교하게 떴는가를 능히 알 수 있다.

　　이후 수편 양말은 15~16세기에 걸쳐 유럽 등지에서 여자들의 가내부업으로 성행하였다. 때를 같이하여 도버해협의 섬 여자들은 모사로 스웨터를 손뜨개질하여 바다에 나가 일하는 남편에게 입히기도 하였다. 양말이야말로 오늘날 메리야스의 원조인 것이다. 한국에는 20세기 초에 전래되었다.

kintting 06

|나뭇잎 무늬 카디건|

1. 앞목
2. 어깨
3. 전체 무늬
4. 밑단

나뭇잎 무늬 카디건

뜨는 방법

1 자신에게 맞는 사이즈를 선택합니다.

2 바늘을 바꿔가면서 몸판을 완성합니다.

3 어깨와 옆선을 잇습니다.

4 양쪽 소매를 완성하고 진동에 잇습니다.

5 아웃라인은 가터뜨기한 다음 6호 코바늘로 피코뜨기로 마무리
합니다.

6 단추가 작으므로 별도 단추구멍은 내주지 않고 단추를 다는 위치
에 코를 벌려 단추를 꿰어 줍니다.

| 앞판 · 뒤판 |

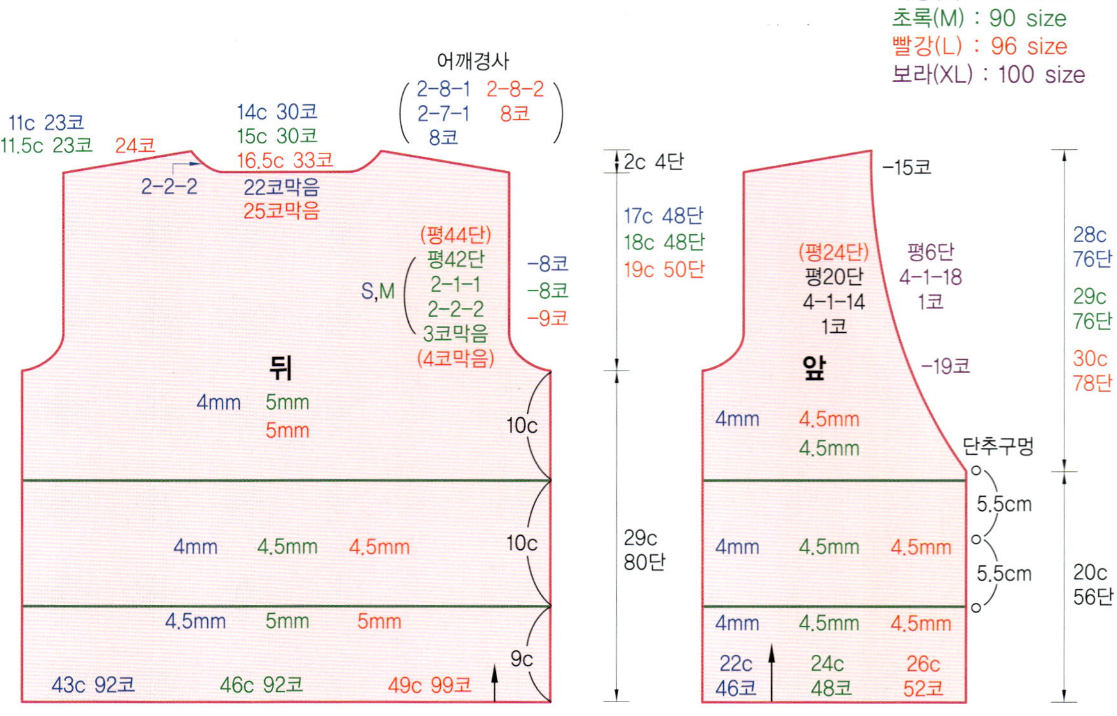

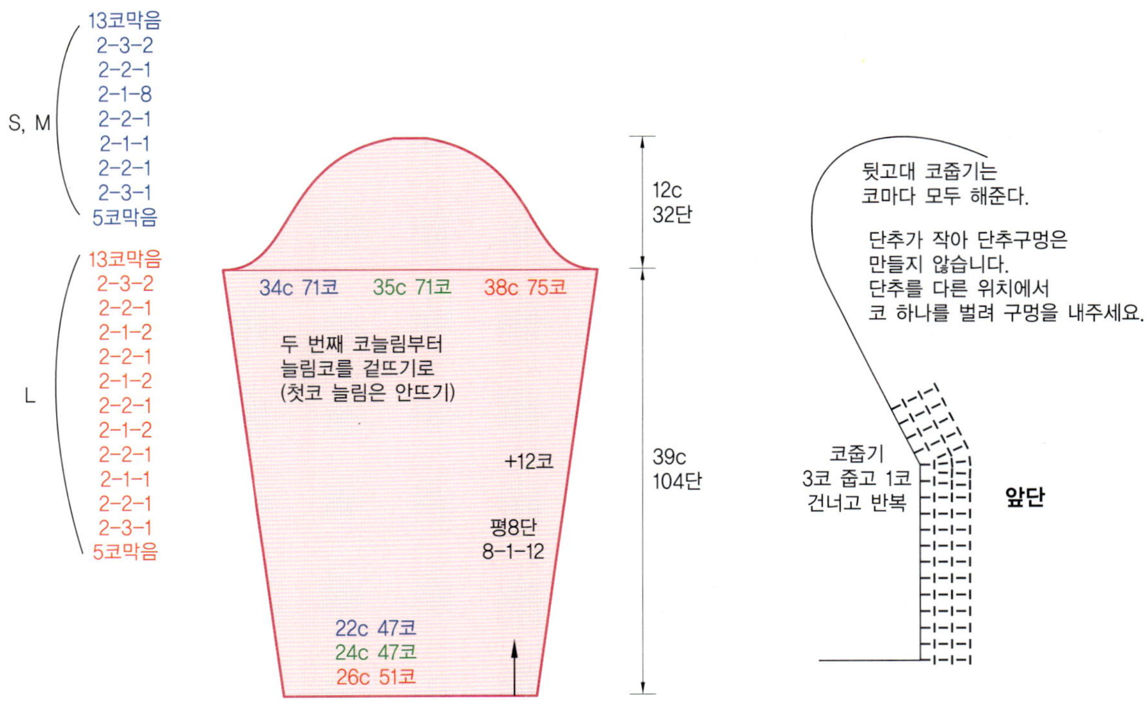

아웃라인
피코뜨기(코바늘)

① 사슬3코
② 첫 코에 짧은뜨기
③ 세 칸째 빼뜨기

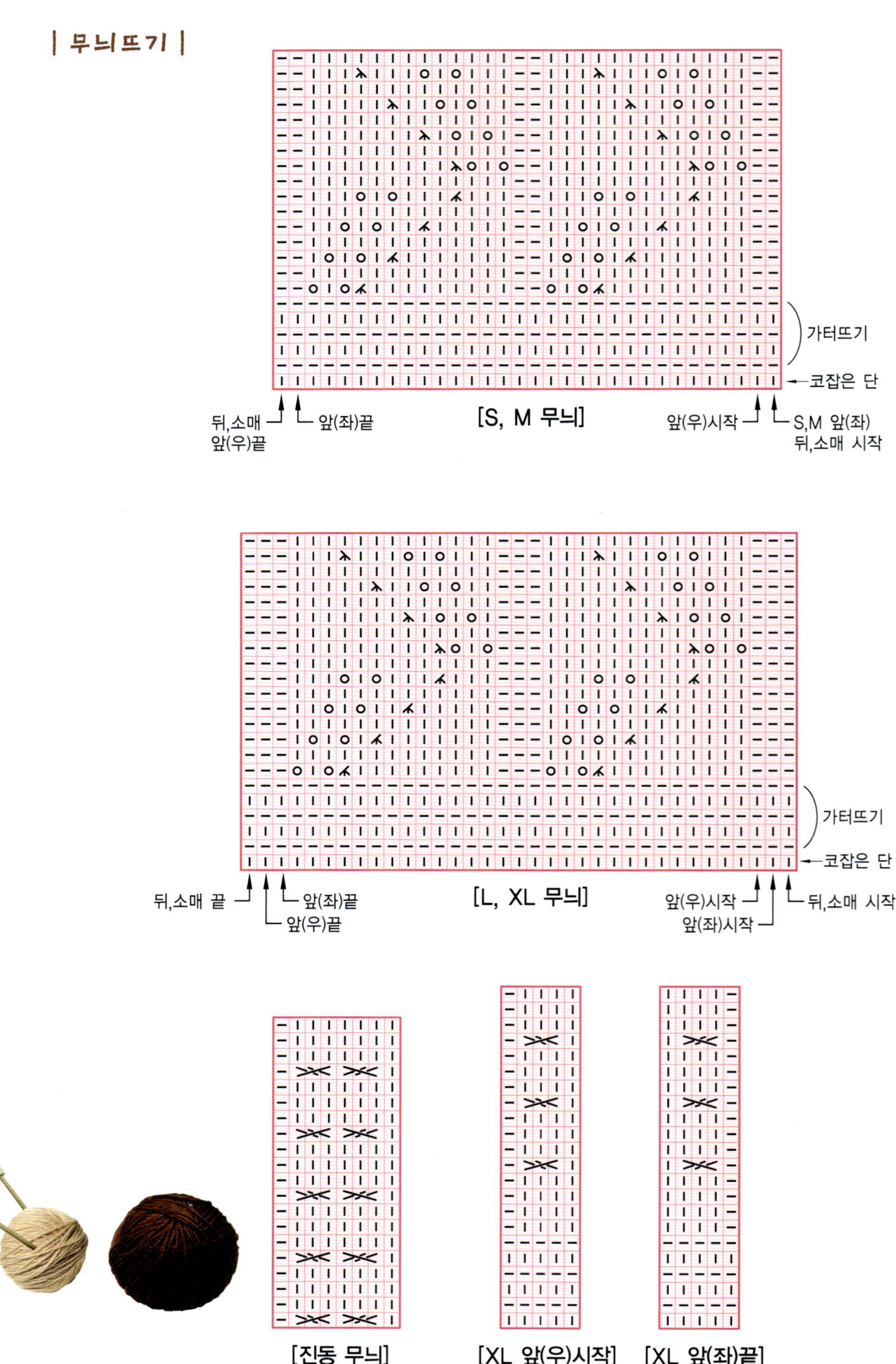

가터뜨기
코잡은 단
뒤,소매 앞(우)끝
앞(좌)끝
[S, M 무늬]
앞(우)시작
S,M 앞(좌)
뒤,소매 시작
가터뜨기
코잡은 단
뒤,소매 끝
앞(좌)끝
앞(우)끝
[L, XL 무늬]
앞(우)시작
앞(좌)시작
뒤,소매 시작
[진동 무늬]
[XL 앞(우)시작]
[XL 앞(좌)끝]

40

코바늘뜨기

코바늘 끝에 코에 실을 걸어 빼낸 루프를 한 코씩 떠 사슬을 만들어 바탕으로 한다. 레이스실을 사용하여 뜰 때 레이스뜨기라 하고, 털실을 사용하여 코바늘로 뜨는 것을 코바늘뜨기라 한다.

코바늘에는 한쪽만 코가 달린 것과 양쪽에 코가 달린 것이 있는데, 양쪽에 붙은 코의 굵기가 다른 것은 1개를 2종류의 바늘로 사용할 수 있어 편리하다. 대나무ㆍ뿔ㆍ금속제가 있고, 극세용ㆍ중세용ㆍ평태용ㆍ극태용으로 코의 크기와 굵기가 나누어져 호수가 명시되어 있어 실의 굵기와 맞출 수 있다. 호수는 코 부분의 굵기를 나타내는데, 1/0~8/0호까지 있으며 숫자가 클수록 굵다. 반대로 레이스 바늘은 0~12호까지 있는데, 숫자가 클수록 가늘다. 털실을 사용하는 경우 대바늘뜨기보다 약간 두껍고 신축성이 작다.

기법으로는 다음과 같은 것이 있다.

① **왕복뜨기** : 사슬뜨기를 떠야 할 콧수대로 뜬 다음 겉과 안을 번갈아 1단씩 뜬다. 번갈아 뜨기 때문에 겉과 안의 구별이 없고, 떠 놓은 다음에도 말리지 않는다.

② **원주뜨기** : 사슬뜨기에 알맞은 시작코를 만든 다음 시작코에서 뽑아 뜨며, 고리를 만들어 원통 모양으로 빙빙 돌면서 같은 방향으로 떠 나가는 뜨개질법으로, 풀오버ㆍ모자ㆍ가방 등에 자유롭게 사용한다.

③ **원형뜨기** : 중심에서 뜨기 시작하여 한 바퀴 돌 때마다 사이사이에서 코를 늘리며 원으로 떠서 넓혀 가는 뜨개질법으로, 모자의 톱이나 가방 밑 등을 뜰 때 사용된다. 코바늘뜨기로는 응용폭이 넓다. 코를 늘리는 요령에 따라 원ㆍ삼각형ㆍ사각형ㆍ육각형ㆍ팔각형 등으로 떠나갈 수 있다.

코바늘뜨기에서는 바늘과 실 쥐는 법이 중요한데, 뜨고 있는 코에서 15cm 정도의 위치를 왼손의 새끼손가락에 걸고 무명지ㆍ가운뎃손가락의 안쪽을 꿰어 집게손가락의 바깥쪽으로 보낸 다음, 뜨고 있는 바탕을 가운뎃손가락과 엄지로 쥔다. 바늘은 코바늘의 끝에서 3~4 cm 떨어진 곳에 오른손 집게손가락을 대고 반대쪽에 엄지를 대어 가볍게 쥔다. 가운뎃손가락은 바늘 끝 가까이에 가볍게 대고 조절하면서 뜬다.

코바늘뜨기는 특별한 경우를 제외하고는 사슬뜨기로 시작코를 만든다. 처음의 사슬뜨기를 고르고 균형 있게 해야 무늬가 고르고 예쁘게 만들어 진다. 코바늘뜨기의 게이지는 무늬 단위로 계산한다.

kintting 07

진달래 모티브
재킷 & 가방

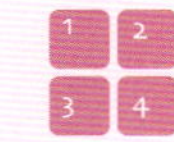

1. 앞쪽 부분
2. 소매
3. 칼라
4. 전체 무늬

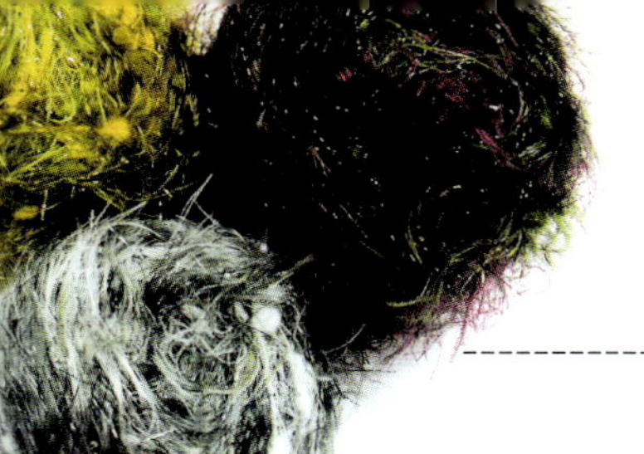

진달래 모티브 재킷 & 가방

재킷 뜨는 방법

1 자신에게 맞는 사이즈를 선택합니다.
2 큰 사이즈의 바늘로 모티프 72장을 뜹니다.
3 작은 사이즈의 바늘로 허리부분에 붙일 모티프 20장을 뜹니다.
4 어깨 경사에 붙일 모티프 좌측모양 2장, 우측모양 2장을 뜹니다.
5 앞목에 붙일 삼각 모티프 2장을 뜹니다.
6 소매늘림에 붙일 직삼각 모티프 2장을 뜹니다.
7 그림에 따라 안에서 반코씩 맞대어 감침질로 잇습니다.
  (L 사이즈는 품을 늘릴 띠를 4장 뜹니다)
8 아웃라인을 뜨고 칼라를 완성합니다.

가방 뜨는 방법

1 가방은 옷을 뜨고 남을 실을 활용하여 뜹니다.
2 모티프 24장을 뜹니다. 실의 여분에 따라 크기를 줄일 수도 있습니다.
3 안에서 감침질로 잇고 옷의 아웃라인과 같은 방법으로 가방 위 부분을 뜨고 피코뜨기로 마무리 합니다.
4 손잡이가 달린 프레임을 끼워 넣습니다. 다른 형태의 손잡이를 달아도 상관 없습니다.

| 재 료 |
면혼방 검정 600g, 분홍 200g, 연두 100g, 가로×세로 30mm 큐빅장식 단추 3개

| 바 늘 |
S : 모사용 4호, 5호 코바늘
M/L : 모사용 5호, 6호 코바늘

| 사이즈 |
S, M(샘플사이즈), L

| 게이지 |
5호 바늘 : 모티프 1장
        가로×세로 8.5cm
6호 바늘 : 모티프 1장
        가로×세로 9cm

| 앞판 · 뒤판 |

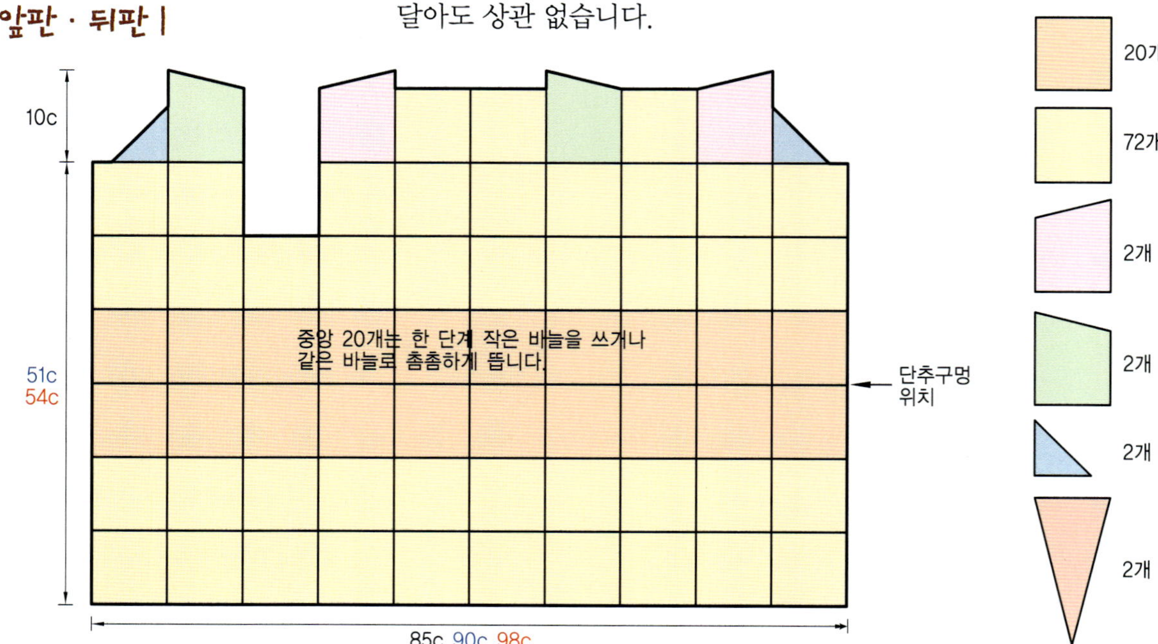

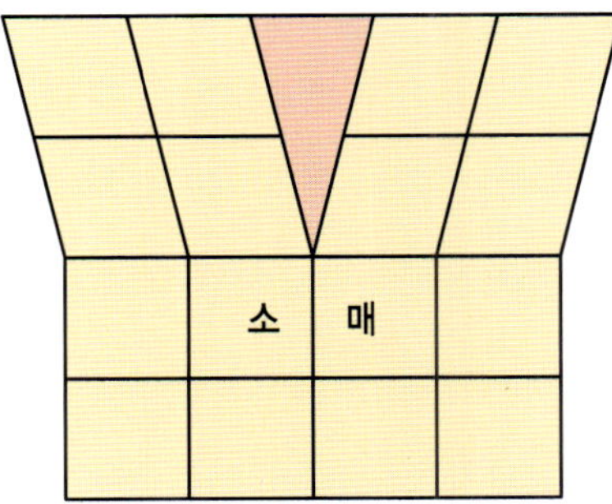

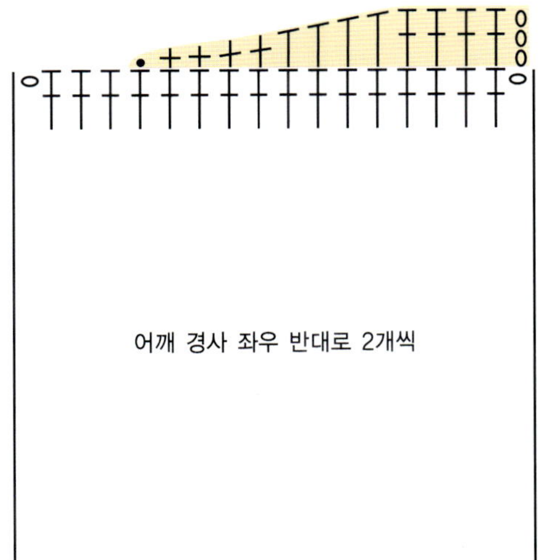

[모티브]

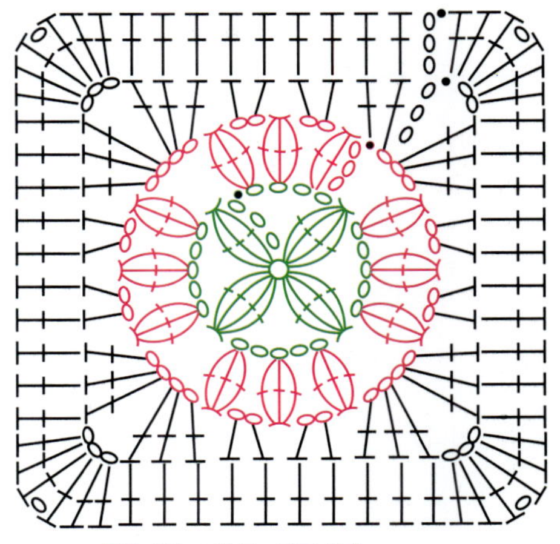

5호 바늘 : 가로, 세로 8.5cm
6호 바늘 : 가로, 세로 9cm
※ 크기가 작아지면 바늘을 바꾸세요.
  정확한 사이즈가 나와야 합니다.

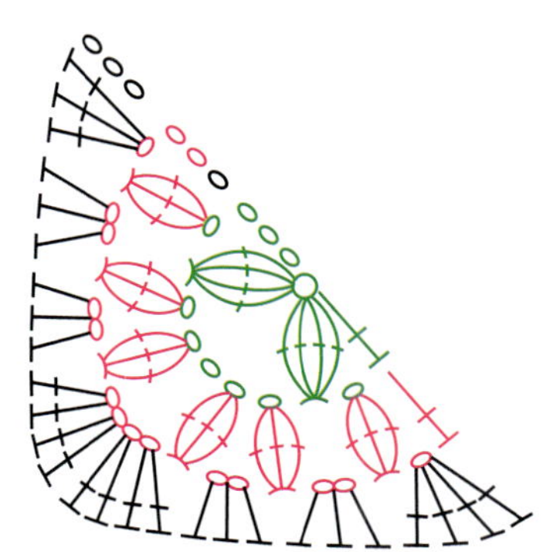

※ ○ : 시작은 고리 만들기코 또는
  사슬5코하여 빼뜨기합니다. (　)

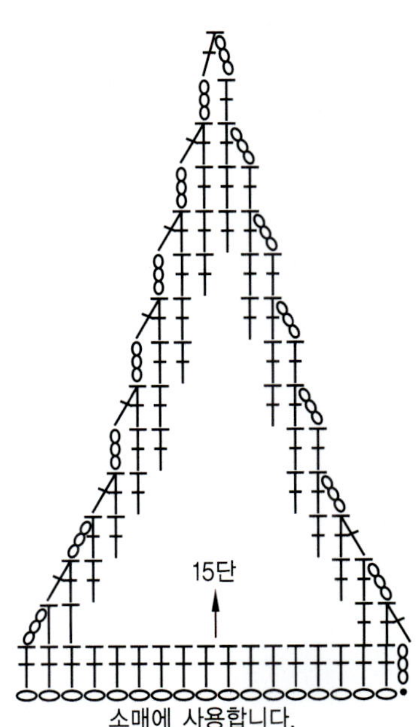

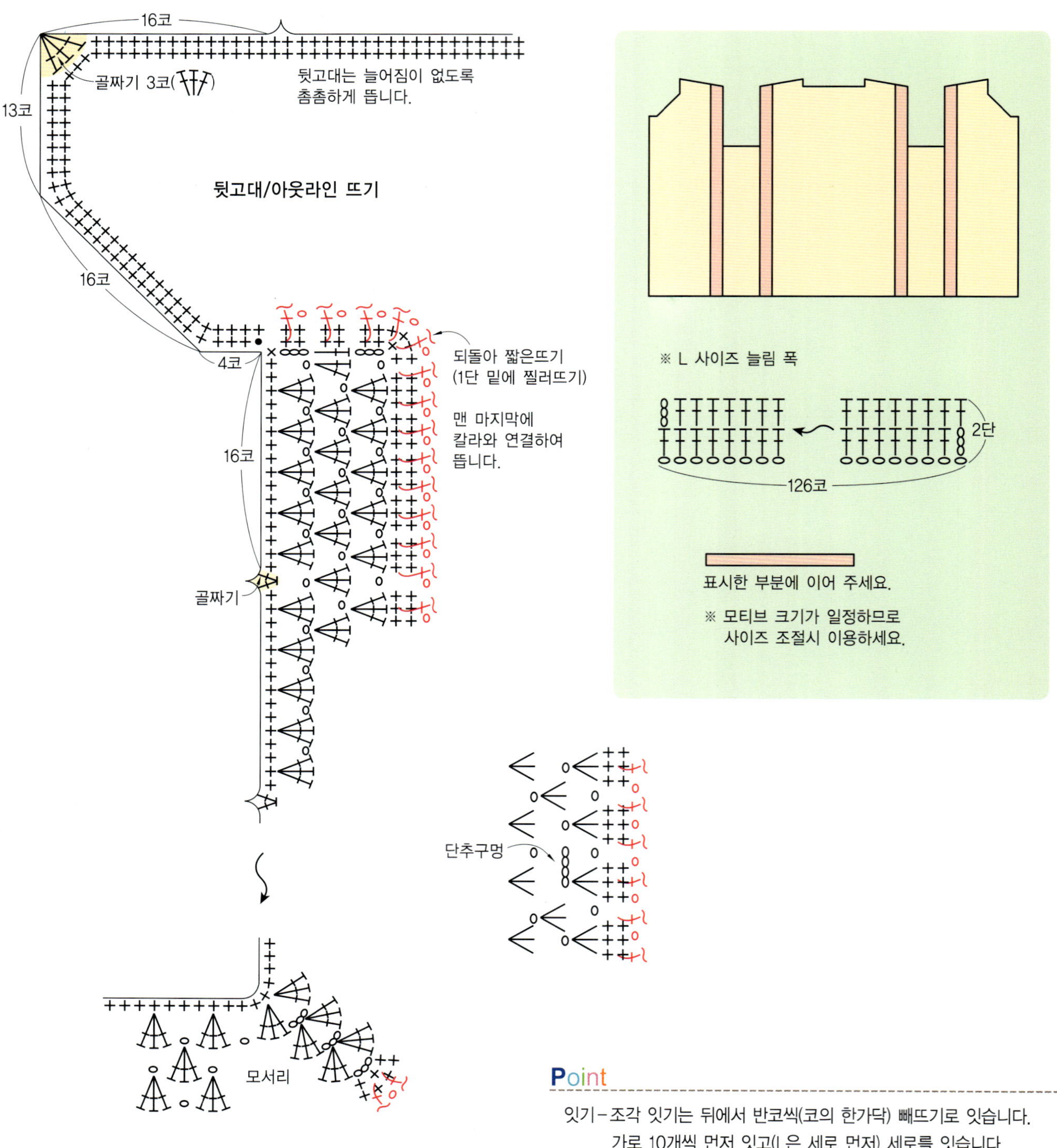

Point

잇기 – 조각 잇기는 뒤에서 반코씩(코의 한가닥) 빼뜨기로 잇습니다.
가로 10개씩 먼저 잇고(L은 세로 먼저) 세로를 잇습니다.
교차 부분은 사슬3코를 떠서 건넙니다.

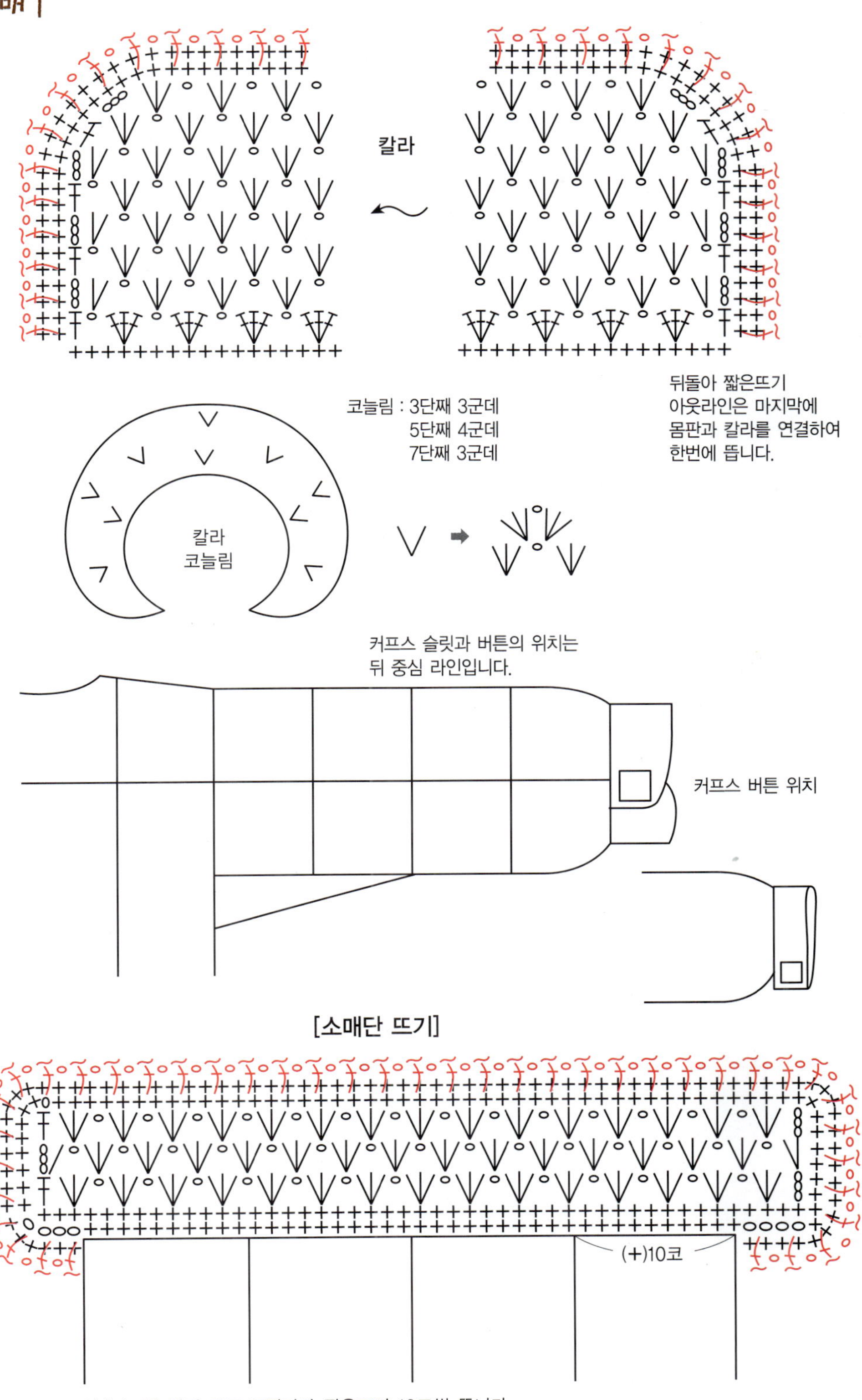

사슬4코를 먼저 뜨고 조각마다 짧은뜨기 10코씩 뜹니다.
마지막에 사슬4코를 떠서 짧은뜨기 1단을
더 뜨고 무늬뜨기 3단을 뜬 다음 마무리합니다.

kintting 8

|벌집 무늬 카디건 |

1. 앞목 부분
2. 소매
3. 밑단
4.전체 무늬

벌집 무늬 카디건

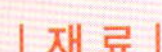 **뜨는 방법**

│재료│	

│재료│
실켓면사 연두 210g, 초록 100g,
18mm 단추 5개

│바늘│
3.5mm 대바늘

│사이즈│
S(샘플사이즈), M

│게이지│
23코 38단

1 자신에게 맞는 사이즈를 선택합니다.

2 몸판 전체 뜨기로 가터뜨기를 3cm한 다음 무늬뜨기합니다.

3 옆 중심에서 진동을 줄이며 뒷판을 완성합니다.

4 앞판 양쪽을 완성합니다.

5 어깨를 잇고 앞단에서 코를 주워 가터뜨기로 오른쪽에 단추구멍을 내며 2.5cm를 뜨고 씌어줄임으로 마무리합니다.

6 앞목을 주워 가터뜨기하면서 오른쪽 끝에 맨 위 단추구멍을 내주고 목이 늘어지지 않도록 적당한 간격에서 코를 줄이며 2.5cm 뜹니다. 마무리는 씌어서 마무리합니다.

7 소매를 뜨고 진동에 잇습니다.

│앞판 · 뒤판│

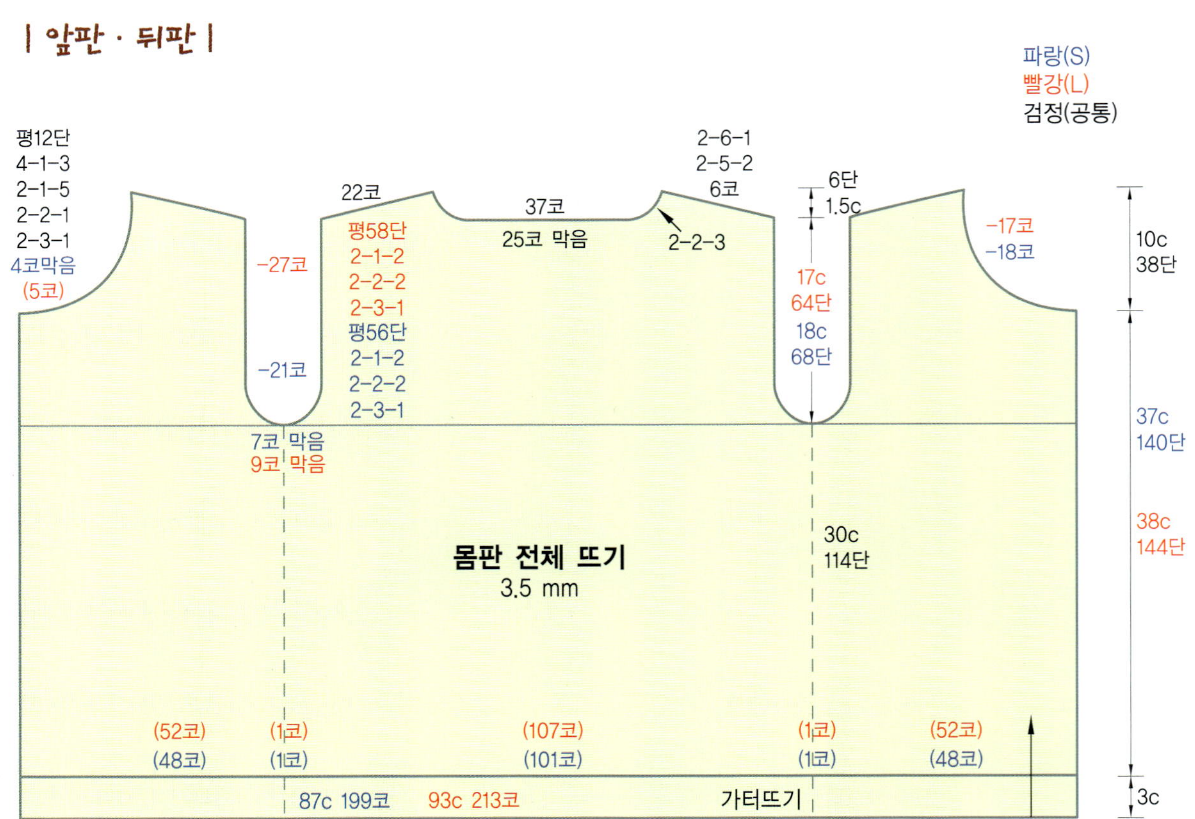

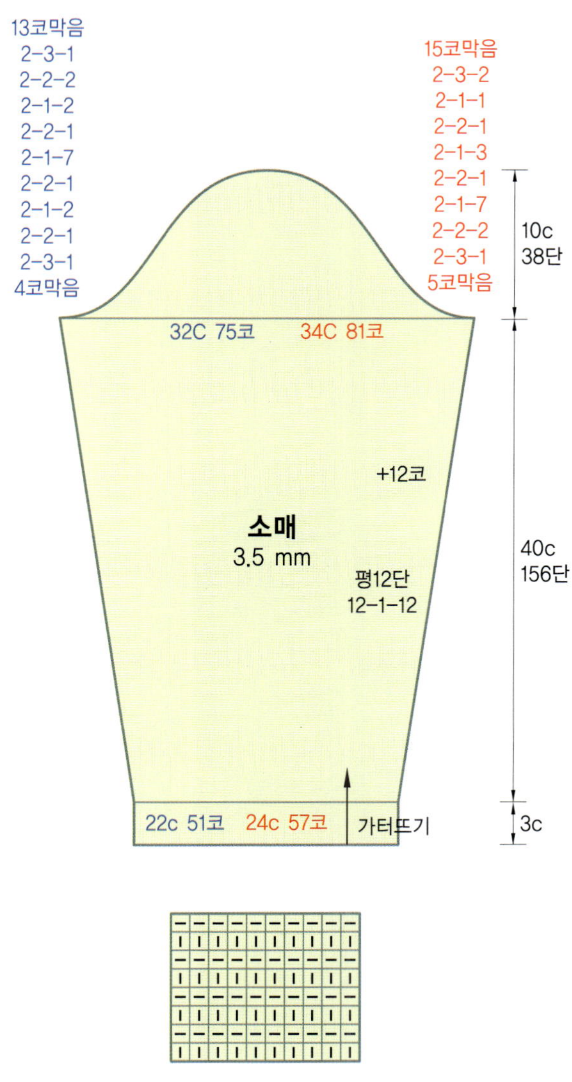

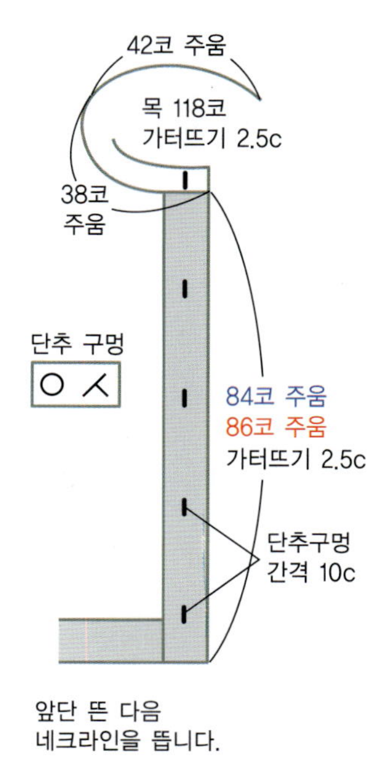

앞단 뜬 다음
네크라인을 뜹니다.

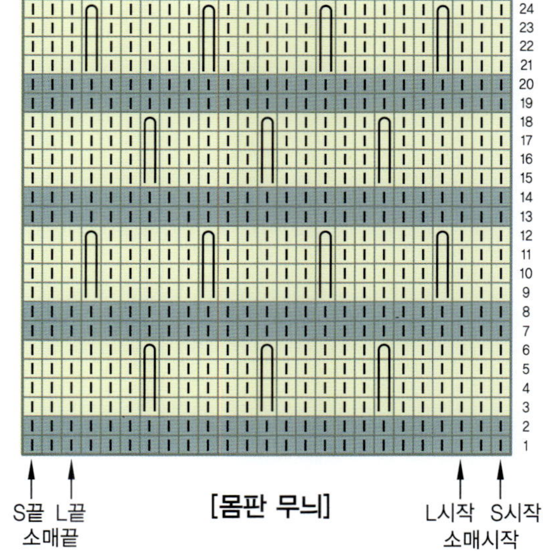

[가터뜨기]

|프릴 카디건|

1. 앞 레이스
2. 소매
3. 밑단
4. 허리 부분

프릴 카디건

뜨는 방법

1 자신에게 맞는 사이즈를 선택합니다.
2 몸판 전체 뜨기로 허리선 무늬 A를 5cm 뜨고, 무늬 B로 다트를 늘려주면서 위 부분을 완성합니다.
3 허리 아래 부분을 무늬 B로 아래 다트를 늘리면서 10cm 뜹니다.
4 소매는 원통뜨기로 뜨고 소매단 무늬 C는 아래로 내려 뜹니다.
5 어깨와 소매는 안에서 감침질로 잇습니다.
6 허리 위는 A레이스를, 허리 아래는 B레이스를 뜹니다.
7 앞여밈은 별도의 단추 없이 브로치나 예쁜 헤어핀으로 고정해 줍니다.

♥ 세라니트 카페 운영자 오혜경 씨의 작품

| 앞판 · 뒤판 |

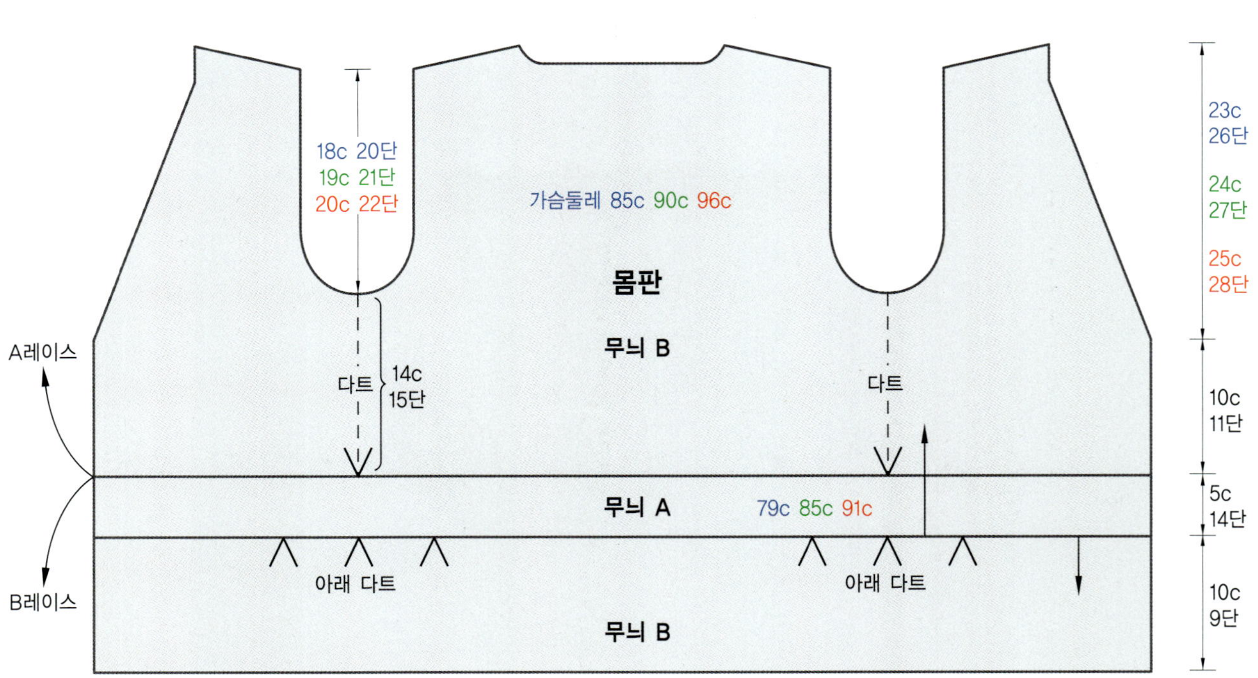

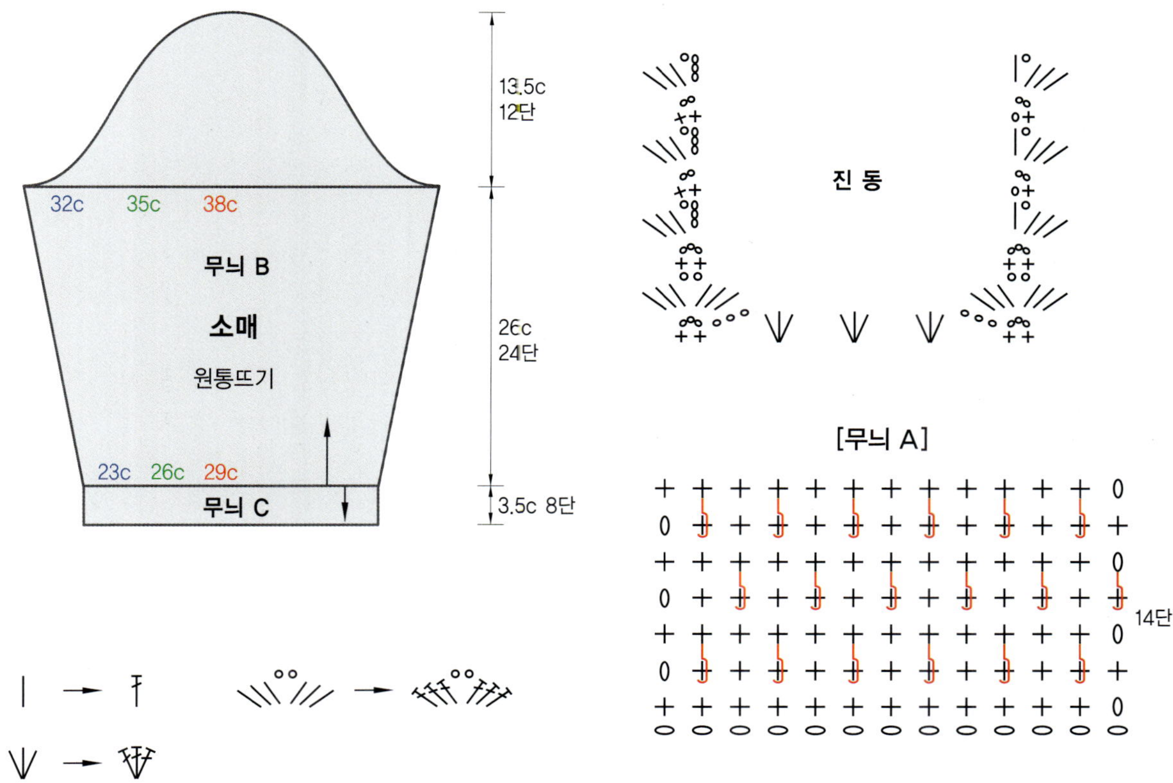
32c 35c 38c
무늬 B
소매
원통뜨기
23c 26c 29c
무늬 C
13.5c
12단
26c
24단
3.5c 8단
진 동
[무늬 A]
14단

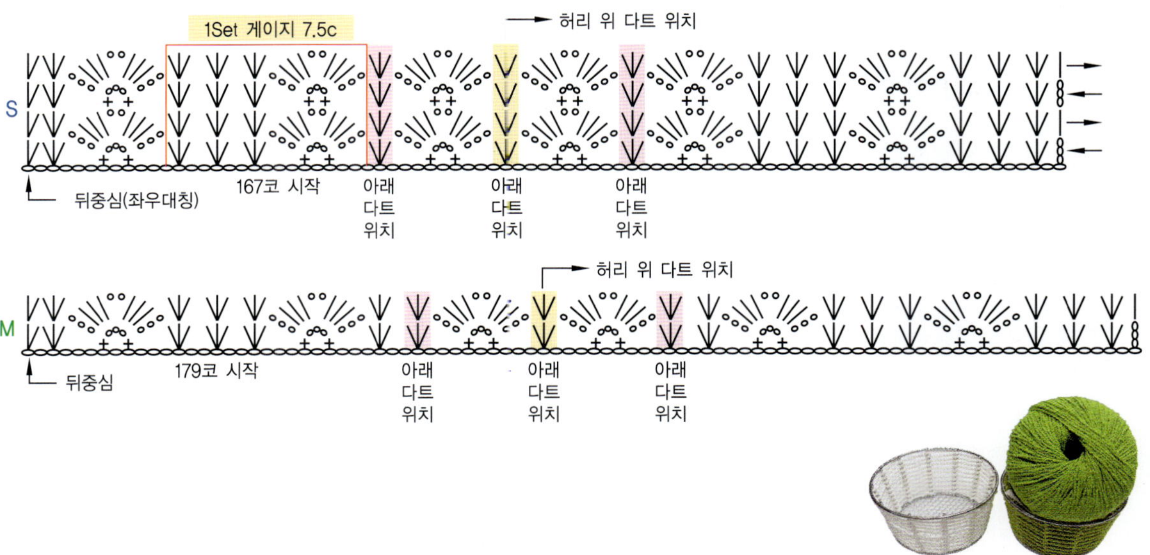
[무늬 B]
1Set 게이지 7.5c
허리 위 다트 위치
S
뒤중심(좌우대칭)
167코 시작
아래 다트 위치
아래 다트 위치
아래 다트 위치
허리 위 다트 위치
M
뒤중심
179코 시작
아래 다트 위치
아래 다트 위치
아래 다트 위치

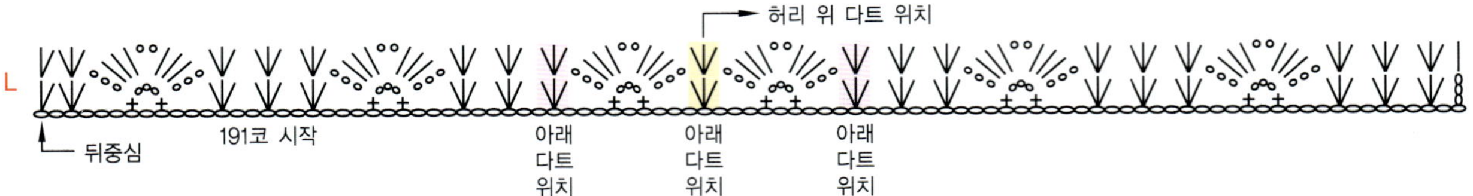

[B레이스]

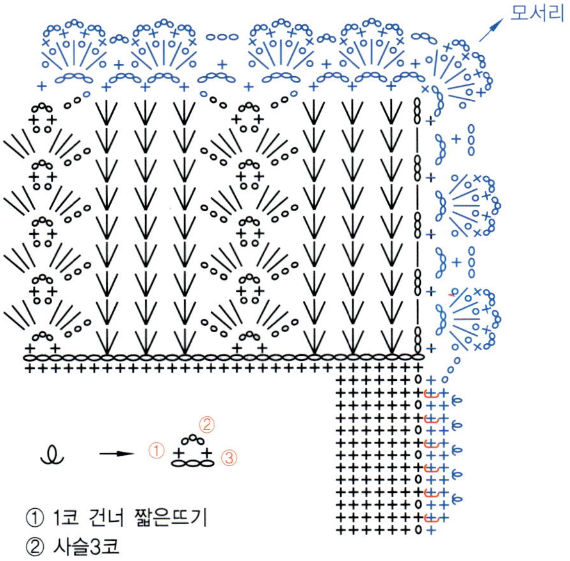

① 1코 건너 짧은뜨기
② 사슬3코
③ 건너뛴 코로 back해서
　 짧은뜨기

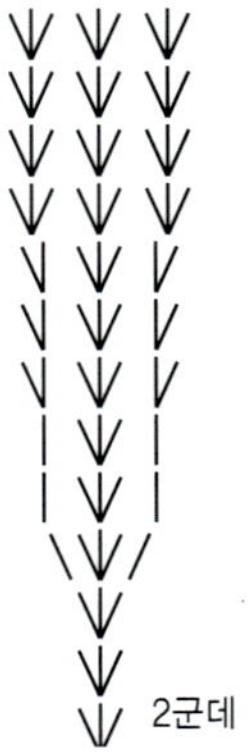

[위 다트]

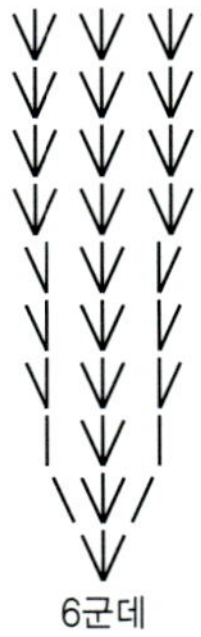

[아래 다트]

[A레이스]

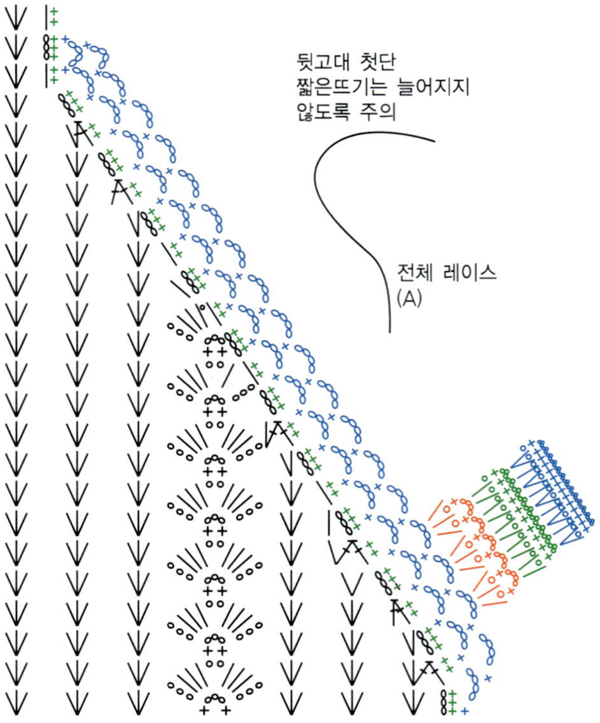

[무늬 C]

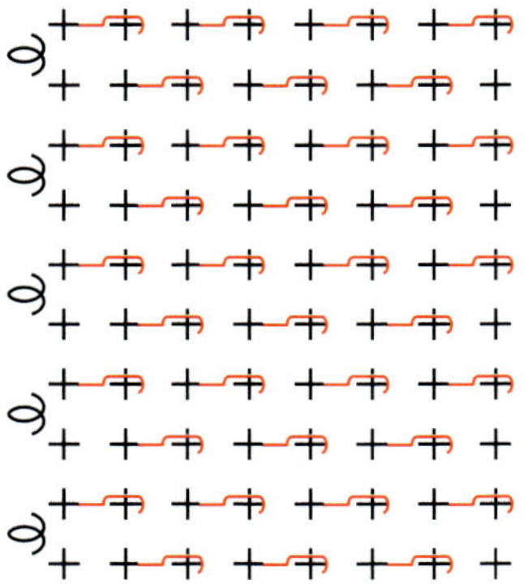

56

[소매산]

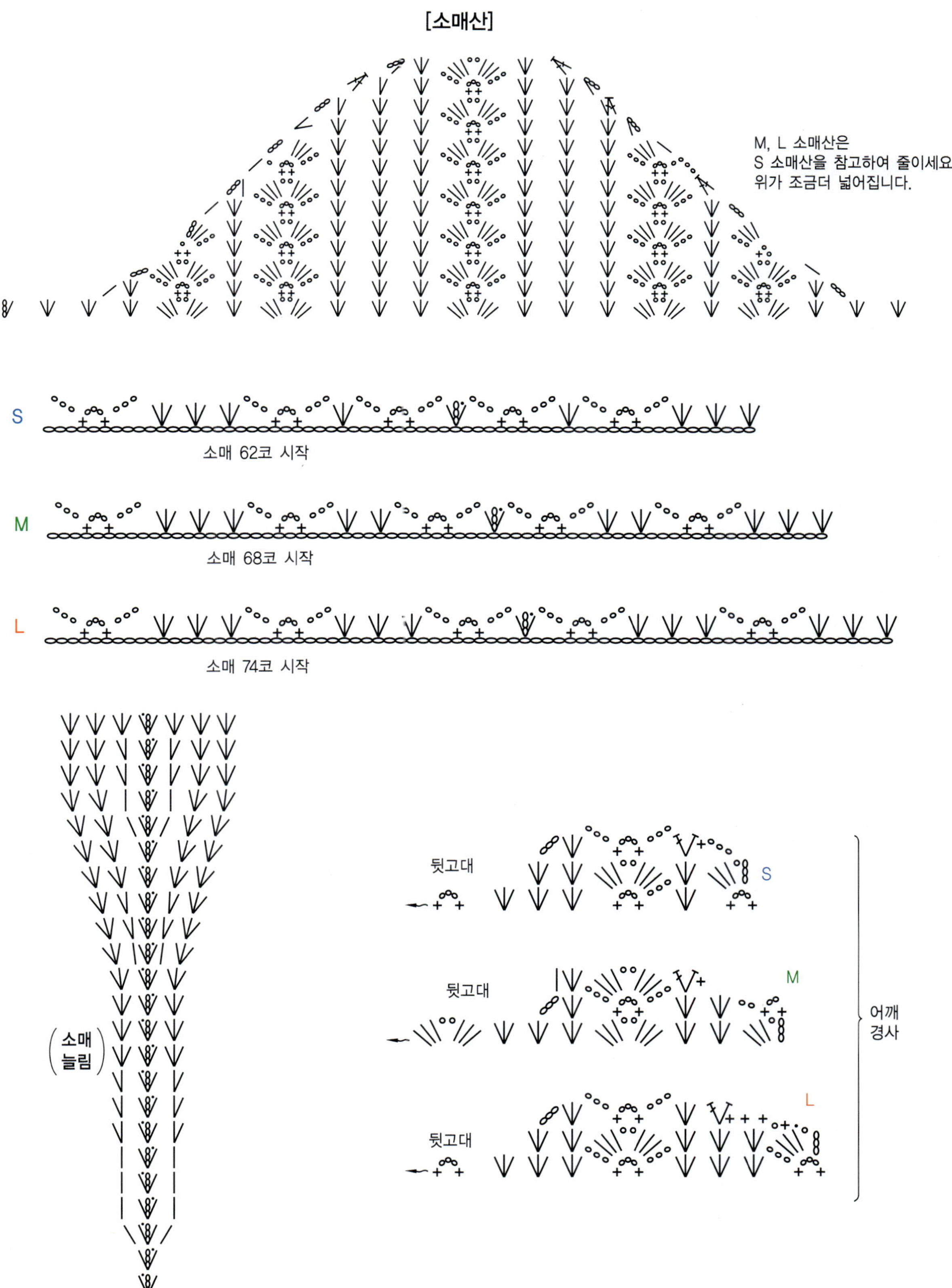

M, L 소매산은
S 소매산을 참고하여 줄이세요.
위가 조금더 넓어집니다.
S
소매 62코 시작
M
소매 68코 시작
L
소매 74코 시작
(소매
늘림)
뒷고대
뒷고대
뒷고대
S
M
L
어깨
경사

|레이스 숄|

1. 레이스 부분
2. 전체 무늬

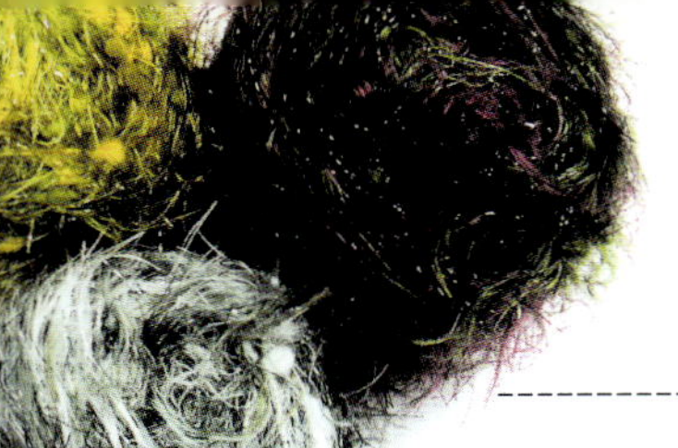

레이스 숄

| 재 료 |
스파클사 200g

| 바 늘 |
모사용 6호 코바늘

| 사이즈 |
폭 40cm, 길이 220cm

| 게이지 |
생략

뜨는 방법

1 바탕무늬를 200cm 남짓 뜹니다.

2 레이스를 뜨기 전에 스팀다림질로 모양을 잡습니다.

3 테두리 레이스를 뜹니다.

4 레이스 부분을 스팀다림질로 피면서 모양을 잡습니다.

| 바탕 무늬 |

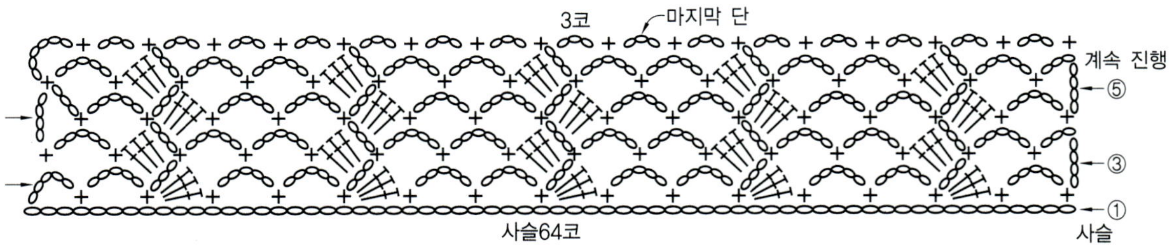

①
②
③
④
⑤
모서리

남자 퍼플 래글런 풀오버

1. 래글런
2. 앞목
3. 소매
4. 밑단

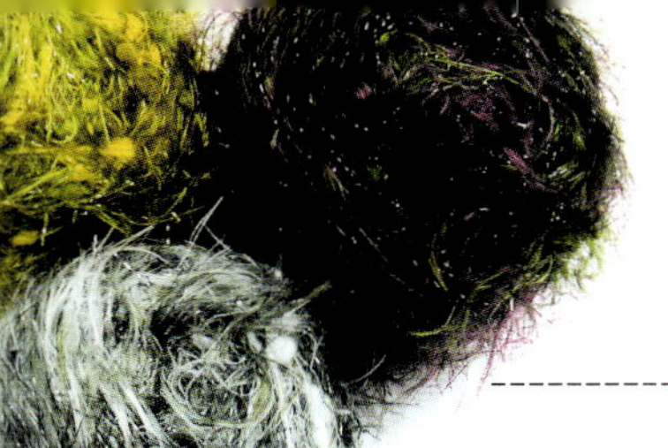

남자 퍼플 래글런 풀오버

 **뜨는 방법**

1 자신에게 맞는 사이즈에 맞춰 바늘을 선택합니다.

2 실은 3겹을 사용합니다.

3 4.5mm 바늘과 4mm 바늘을 함께 쥐고 일반코 115코를 잡습니다.
작은 바늘을 빼고 무늬 A를 9cm 뜬 다음 메리야스뜨기합니다.

4 래글런 진동은 도안에 따라 줄이고, 뒷고대는 코막음합니다.

5 앞판은 뒤와 같이 뜨면서 목은 1코 세워줄임합니다.

6 소매는 4mm 바늘로 1코 고무단 코를 잡아 중앙에 무늬를 넣을
수 있도록 하여 꽈배기하면서 2코 고무단을 9cm 뜨고 4.5mm
바늘로 바꿔 메리야스뜨기합니다.

7 소매산은 몸판의 진동과 같습니다.

8 목둘레의 코를 줍고 네크라인 무늬 도안에 따라 뜬 다음 2코 고
무뜨기로 마무리합니다.

| 재 료 |
밤부사 700g

| 바 늘 |
3.5mm, 4mm, 4.5mm 대바늘

| 사이즈 |
S(한단계 작은 바늘 사용)
M(샘플사이즈)

| 게이지 |
M 사이즈 기준 – 21.5코 28.5단

| 앞판 · 뒤판 |

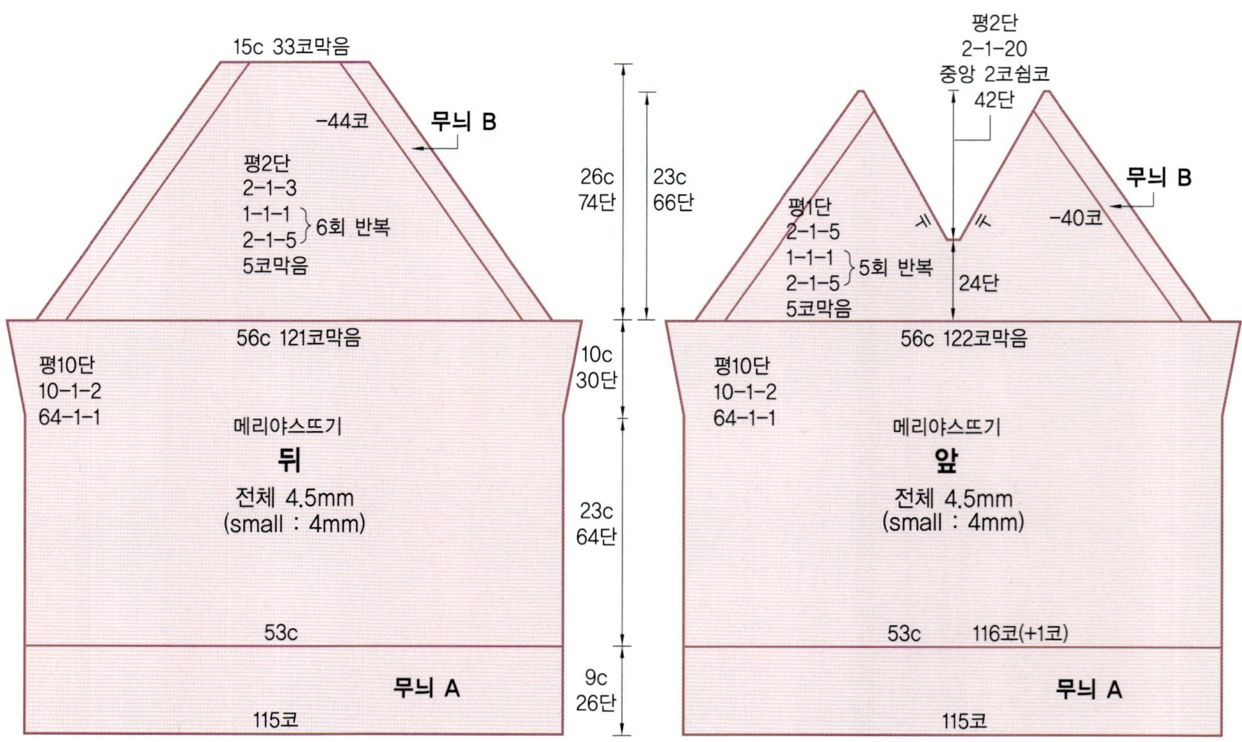

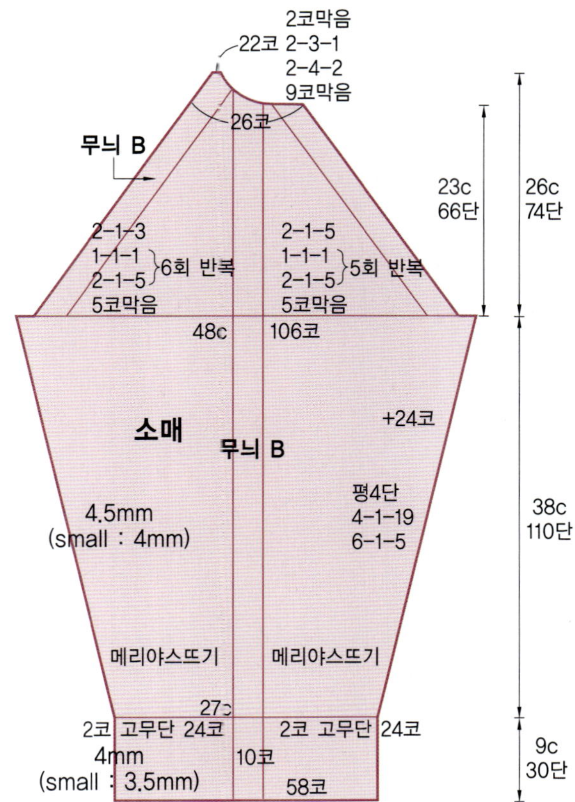

[밑 단]

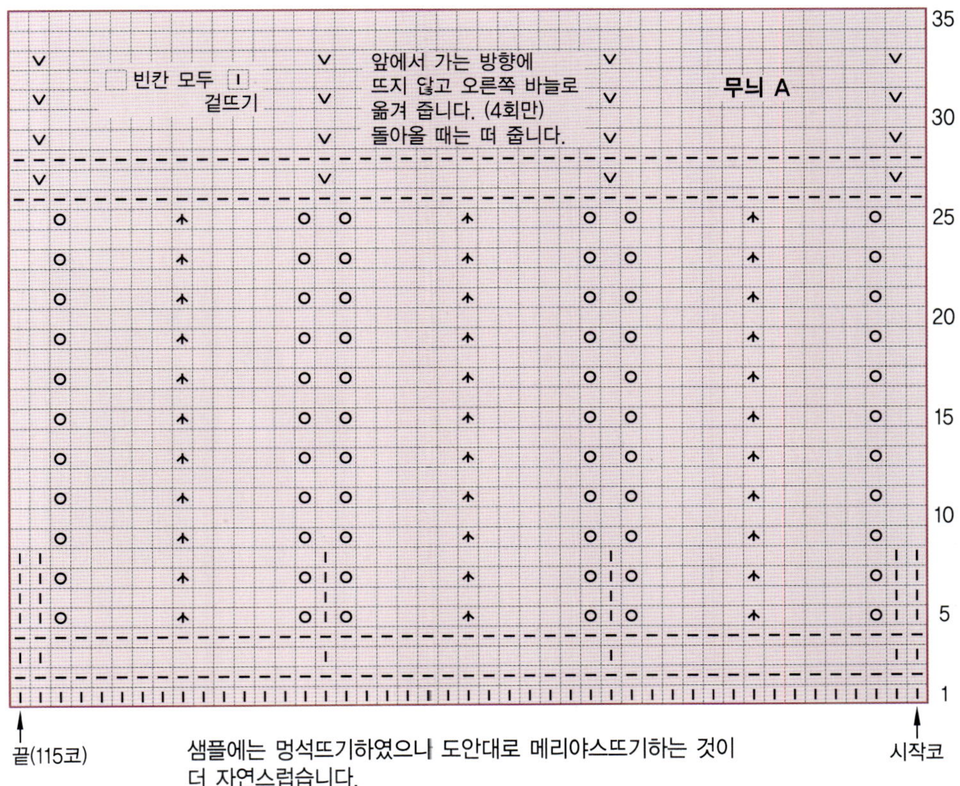

샘플에는 멍석뜨기하였으나 도안대로 메리야스뜨기하는 것이
더 자연스럽습니다.

[네크라인]

2코 고무단 마무리

4mm
S : 3.5mm

줍는코는 작은 바늘로 주워야
늘어지지 않는다.

중심코

줍는코 : 3.5mm
뜨는코 : 4mm

[소매 시작 : 무늬 B]

24코   10코   24코

4mm
S : 3.5mm

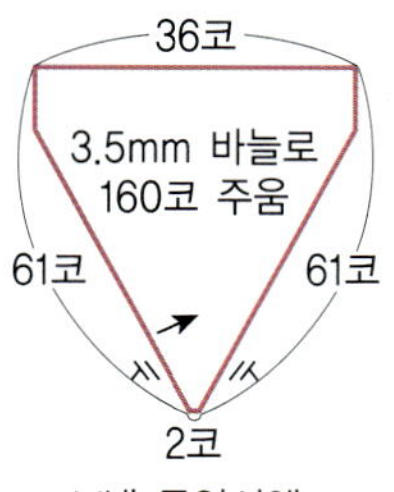

※ V넥 줄임시엔
1코 세워 줄임
좌:＼ 우:／

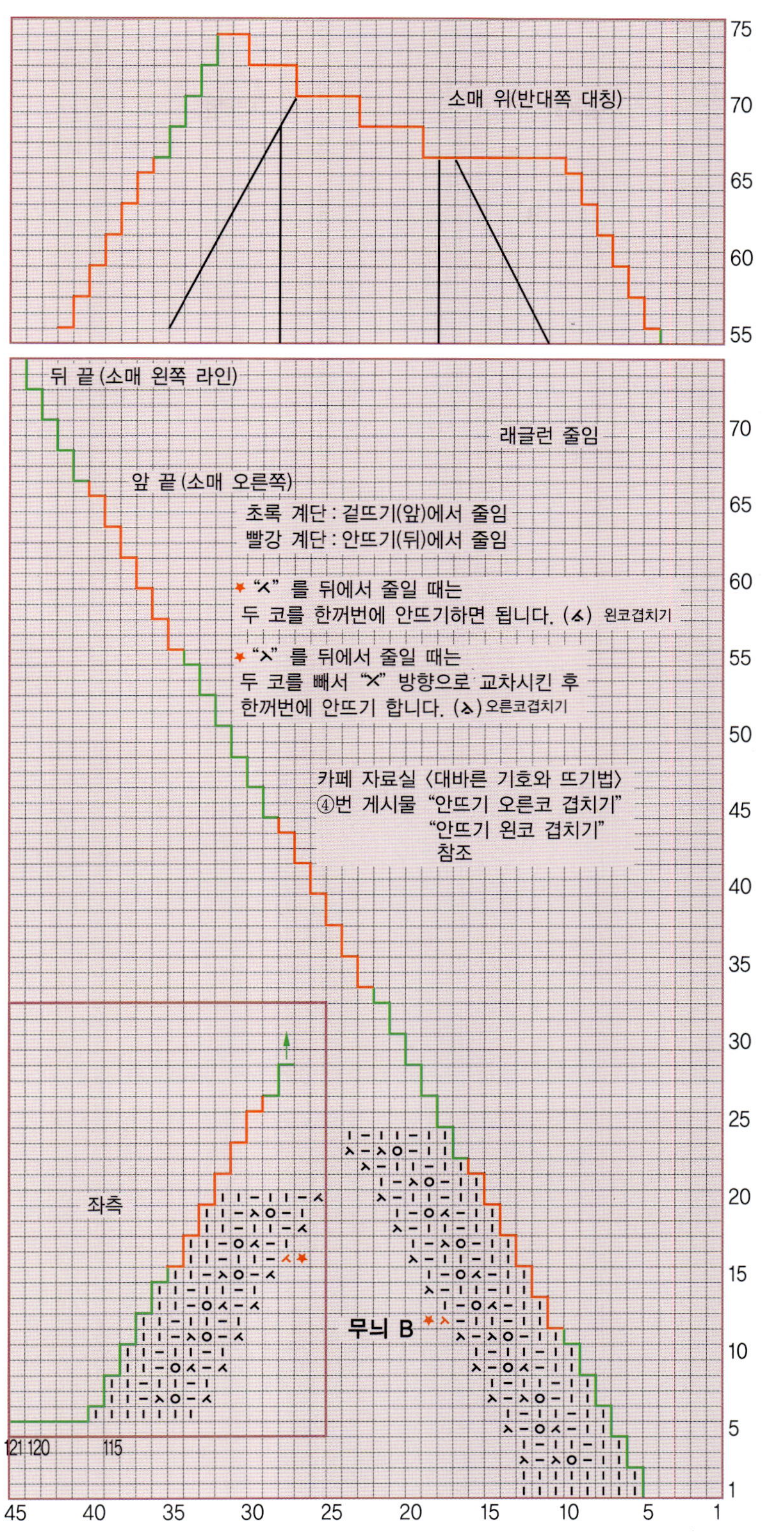
소매 위(반대쪽 대칭)
뒤 끝 (소매 왼쪽 라인)
래글런 줄임
앞 끝 (소매 오른쪽)
초록 계단 : 겉뜨기(앞)에서 줄임
빨강 계단 : 안뜨기(뒤)에서 줄임
"ㅅ" 를 뒤에서 줄일 때는
두 코를 한꺼번에 안뜨기하면 됩니다. (ㅅ) 왼코겹치기
"ㅅ" 를 뒤에서 줄일 때는
두 코를 빼서 "ㅅ" 방향으로 교차시킨 후
한꺼번에 안뜨기 합니다. (ㅅ) 오른코겹치기
카페 자료실 〈대바른 기호와 뜨기법〉
④번 게시물 "안뜨기 오른코 겹치기"
"안뜨기 왼코 겹치기"
참조
좌측
무늬 B
121 120   115

kintting 12

|청색 래글런 풀오버|

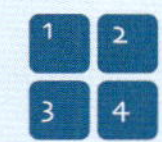

1. 앞목
2. 래글런
3. 소매
4. 밑단

청색 래글런 풀오버

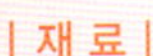

뜨는 방법

| 재 료 |
밤부사 500g

| 바 늘 |
3.5mm, 4mm 대바늘

| 사이즈 |
S(샘플사이즈), M, L

| 게이지 |
23코 31단

1 남자 퍼플 래글런 풀오버를 살짝 변형한 커플룩입니다.

2 자신에게 맞는 사이즈를 찾습니다.

3 뜨는 방법은 〈남자 퍼플 래글런 풀오버〉와 동일합니다.

♥ 남자 퍼플 래글런 풀오버를 세라니트 카페 운영자 김문선 씨가 변형

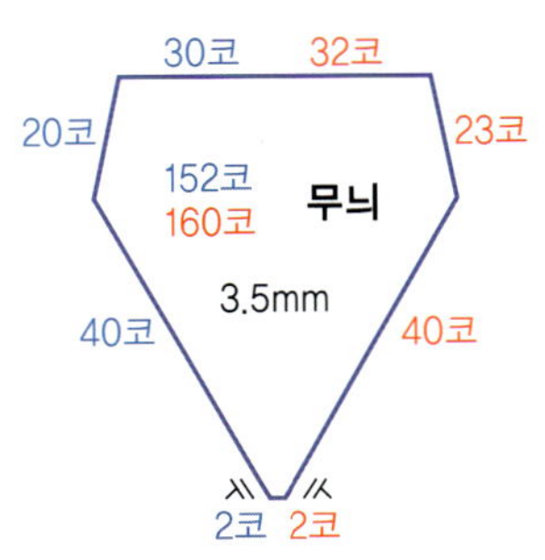

| 앞판 · 뒤판 |

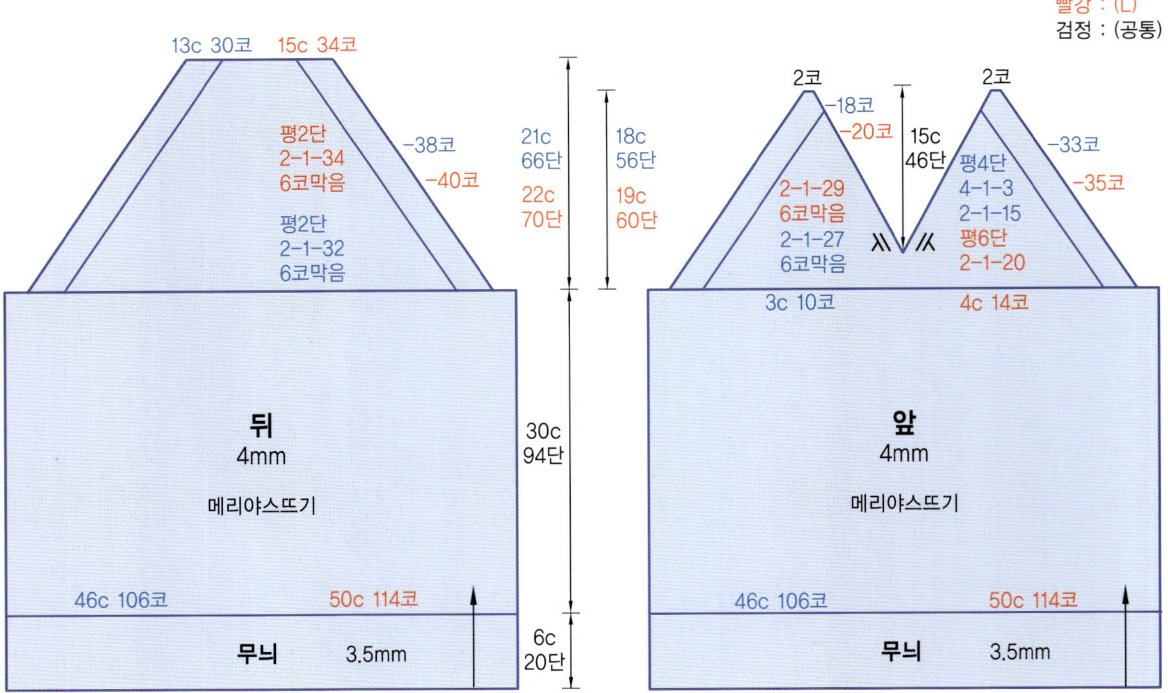

[무늬]

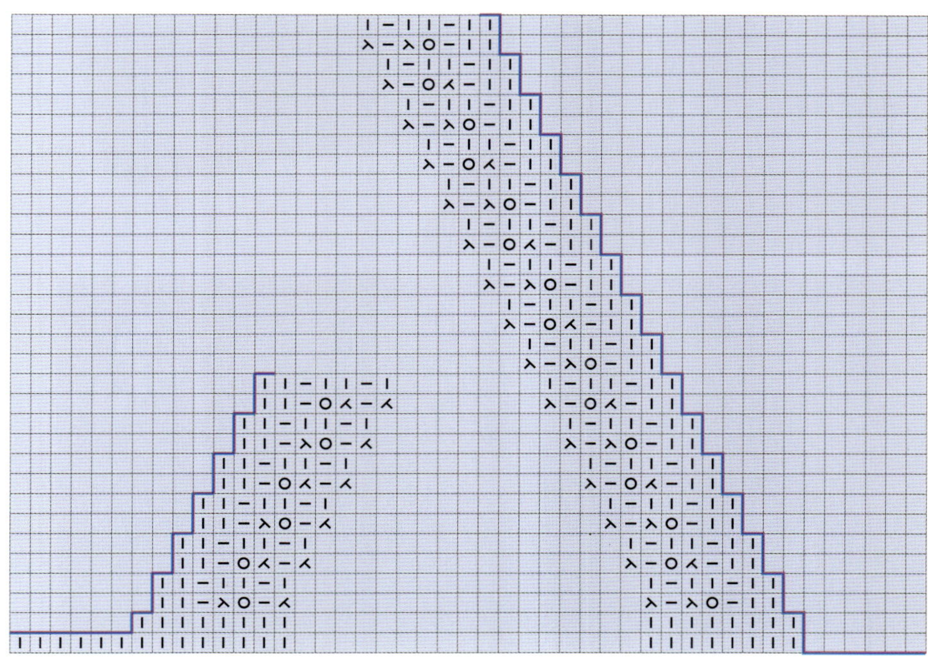

[앞목 중앙코 세움]

| 소 매 |

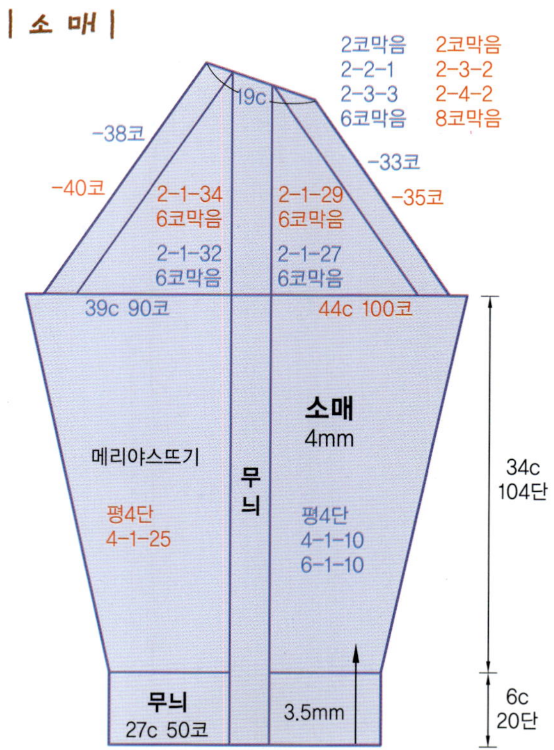

kintting 13
|남자 섹시 풀오버|

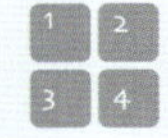

1. 앞 목부분
2. 소매
3. 옆트임
4. 전체 무늬

kintting 13

남자 섹시 풀오버

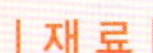

| 재 료 |
면혼방 250g, 15mm 단추 2개, 가죽끈 1개

| 바 늘 |
모사용 4호 코바늘

| 사이즈 |
M(샘플 사이즈)

| 게이지 |
1무늬 세트 가로 2.7cm 세로 1.8cm

뜨는 방법

1 전체 42무늬를 시작으로 원통뜨기합니다.

2 옆 중심에서 진동을 줄이며 뒤판을 먼저 뜨고 앞판을 뜨면서 진동 위치에서 앞 트임을 만듭니다.

3 밑단뜨기는 아래를 향해 무늬를 줄이며 4단을 뜹니다.

4 어깨는 안에서 감침질로 잇습니다.

5 소매 역시 원통뜨기로 뜨고 감침질로 진동에 연결합니다.

6 소매단을 뜨면서 좌우 모양에 맞게 단추구멍을 내줍니다.

7 앞목 트임과 목둘레에 겹짧은뜨기 2단을 뜨면서 앞목 트임에는 구멍 다섯 개를 내 주고 마무리는 되돌려(back)짧은뜨기로 마무리합니다.

8 소매단에 단추를 달아주고 앞목 트임에는 가죽끈을 꿰어 리본으로 묶습니다.

| 앞판 · 뒤판 |

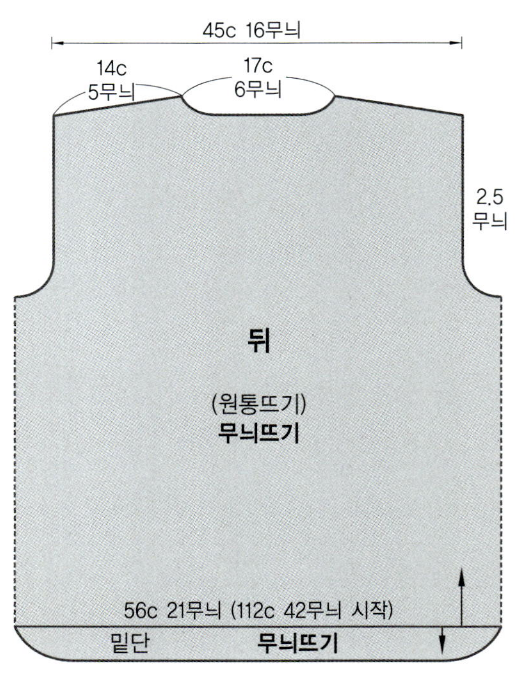

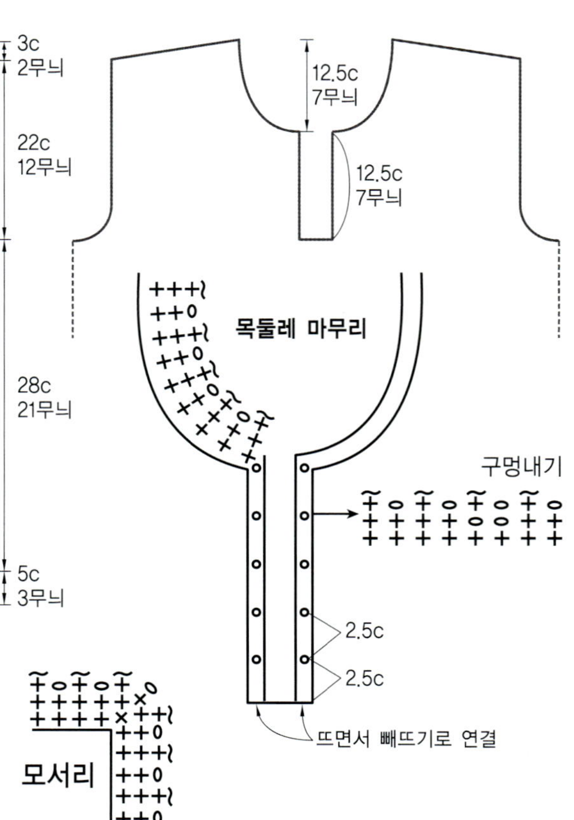

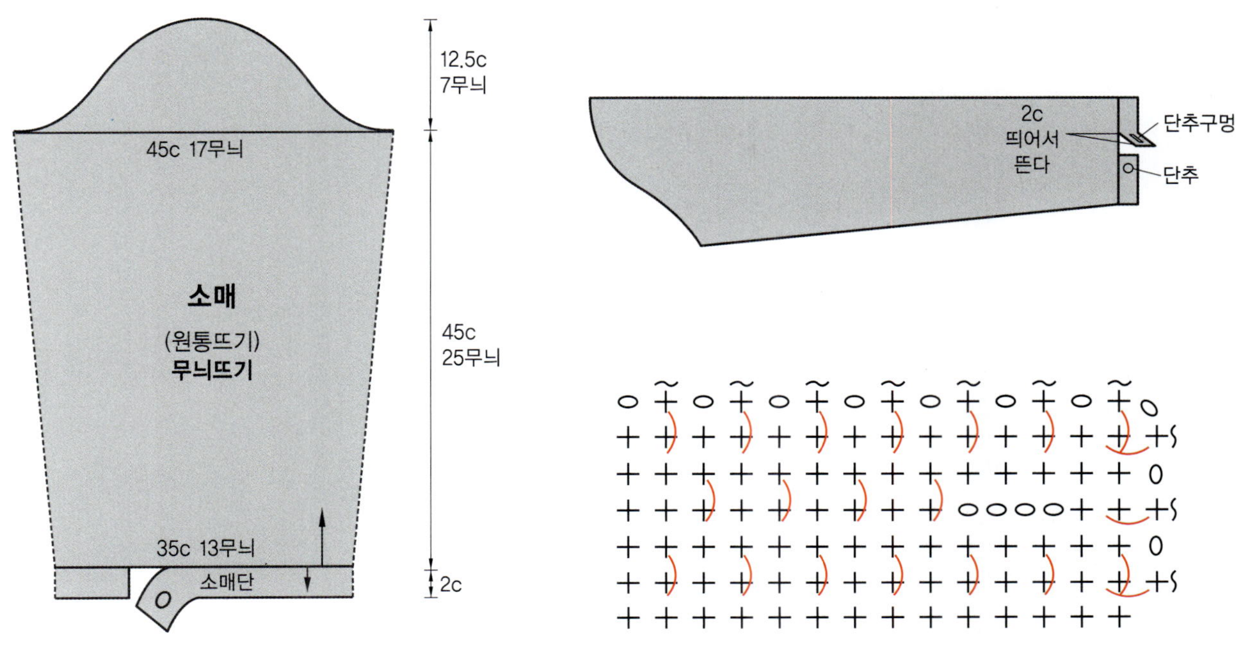

12.5c
7무늬
45c 17무늬
소매
(원통뜨기)
무늬뜨기
45c
25무늬
35c 13무늬
소매단
2c
2c
띄어서
뜬다
단추구멍
단추

1set 무늬단
1set 무늬 8코

[밑 단]

[전체 무늬]

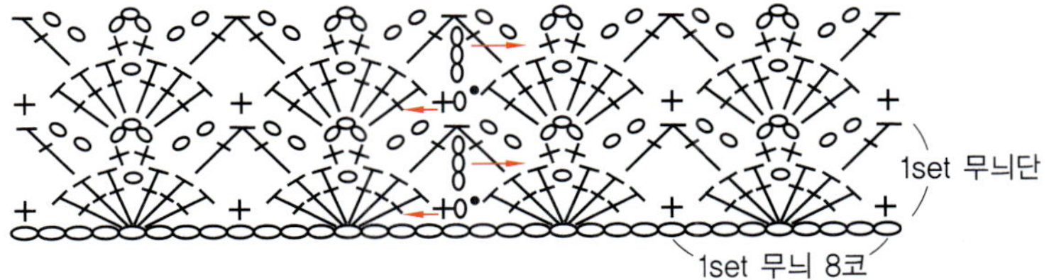

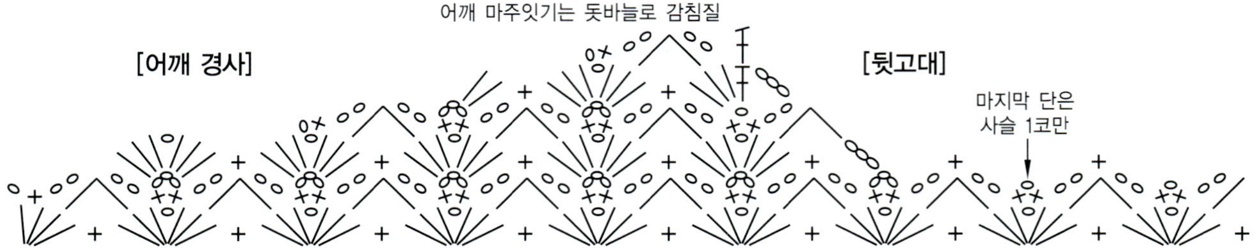

어깨 마주잇기는 돗바늘로 감침질
[어깨 경사]
[뒷고대]
마지막 단은
사슬 1코만

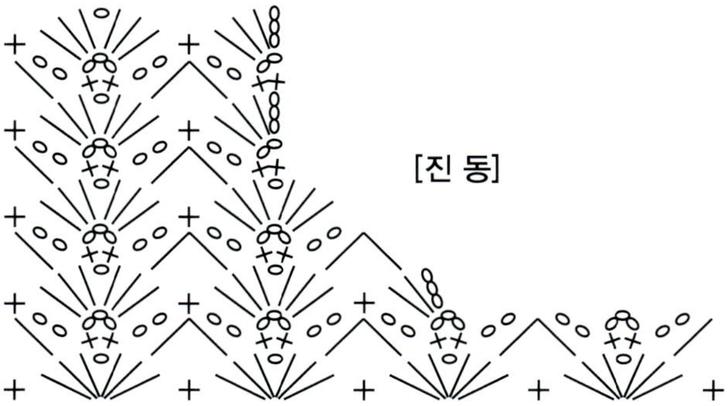

[진 동]
[앞 목]

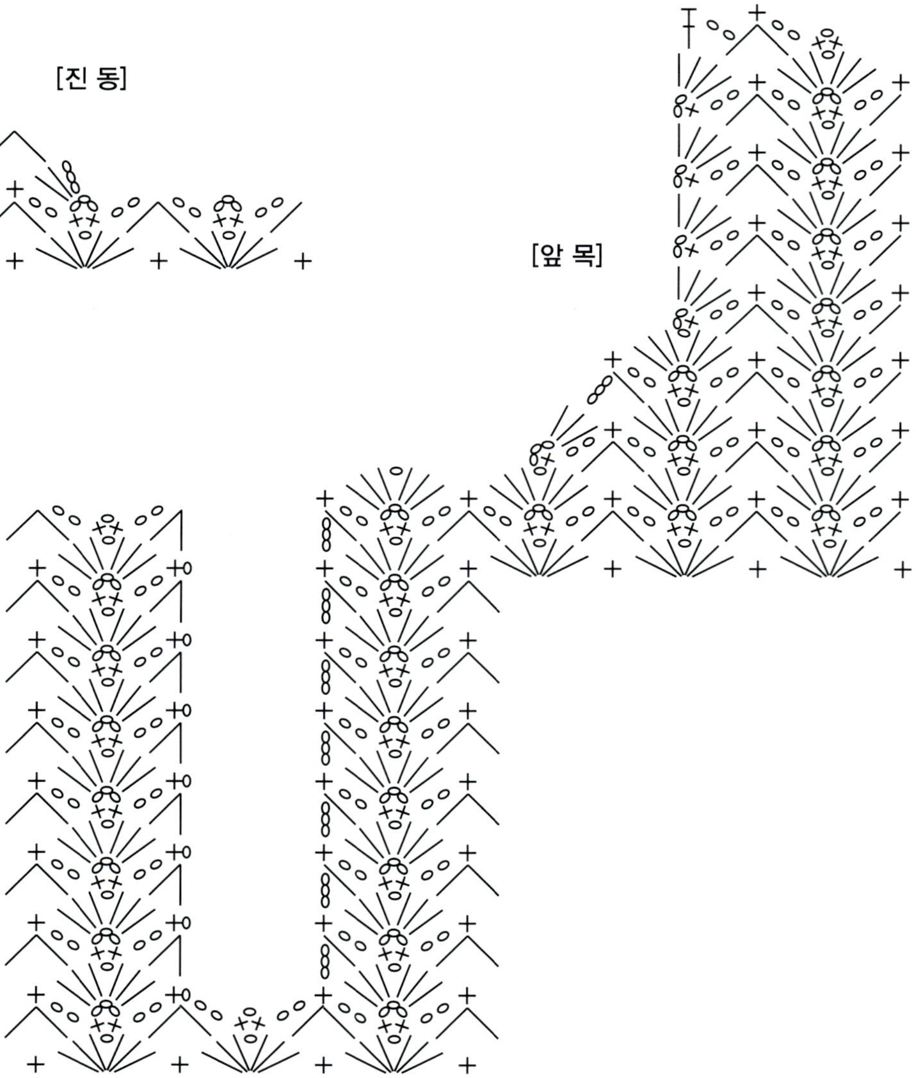

[소매 늘림]
단
25
24
23
22
21
20
19
18
17
16
15
14
13
12
11
10
9
8
7
6
5
4
3
2
1
4무늬
늘림
3무늬
늘림
2무늬
늘림
1무늬
늘림
소매산 잇기는 돗바늘로 감침질
[소매산]

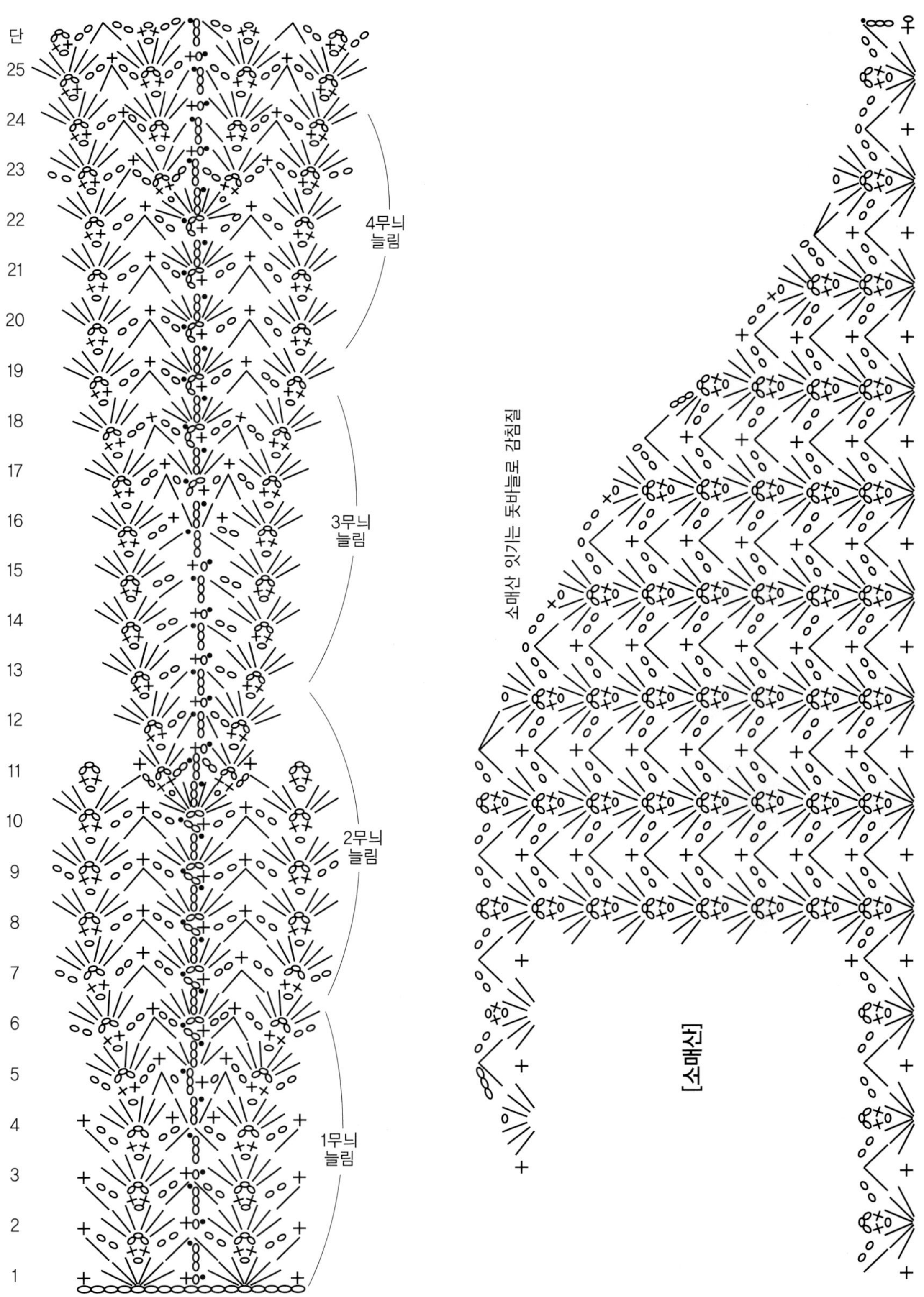

PART 02

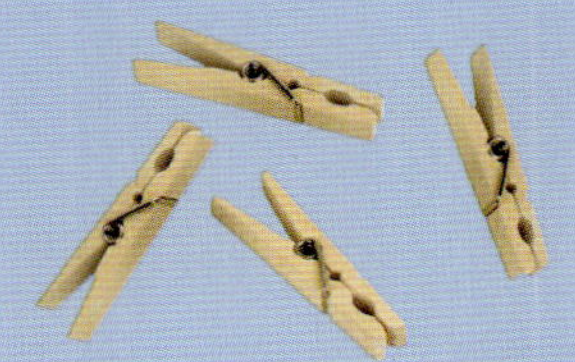

여름 패션 손뜨개

Knit for summer

kintting 01

|캐리비언 이미지 투피스|

1. 긴소매
2. 반소매
3. 밑단 마무리
4. 스커트 무늬

캐리비언 이미지 투피스

 **카디건** 뜨는 방법

1 자신에게 맞는 사이즈를 선택합니다.
2 몸판 전체 뜨기로 배색 순서에 맞게 뜹니다.
3 옆 중심에서 진동을 줄이며 뒷판을 완성하고 앞판과 소매를 뜹니다.
4 어깨와 소매는 지그재그로 사슬뜨기하면서 잇습니다.
5 몸판 아웃라인은 밑단을 먼저 뜨고 앞단을 뜹니다.
　 앞단 마지막 단에서 묶음 끈을 양쪽에서 사슬뜨기 120코를 뜹니다.

스커트 뜨는 방법

1 초록＋연두, 파랑＋하늘, 보라＋연보라를 세트로 세로무늬의 띠를 사이즈 개수에 맞게 뜹니다.
2 베이지 색으로 삼각 띠를 세로무늬 개수와 같은 수로 뜹니다.
3 도안과 같이 세로무늬 띠와 삼각 띠를 지그재그 사슬잇기로 연결합니다.
4 고무줄 폭의 2배가 되도록 한길긴뜨기만으로 허리 부분을 뜨고 안으로 접어 고무줄 실로 감침질하거나 빼뜨기와 사슬뜨기 2~3코를 반복하며 잇습니다.
5 고무줄을 넣습니다.

| 앞판 · 뒤판 |

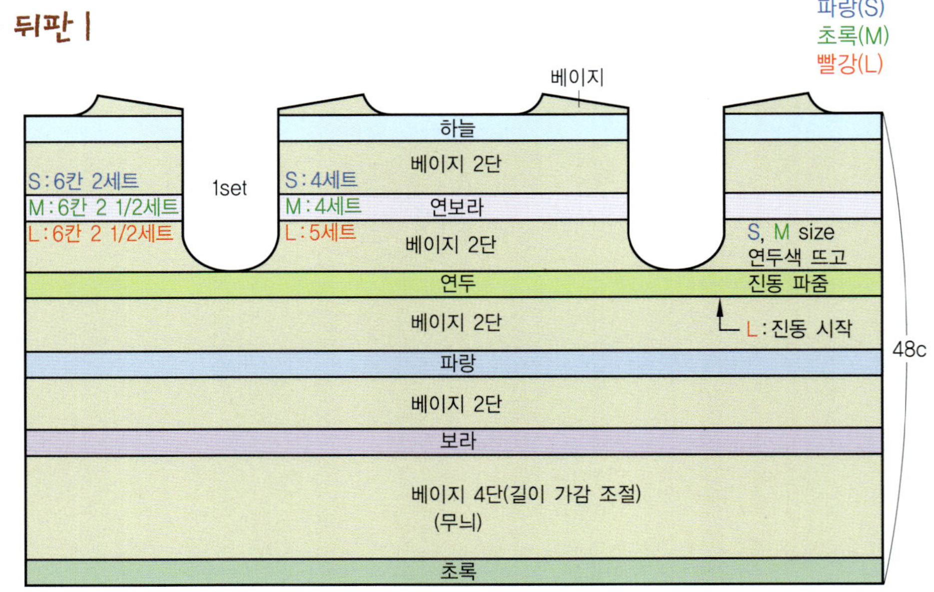

소 매

무늬
4단 1set
6칸 세트
3칸 세트

S
사이
그물
무
늬
M
L

S
칼라
어깨 경사
칼라는 겉으로 접어
다림질로 세팅하고
＊끝을 고정시켜 주세요.
M : S, L보다 칼라가 넓음
칼라
어깨 경사
L
칼라
어깨 경사

[진동 위치]

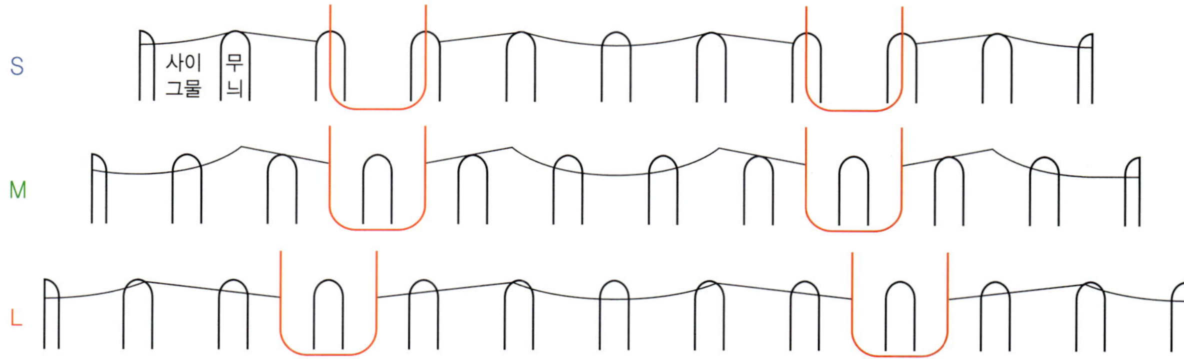

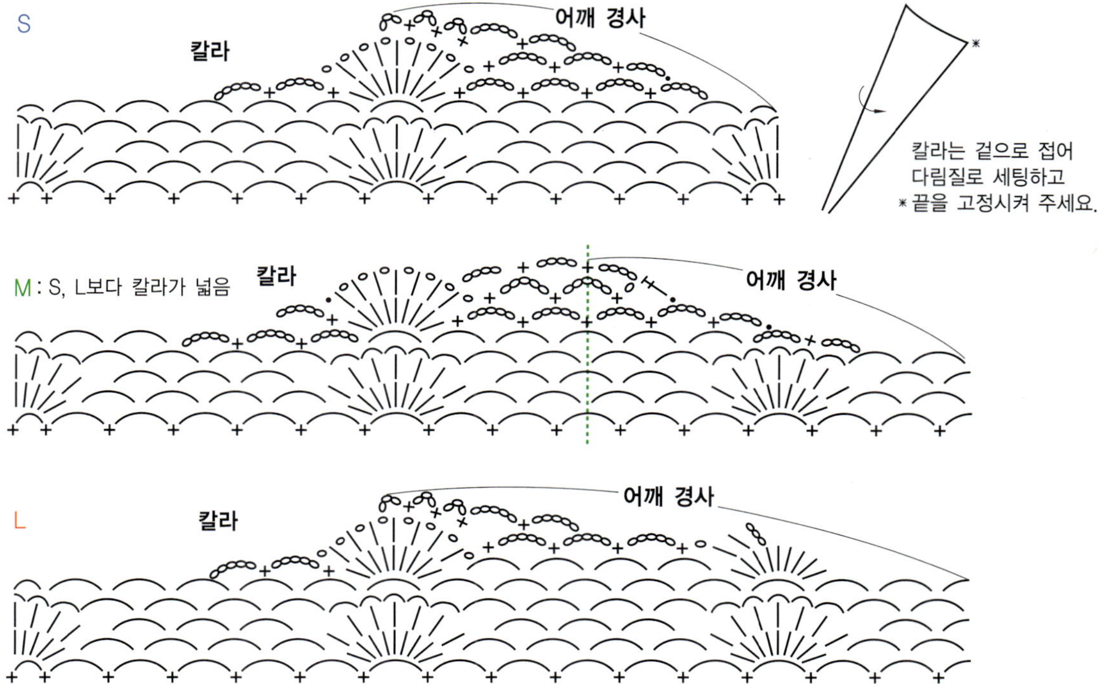

[밑 단]

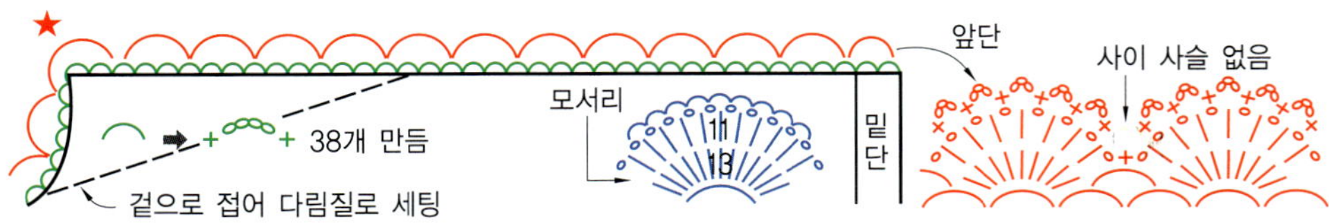

밑단

사이 사슬코 3코

[앞 묶음 끈]

120코

좌우 같은
위치

[앞 단]

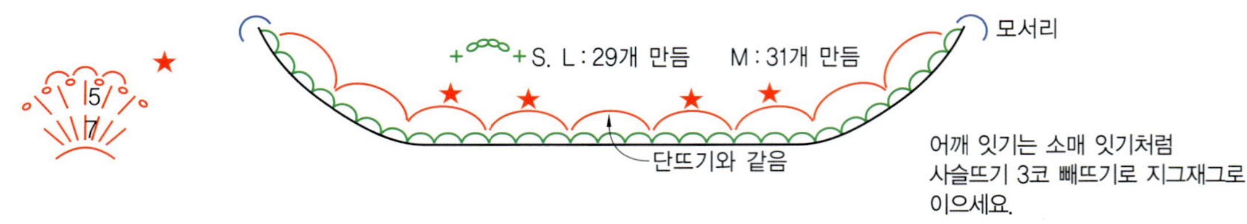

38개 만듬

겉으로 접어 다림질로 세팅

모서리

앞단

밑단

사이 사슬 없음

[칼라 · 뒷고대]

+ S. L : 29개 만듬   M : 31개 만듬

모서리

단뜨기와 같음

어깨 잇기는 소매 잇기처럼
사슬뜨기 3코 빼뜨기로 지그재그로
이으세요.

[뒷고대 파기]

M : 뒷고대

S, L : 뒷고대

[소 매]

S : 3칸
M : 5칸
L : 한 단 더 떠서
5칸 만드세요.

S : 15칸   M : 17칸   L : 19칸

[소매 잇기]

[소매 레이스]

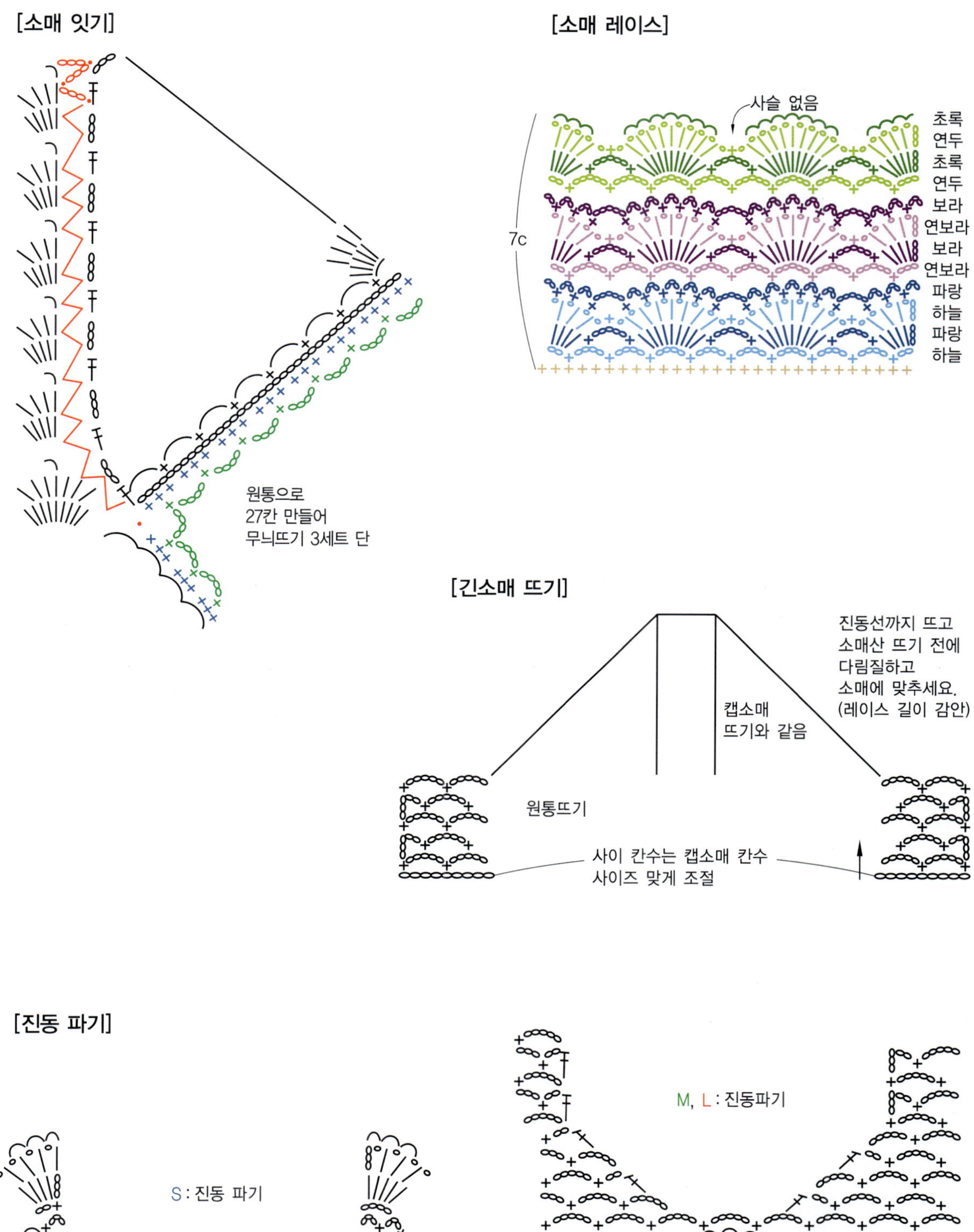

사슬 없음
초록
연두
초록
연두
보라
연보라
보라
연보라
파랑
하늘
파랑
하늘
7c
원통으로
27칸 만들어
무늬뜨기 3세트 단
[긴소매 뜨기]
진동선까지 뜨고
소매산 뜨기 전에
다림질하고
소매에 맞추세요.
(레이스 길이 감안)
캡소매
뜨기와 같음
원통뜨기
사이 칸수는 캡소매 칸수
사이즈 맞게 조절
[진동 파기]
M, L : 진동파기
S : 진동 파기

[조각 잇기]

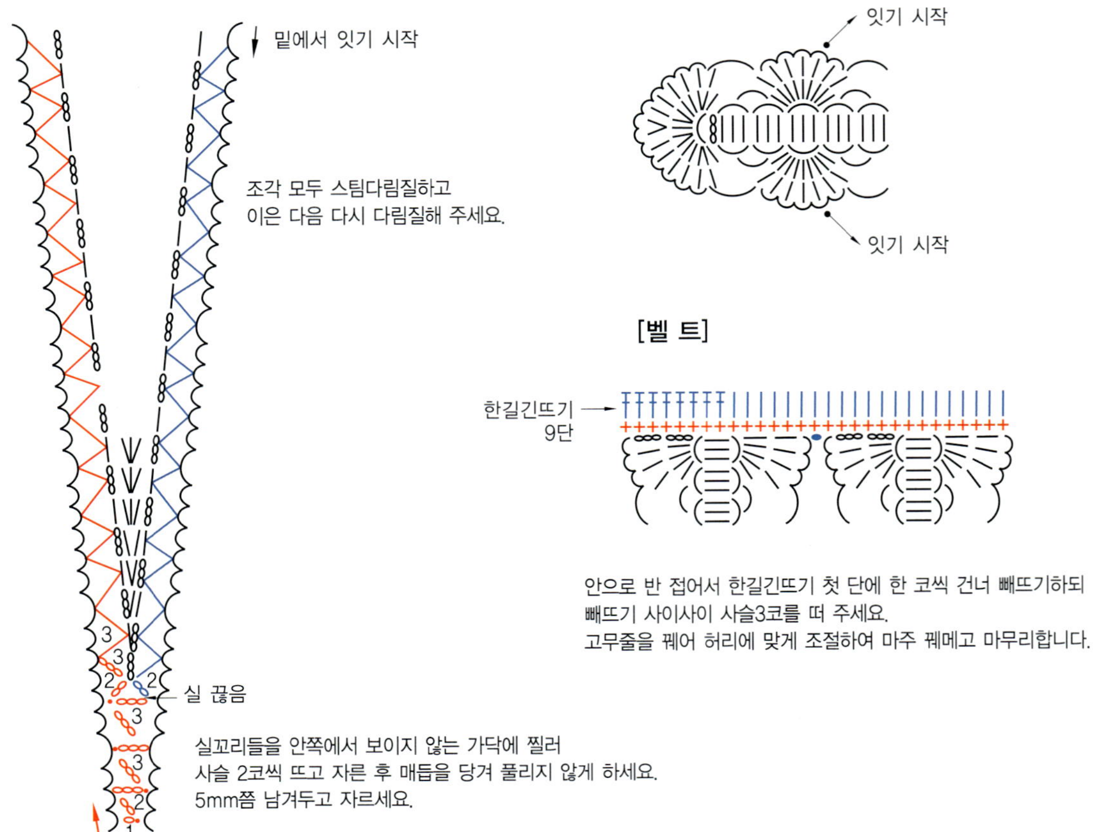

안으로 반 접어서 한길긴뜨기 첫 단에 한 코씩 건너 빼뜨기하되
빼뜨기 사이사이 사슬3코를 떠 주세요.
고무줄을 꿰어 허리에 맞게 조절하여 마주 꿰메고 마무리합니다.

실꼬리들을 안쪽에서 보이지 않는 가닥에 찔러
사슬 2코씩 뜨고 자른 후 매듭을 당겨 풀리지 않게 하세요.
5mm쯤 남겨두고 자르세요.

[잇는 순서]

• 연한색 시작 6개(7), 진한색 시작 6개(7)
• S, M size 12개, L size 14∼15개

kintting 02

캐리비언 시리즈
레이시탑 & 플레어 스커트

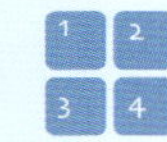

1. 허리 부분 무늬
2. 앞목과 어깨
3. 바스트 다트
4. 스커트 밑단

레이시탑 & 플레어 스커트

 **레이스탑 뜨는 방법**

1 자신에게 맞는 사이즈를 선택합니다.
2 허리선부터 원통뜨기로 위를 먼저 뜹니다.
3 도안에 따라 바스트 다트를 만듭니다.
4 앞뒤가 완성되면 어깨를 안에서 감침질로 잇습니다.
5 허리 아래 부분의 레이스를 밑으로 향해 늘리면서 원통뜨기합니다. 밑단에 배색을 넣어줍니다.

스커트 뜨는 방법

1 허리에서 아래로 향해 뜹니다.
2 몸판무늬로 3단을 뜨고 5무늬마다 서서히 3무늬를 코늘림하면서 총 33단을 뜹니다.
3 레이스뜨기를 하면서 4번째 무늬 시작에서 사슬뜨기로 코늘림을 합니다.
4 배색을 순서에 맞에 넣어 줍니다.
5 고무줄 폭의 2배가 되도록 한길긴뜨기만으로 허리 부분을 뜨고 안으로 접어 고무줄 실로 감침질하거나 빼뜨기와 사슬뜨기 2~3 코를 반복하며 잇습니다.
6 고무줄을 넣습니다.

|앞판|

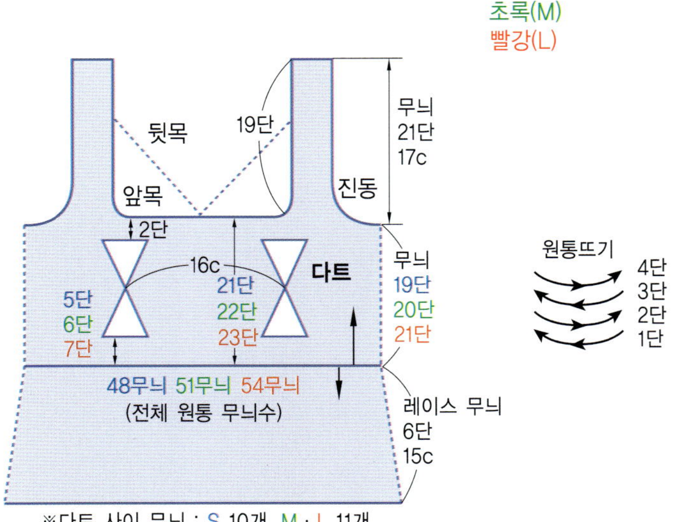

| 레이시탑 |

[다 트]

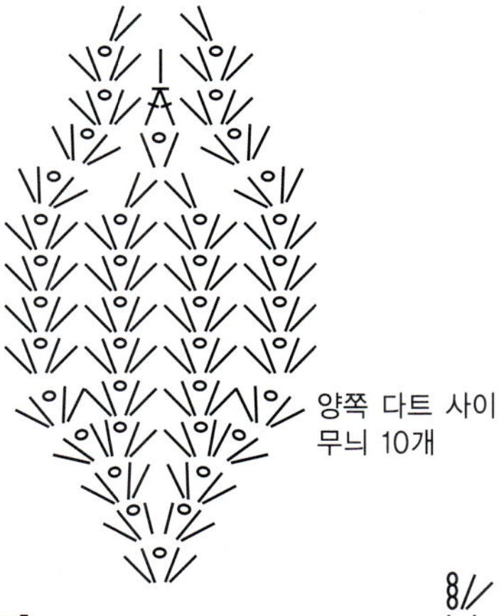
양쪽 다트 사이
무늬 10개

[앞 목]

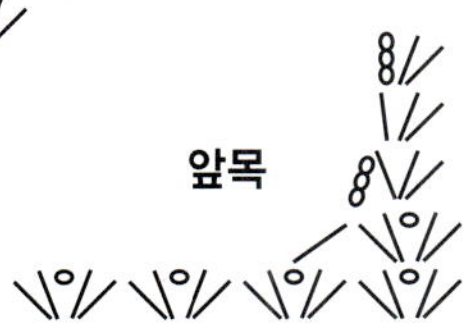
앞목

[진 동]

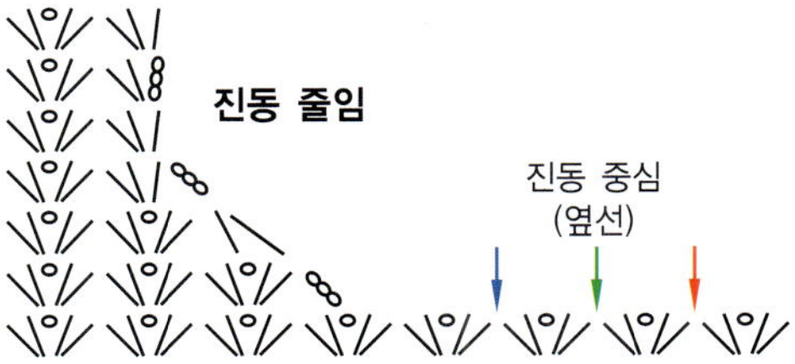
진동 줄임
진동 중심
(옆선)

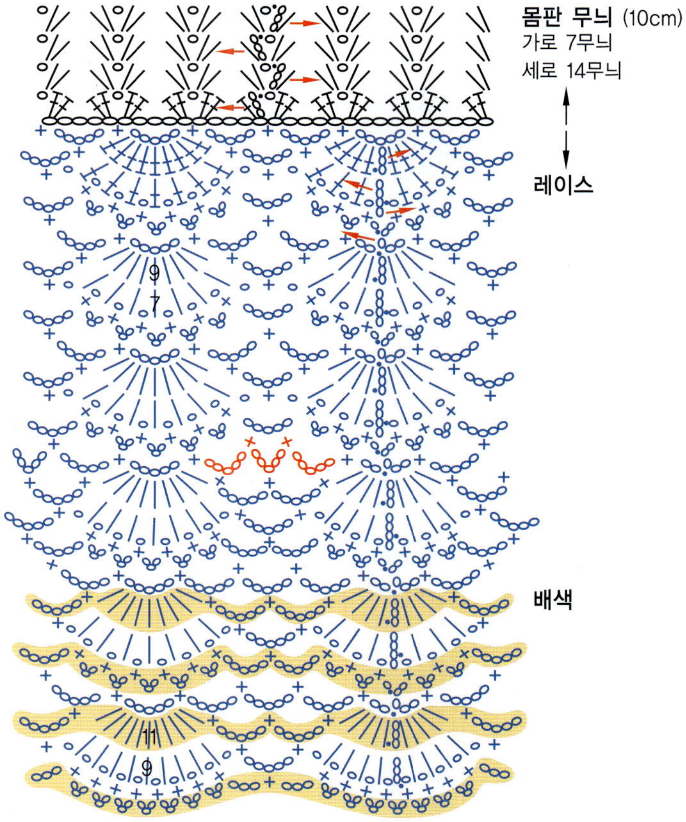
몸판 무늬 (10cm)
가로 7무늬
세로 14무늬
레이스
배색
9
7
11
9

[뒷목 줄임]

아웃라인
어깨 폭
빼뜨기
(뒷목 줄임)
어깨쪽까지
줄여지도록
이와 같은
방식으로
코를 없애줌
뒤
중심

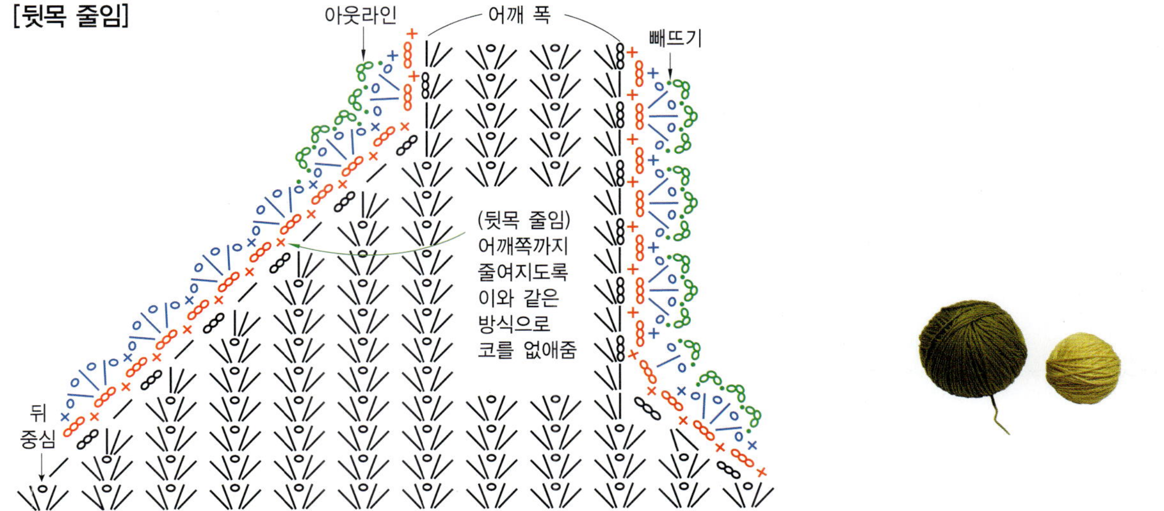

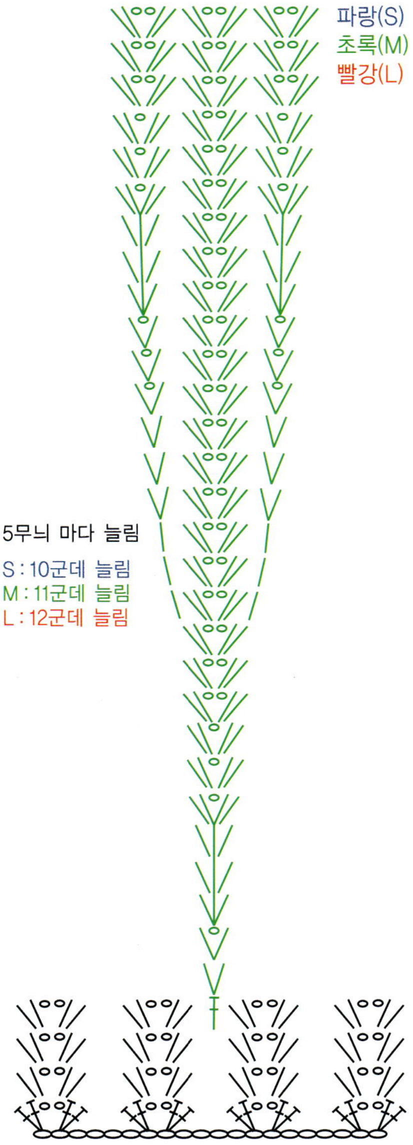

파랑(S)
초록(M)
빨강(L)

5무늬 마다 늘림

S : 10군데 늘림
M : 11군데 늘림
L : 12군데 늘림

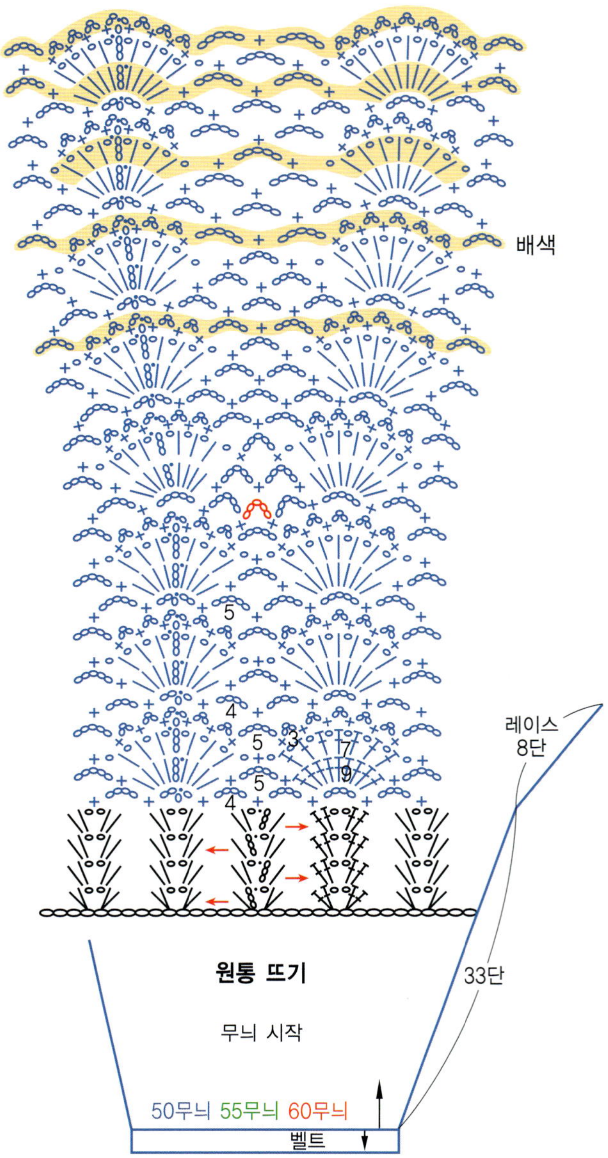

배색

레이스
8단

5
4
5 3
5 7
5 9
4

원통 뜨기

무늬 시작

33단

50무늬 55무늬 60무늬

벨트

[벨 트]

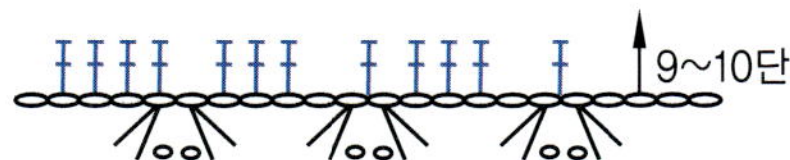

9~10단

안으로 반 접어서 한길긴뜨기 첫 단에 한 코씩 건너 빼뜨기.
빼뜨기 사이사이 사슬 3코를 떠줌.
고무줄을 꿰어 허리에 맞게 조절하여 마주 꿰메고 양끝을
불로 지져줌.

대바늘뜨기

대바늘뜨기에는 2개의 바늘로 왕복하여 또는 평편뜨기와 4개 이상의 바늘이나 둘레바늘을 이용하여 뜨는 윤편뜨기가 있다. 평편뜨기는 풀오버·카디건·슬랙스 등에 주로 이용되고 윤편뜨기는 모자·장갑·양말 등 작은 작품에 이용된다.

바늘의 재료로 원래 대가 많이 쓰였으므로 대바늘이라고 하지만, 근래에는 플라스틱·금속·나무 등 여러 가지가 쓰인다.

대바늘뜨기의 특색은 탄력성과 신축성이 좋으며, 실을 걸고 끌어낼 때의 손의 동작에 따라 뜨임새의 차이가 생긴다. 그리고 기계에 걸 수 없는 굵은 실 또는 토막난 헌실 같은 것도 연결해가며 뜰 수 있어 재료의 효용과 손뜨기의 독특한 아름다움을 살릴 수 있다. 대바늘뜨기는 실과 바늘의 굵기의 조합에 따라 두께와 밀도를 조절할 수 있어 전체적인 감각을 자유롭게 변화시킬 수 있는 한편, 조합이 불완전하면 어색한 뜨임새가 된다. 따라서 사용하고자 하는 실의 굵기·꼬임새·형태의 특징에 따라 알맞은 굵기의 바늘을 선택해야 한다. 바늘은 0~20호까지로 굵기가 구분되어 있고, 점보바늘이라 하여 특별히 굵게 만든 것도 있다.

대바늘뜨기의 기본뜨기는 겉뜨기와 안뜨기가 있고, 이것을 차례로 1단씩 섞어 뜬 것을 가터뜨기라고 하며, 1~3코 정도 섞어 뜬 것을 고무뜨기라 한다. 대바늘뜨기의 원리는 단순하지만 그것을 활용한 무늬뜨기의 방법은 대단히 다양하며 널리 이용되는 것이 특징이다.

즉 안뜨기와 겉뜨기 코의 배열 방법을 달리함으로써 바둑판·다이아몬드·가로줄·세로줄·사선 등의 형태를 섬세하게 또는 대범한 무늬로 표현할 수 있다. 코를 줄이고 늘이면서 구멍이 생기게 하되 구멍의 배열 방법에 변화를 주고, 코를 연결하는 방향에 변화를 주어 수없이 많은 비침무늬를 만들 수가 있다. 또 뜨는 도중 실을 바꾸어 다른 색을 배색하는 짜넣음무늬, 앞에서 뜬 단의 코를 끌어올려 함께 걸어 뜸으로써 만들어지는 끌어올림무늬, 코를 걸어 뜨면서 실이 걸쳐지게 하는 드레드 무늬 등 간단한 조작을 가함으로써 느낌이 전혀 다른 여러 가지 무늬를 만들 수가 있다.

대바늘뜨기의 원리를 그대로 살려 간편하고 빠르게 뜰 수 있도록 마련된 수편기가 있어 대바늘뜨기의 디자인을 작품화하기가 수월해졌다. 그러나 루프얀(loop yarn)·냅얀(nap yarn)·서머얀(summer yarn) 같은 특수한 형태의 실이나 특수하게 굵은 실 또는 리본 같은 것을 재료로 사용할 경우에는 수편기에는 걸리지 않으므로 대바늘뜨기가 그에 적합한 방법이 된다.

kintting 03

캐리비언 시리즈
A-line탑 & 세로무늬 스커트

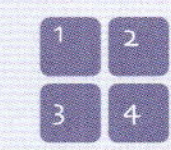

1. 어깨끈
2. 목 부분
3. 스커트 무늬
4. 스커트 밑단

A-line탑 & 세로무늬 스커트

 ## A-line탑 뜨는 방법

1 자신에게 맞는 사이즈를 선택합니다.
2 가슴 바로 밑에서 위로 먼저 원통으로 뜹니다.
3 어깨끈을 사슬뜨기로 떠서 연결합니다.
4 진동과 목둘레에 아웃라인을 뜨고 어깨끈에 조개무늬뜨기로 마무리합니다.
5 가슴 밑에서 아래로 코늘림하며 원통뜨기합니다.
　A- line을 더 퍼지게 하려면 4단마다 코늘림을 3단마다 합니다.

 ## 스커트 뜨는 방법

1 스커트는 캐리비언 이미지 투피스의 스커트 뜨기와 같습니다.
2 여러 색을 사용하는 대신 파랑과 하늘의 같은 계열 두 가지색으로만 뜹니다.

♥ 세라니트 카페 운영자 오혜경 씨의 응용 작품

캐리비언시리즈 두 벌은 네 벌의 효과를 낼 수 있는 아이템입니다.
· 레이스탑 + 플레어 스커트
· 레이스탑 + 세로무늬 스커트
· A-line탑 + 플레어 스커트
· A-line탑 + 세로무늬 스커트

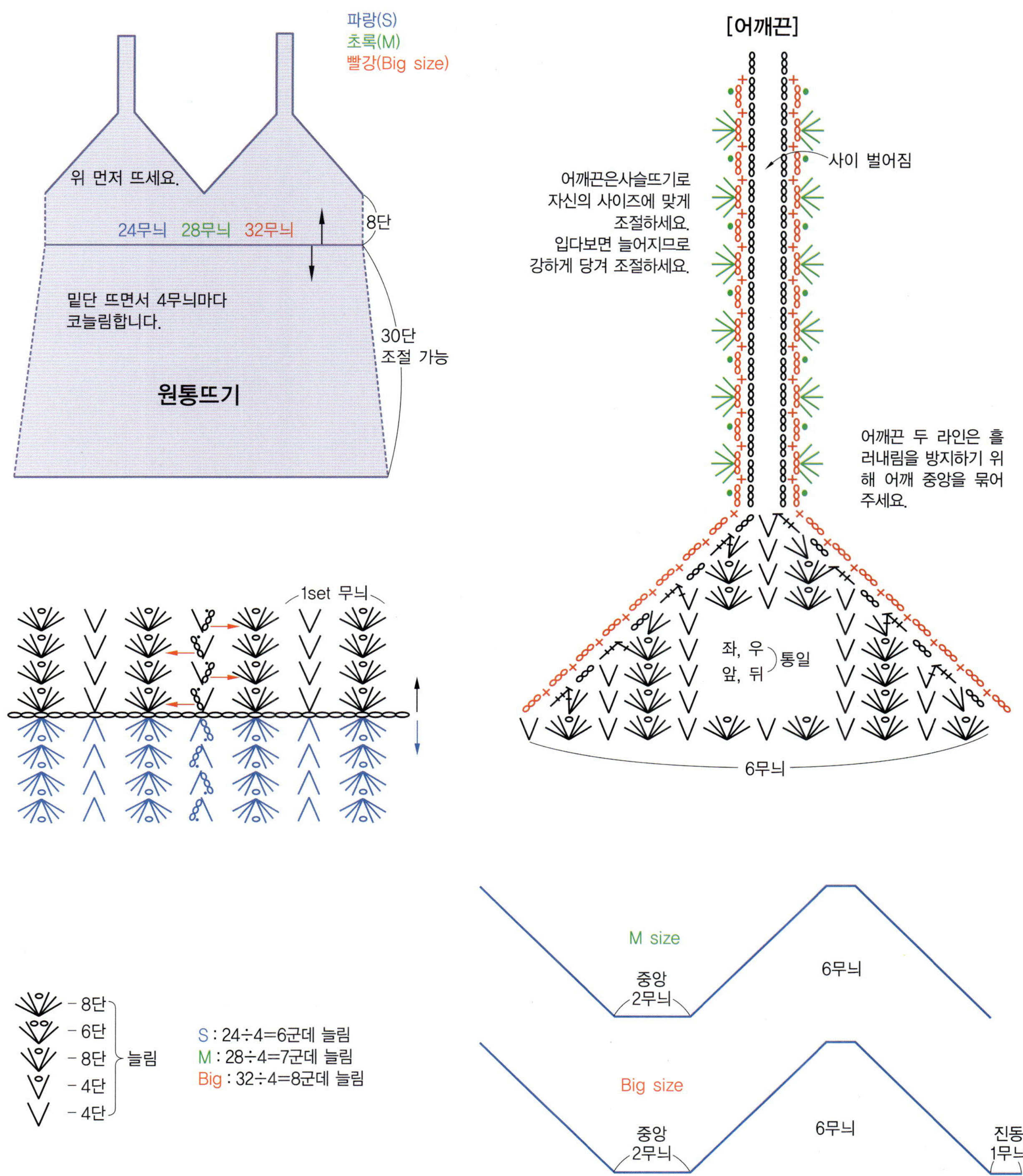
파랑(S)
초록(M)
빨강(Big size)
위 먼저 뜨세요.
24무늬 28무늬 32무늬
8단
밑단 뜨면서 4무늬마다
코늘림합니다.
30단
조절 가능
원통뜨기
1set 무늬
[어깨끈]
어깨끈은 사슬뜨기로
자신의 사이즈에 맞게
조절하세요.
입다보면 늘어지므로
강하게 당겨 조절하세요.
사이 벌어짐
어깨끈 두 라인은 흘
러내림을 방지하기 위
해 어깨 중앙을 묶어
주세요.
좌, 우
앞, 뒤 통일
6무늬
－8단
－6단
－8단
－4단
－4단
늘림
S : 24÷4=6군데 늘림
M : 28÷4=7군데 늘림
Big : 32÷4=8군데 늘림
M size
중앙
2무늬
6무늬
Big size
중앙
2무늬
6무늬
진동
1무늬

그물 숏 재킷

1. 칼라
2. 소매
3. 밑단 레이스
4. 전체 무늬

그물 숏 재킷

뜨는 방법

1 자신에게 맞는 사이즈를 선택합니다.

2 몸판 전체 뜨기로 떠 올라갑니다.

3 옆 중심에서 진동을 줄이며 뒷판을 완성하고 양쪽 앞판을 뜹니다.

4 뒤 어깨 폭에 맞춰 앞판과 어깨를 지그재그 사슬뜨기로 잇습니다.

5 소매를 레이스까지 완성하여 어깨 잇기와 마찬가지로 지그재그 사슬뜨기로 진동에 잇습니다.

6 전체 아웃라인에 레이스뜨기를 합니다.

| 재 료 |
면혼방사 260g

| 바 늘 |
모사용 4호 코바늘

| 사이즈 |
S(샘플사이즈), M, L

| 게이지 |
생략

| 앞판 · 뒤판 |

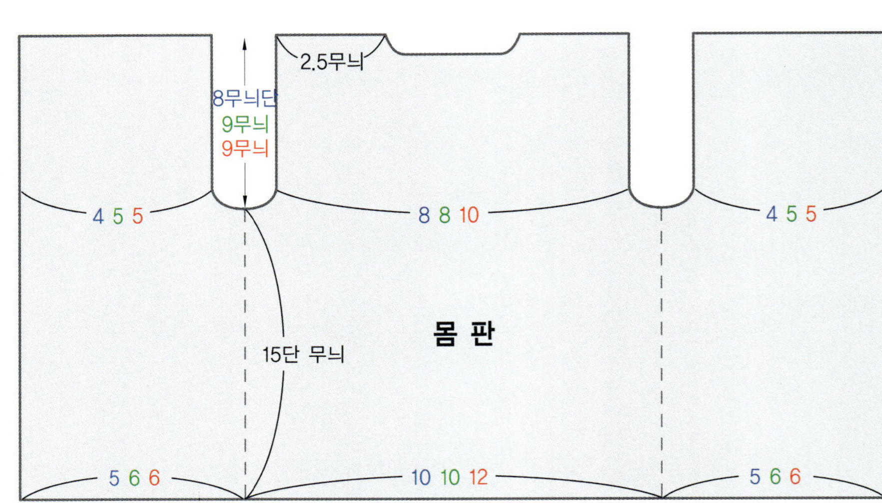

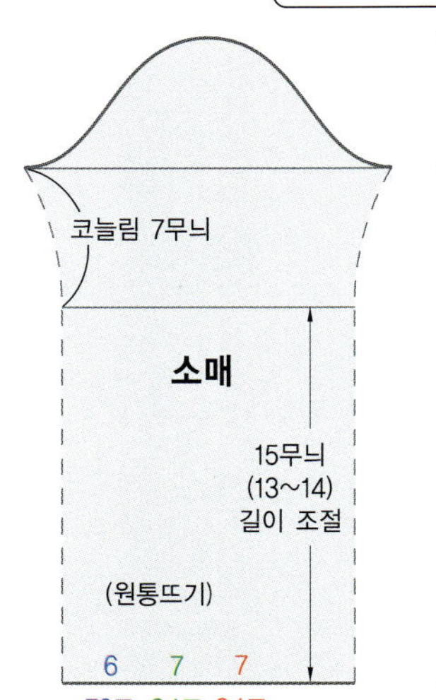

[몸판, 소매 무늬]

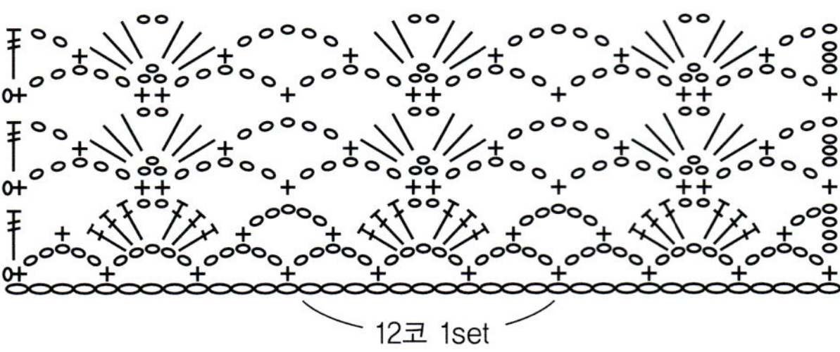

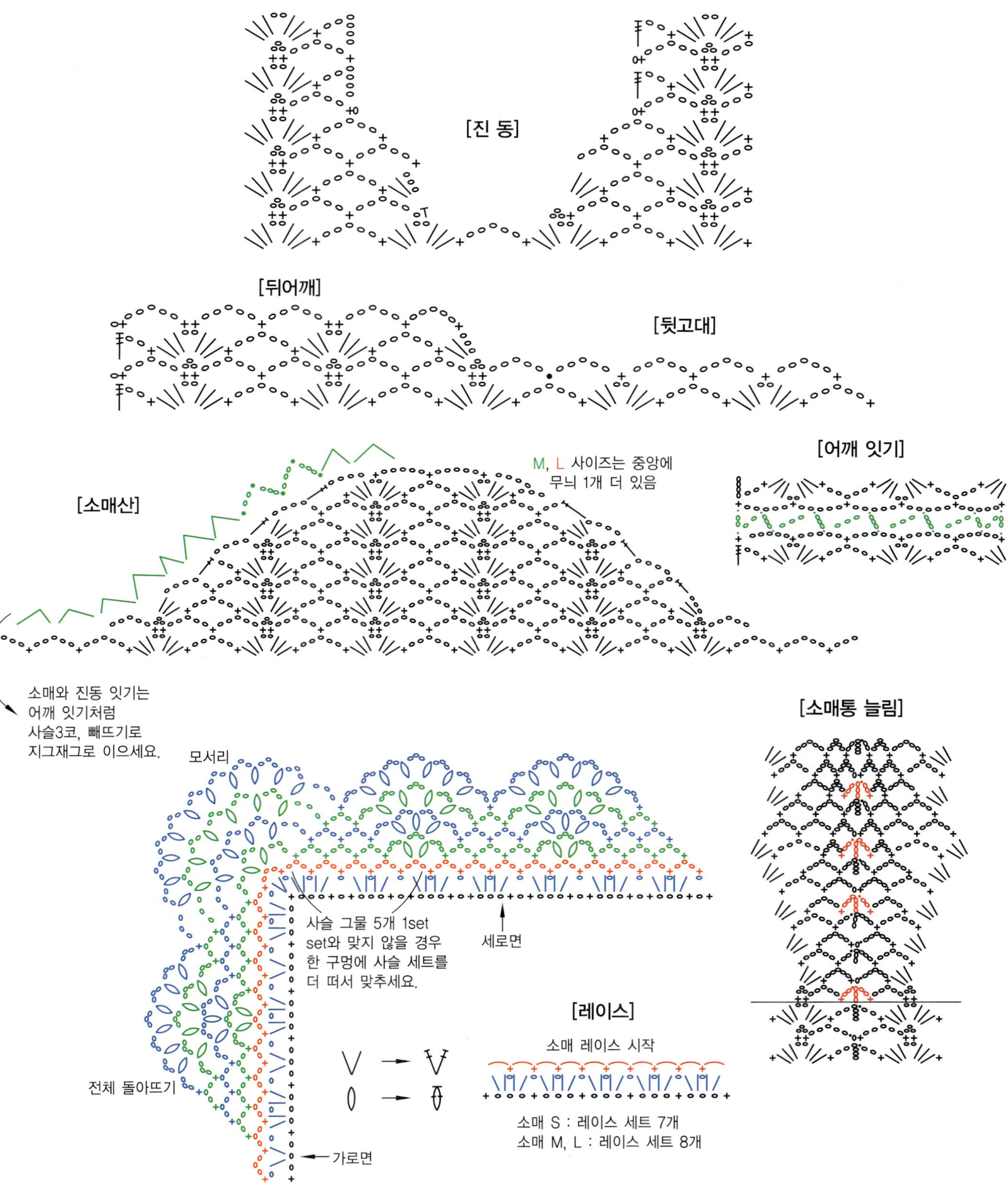
[진 동]
[뒤어깨]
[뒷고대]
[어깨 잇기]
[소매산]
M, L 사이즈는 중앙에
무늬 1개 더 있음
소매와 진동 잇기는
어깨 잇기처럼
사슬3코, 빼뜨기로
지그재그로 이으세요.
[소매통 늘림]
모서리
사슬 그물 5개 1set
set와 맞지 않을 경우
한 구멍에 사슬 세트를
더 떠서 맞추세요.
세로면
전체 돌아뜨기
[레이스]
소매 레이스 시작
소매 S : 레이스 세트 7개
소매 M, L : 레이스 세트 8개
가로면

kintting 05

파도무늬 플레어 원피스 & 볼레로

1. 어깨끈
2. 허리 벨트
3. 다트 줄임
4. 전체 무늬

파도무늬 플레어 원피스 & 볼레로

 **뜨는 방법**

1 자신에게 맞는 사이즈를 선택합니다.

2 무늬수 곱하기 20코하여 사슬뜨기를 합니다.
사슬코를 넉넉히 하여 첫 단을 뜬 뒤 둥글게 빼뜨기로 연결합니다.
이때 뫼비우스 띠가 되지 않도록 주의합니다. 남는 사슬코는 잘라
양끝을 연결합니다.

3 단 마다 겉에서 진행, 안에서 진행으로 방향을 바꿔가며 원통으로
뜹니다.

4 원하는 길이만큼 뜨고 다트를 줄입니다. 다트 들어가기 전 스팀다
림질을 한 후에 길이를 조절합니다.

5 다트를 모두 줄이면 진동까지 일자로 늘림이나 줄임 없이 뜹니다.
진동 줄임 전에 3번과 마찬가지로 스팀다림질로 길이를 조절합니다.

6 진동을 줄이고 어깨끈을 떠서 뒤에 연결하고 아웃라인을 뜹니다.

7 벨트를 뜹니다.

| 몸 판 |

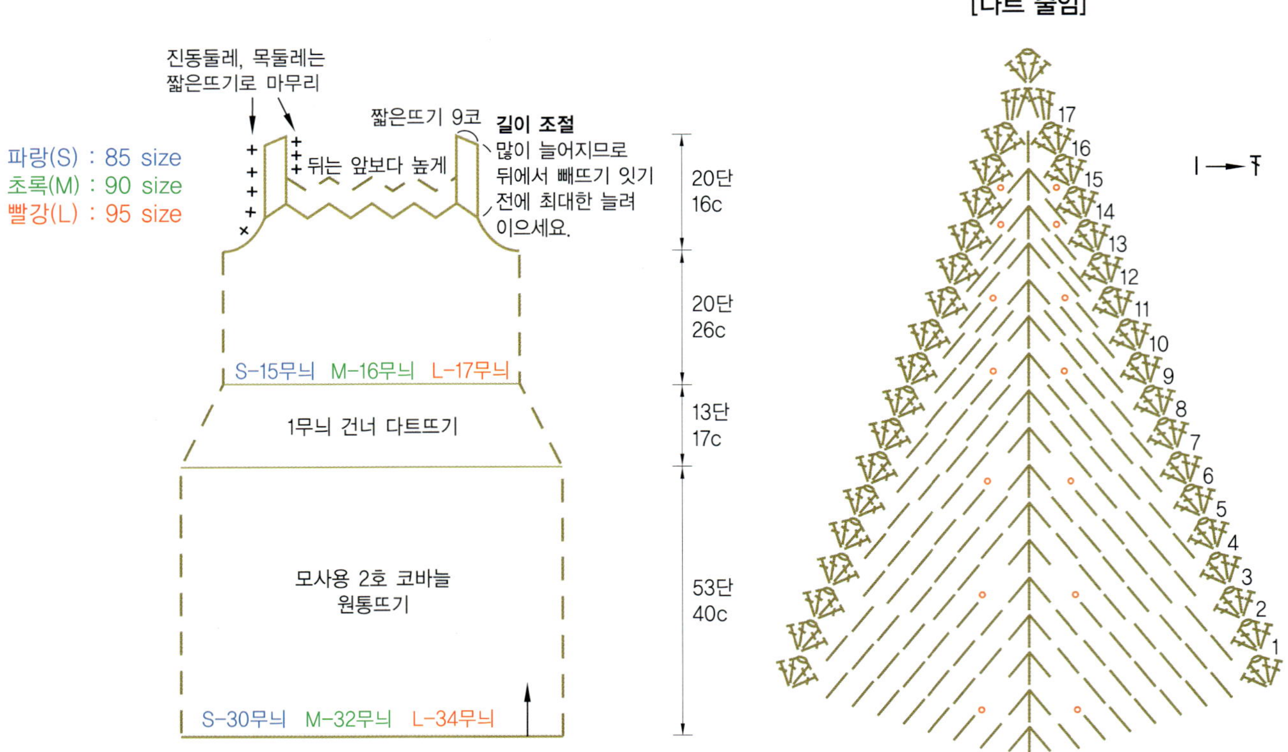

| 재 료 |
밤부사 흰색 110g, 연한베이지 110g,
중간베이지 140g, 진한베이지 170g,
초코색 140g

| 바 늘 |
모사용 2호 코바늘

| 사이즈 |
S(샘플 사이즈), M, L

| 게이지 |
20코 14단 1무늬 – 가로 4.5cm,
세로 11cm

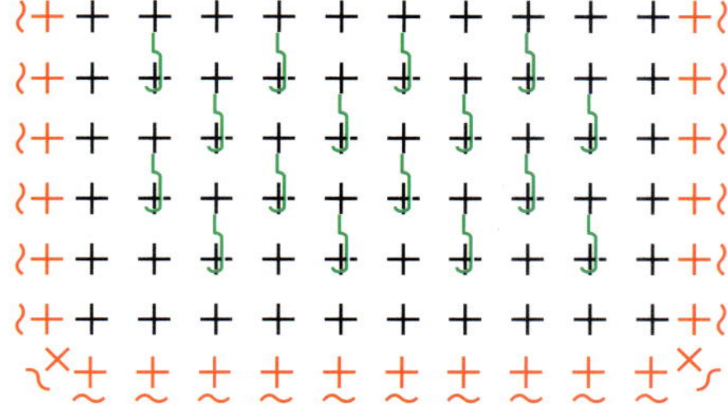

겹짧은뜨기 하기
아웃라인은 되돌려짧은뜨기 하기

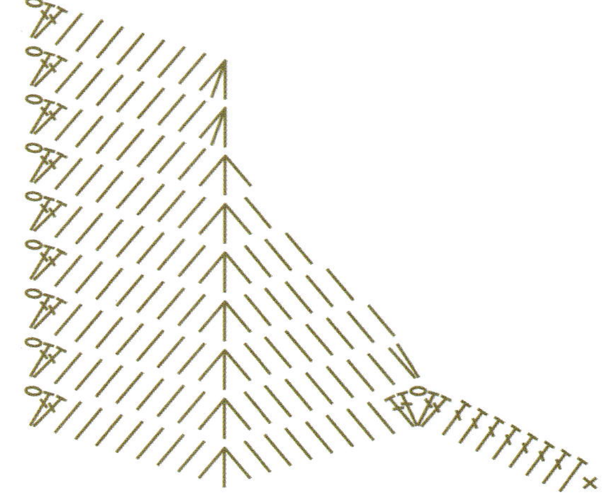

볼레로

장미문양 볼레로와 뜨는법은 동일하
나 등의 장미 문양이 없고 아웃라인
에칭뜨기 사이에 원피스와 어울리는
배색을 넣었습니다.

♥ 스타일리시 손뜨개에 수록된 파도무늬
원피스를 오혜경 씨가 플레어 원피스로
변형

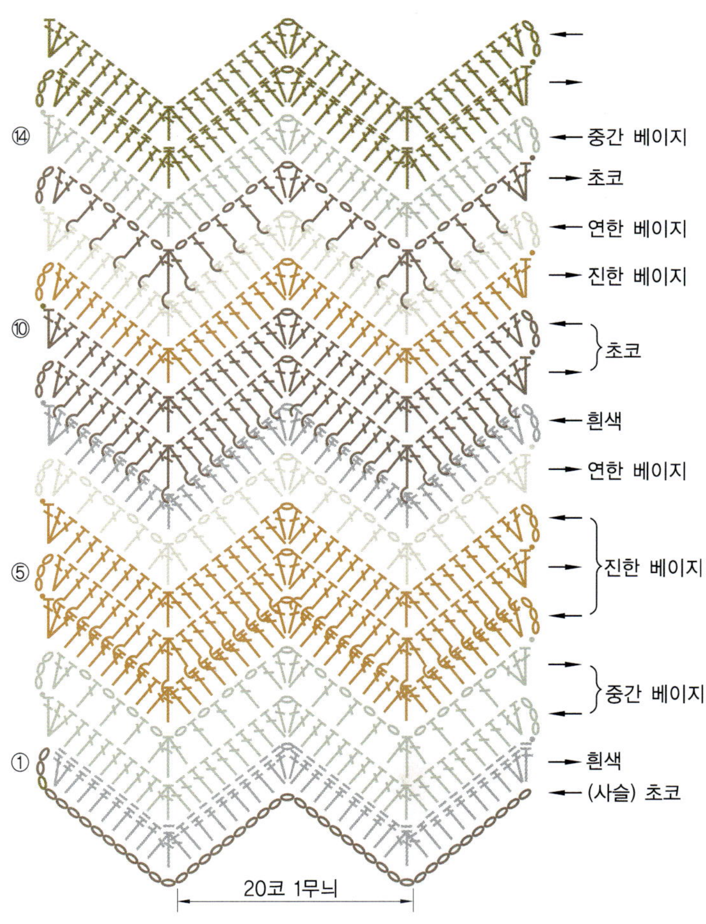

kintting 06

| 장미 볼레로 |

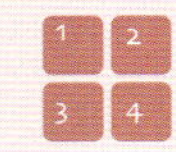

1. 앞여밈 부분
2. 소매
3. 장미 문양
4. 코늘림

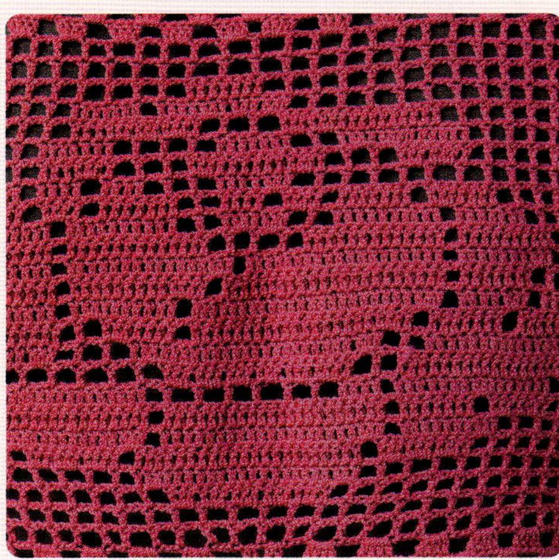

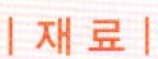

장미 볼레로

뜨는 방법

1 자신에게 맞는 사이즈를 선택합니다.

2 몸판 전체뜨기로 양쪽에서 코늘림하면서 6단을 뜨고 뒤 중앙에 장미 문양을 떠 넣습니다.

3 옆 중심에서 진동을 1자 형태로 내면서 뒤판을 먼저 뜨고 앞판 양쪽을 뜹니다.

4 어깨는 안에서 감침질로 잇습니다.

5 소매를 뜨고 지그재그 사슬뜨기로 진동에 잇습니다.

6 전체 아웃라인을 뜹니다.

| 재 료 |
섬머울 120g

| 바 늘 |
모사용 3호 코바늘

| 사이즈 |
S(샘플사이즈), M, L

| 게이지 |
생략

| 몸 판 |

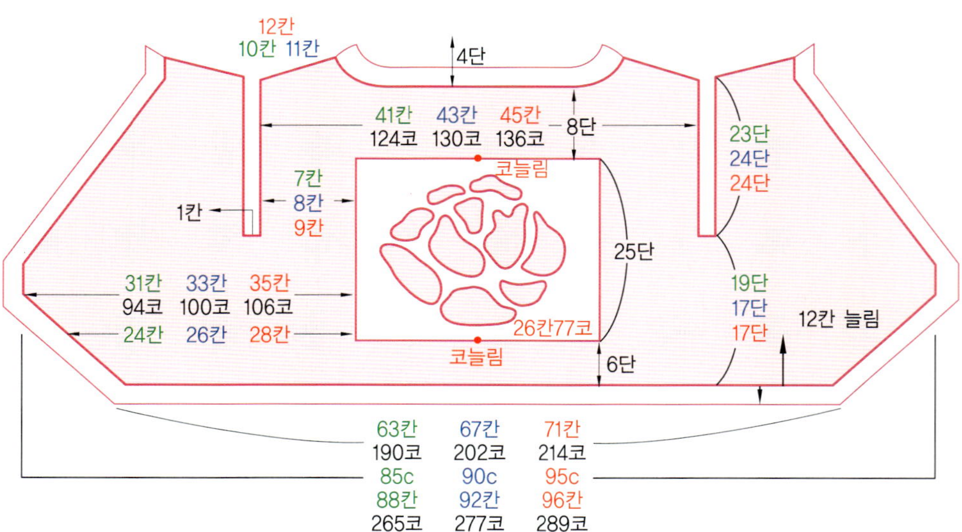

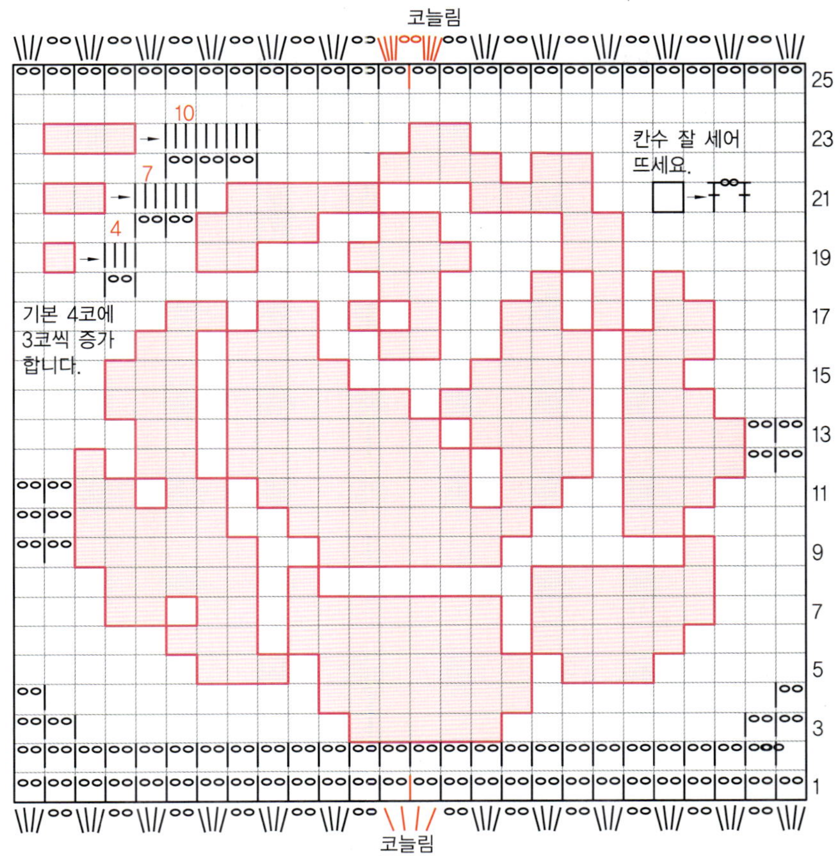
코늘림
10
7
4
칸수 잘 세어
뜨세요.
기본 4코에
3코씩 증가
합니다.
25
23
21
19
17
15
13
11
9
7
5
3
1
코늘림

| 앞판 · 뒤판 |

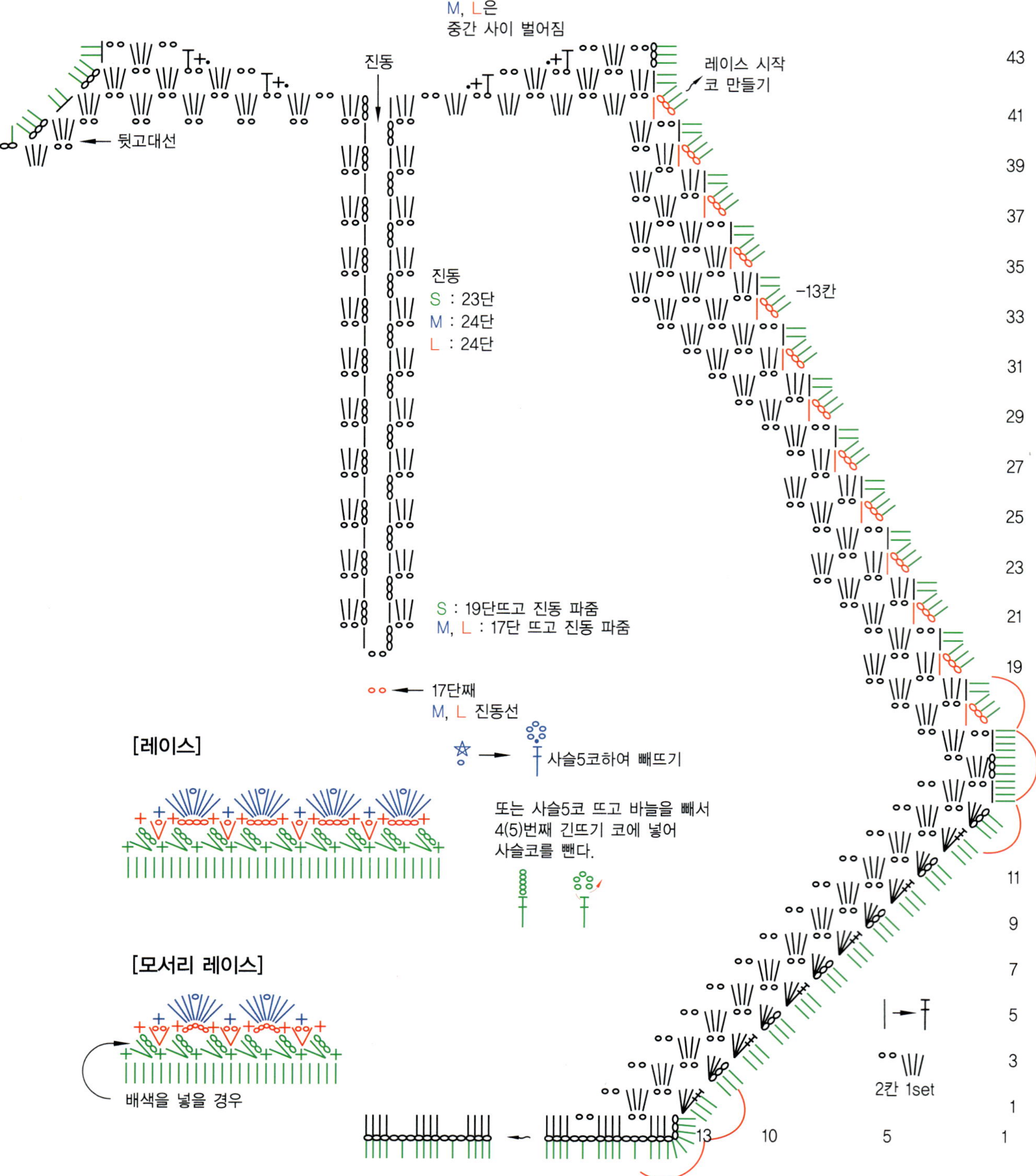

M, L은
중간 사이 벌어짐
진동
레이스 시작
코 만들기
뒷고대선
43
41
39
37
35
33
31
29
27
25
23
21
19
진동
S : 23단
M : 24단
L : 24단
−13칸
S : 19단뜨고 진동 파줌
M, L : 17단 뜨고 진동 파줌
17단째
M, L 진동선
사슬5코하여 빼뜨기
또는 사슬5코 뜨고 바늘을 빼서
4(5)번째 긴뜨기 코에 넣어
사슬코를 뺀다.
[레이스]
[모서리 레이스]
배색을 넣을 경우
2칸 1set
13
10
5
1
1
3
5
7
9
11

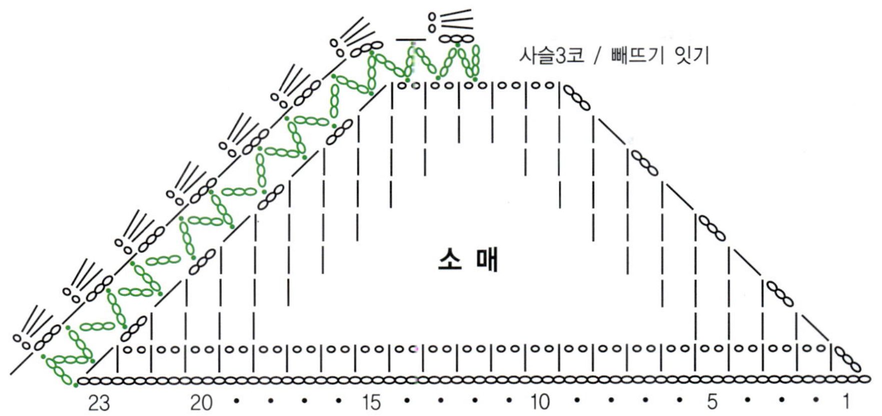

사슬3코 / 빼뜨기 잇기
소 매
23   20 •   •   15 • • • 10 •   •   5 • • • 1

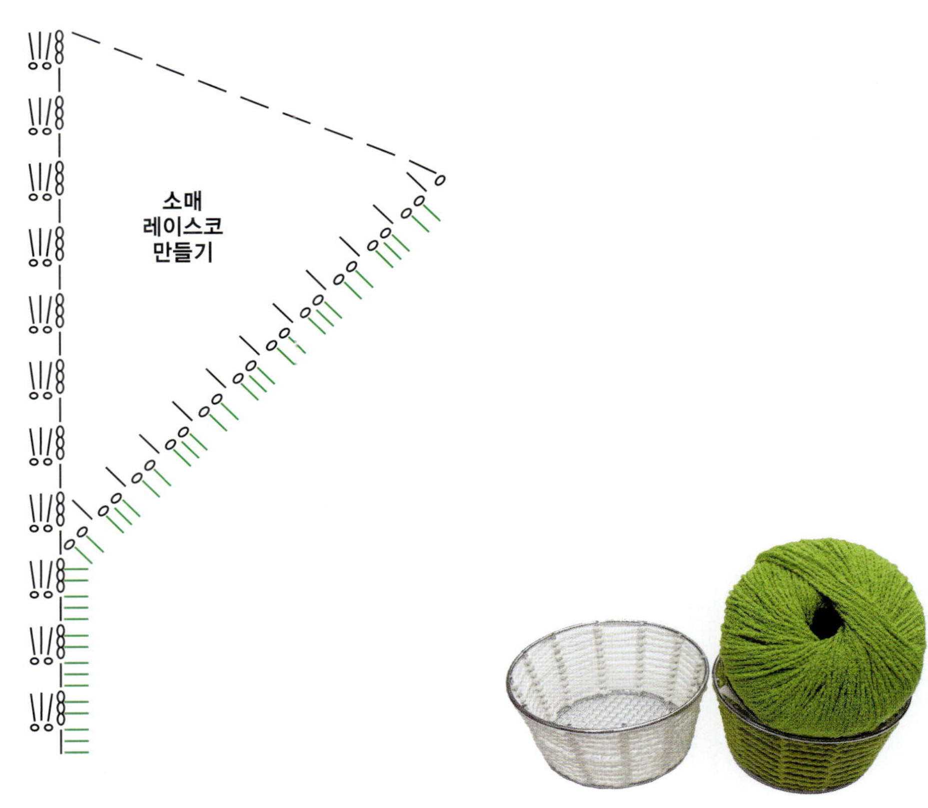

소매
레이스코
만들기

아이보리 반팔 풀오버

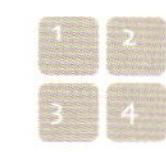

1. 칼라
2. 어깨
3. 소매
4. 앞전체 무늬

아이보리 반팔 풀오버

 **뜨는 방법**

| 재 료 |
면혼방 400g

| 바 늘 |
3.5mm, 4mm 대바늘

| 사이즈 |
S(샘플사이즈), M

| 게이지 |
28코 32단

1 자신에게 맞는 사이즈를 선택합니다.

2 뒤판과 앞판, 소매를 순서대로 뜹니다.

3 어깨와 솔기, 소매를 순서대로 잇습니다.

4 목에서 표기된 수만큼 코를 주워 바늘을 바꿔가며 칼라를 뜹니다.
솔기가 밖으로 나도록 안쪽에서 코를 줍습니다.

| 앞판 · 뒤판 |

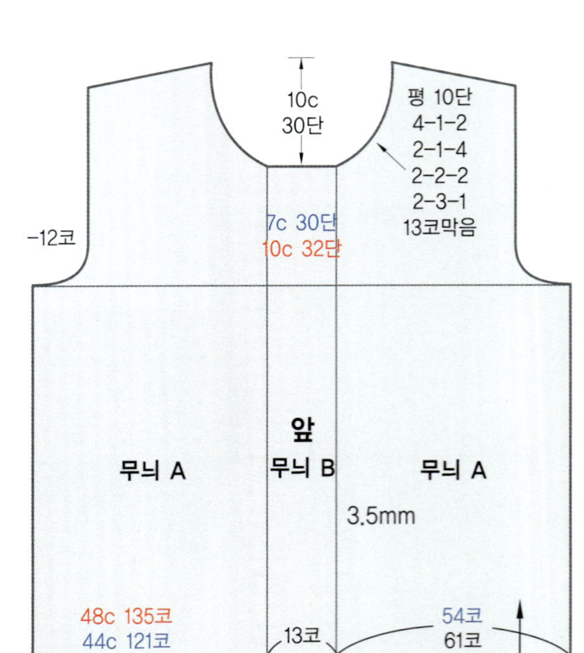

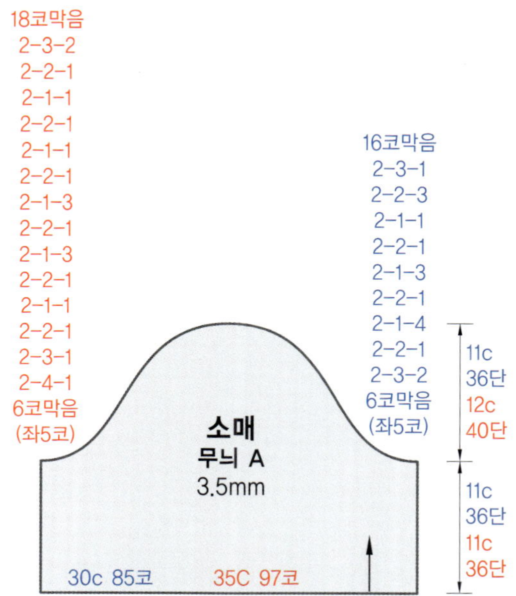

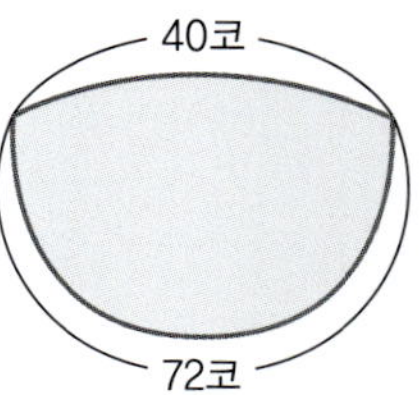

코줄기는 안쪽에서 합니다.
(솔기가 겉에 생기도록)

[무늬 A]

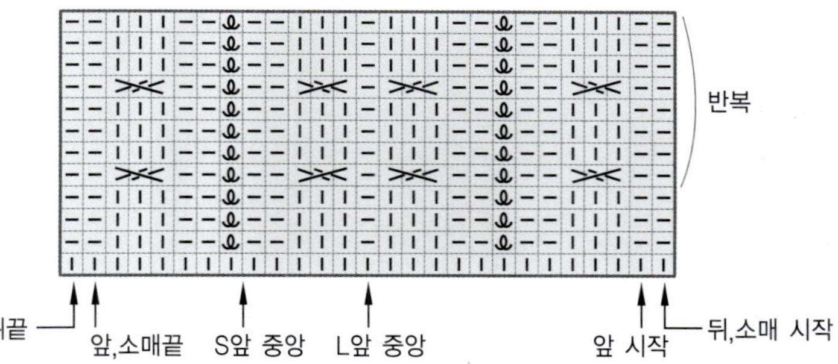

[칼 라]

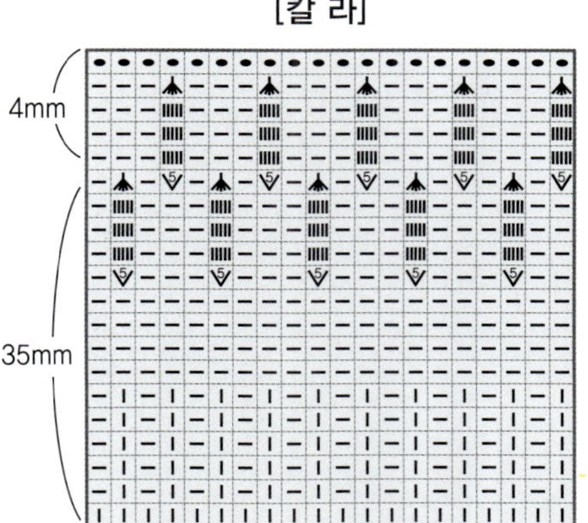

[무늬 B]

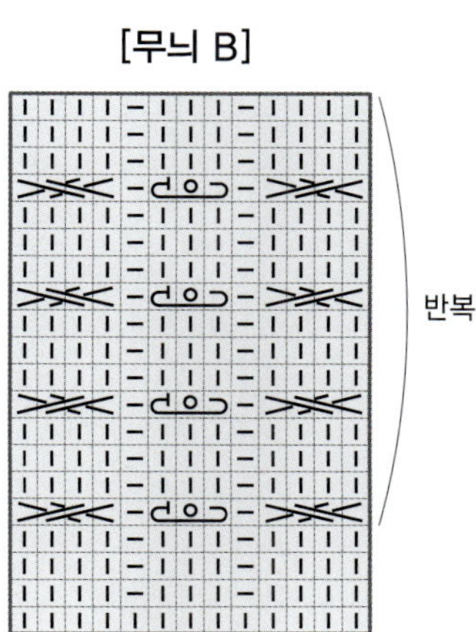

kintting 08

코발트 블루 반팔 카디건

1. 앞목
2. 밑단 무늬 부분
3. 소매
4. 뒷고개

코발트 블루 반팔 카디건

 **뜨는 방법**

| 재 료 |

실켓면사 300g, 25mm 단추 4개, 투명 똑딱이 단추 1개

| 바 늘 |

3.5mm, 4mm 대바늘, 모사용 5호 코바늘

| 사이즈 |

S(샘플사이즈), M

| 게이지 |

메리야스뜨기 20코 27단

1. 4mm 바늘로 풀어내는 코를 잡아 허리 위부터 뜹니다.
2. 도안에 따라 뒤판과 앞판을 완성하고 어깨와 솔기를 잇습니다.
3. 1번의 밑 코를 풀어 허리 아래에서 몸통 전체 코를 주워 무늬뜨기 14cm 합니다.
4. 소매는 일반코를 잡아 위로 뜹니다.
5. 목에서 3.5mm 바늘로 코를 주워 무늬뜨기 4cm 뜨고 늘어짐 없이 도안과 같이 코를 줄여가며 씌어서 마무리합니다.
6. 앞단을 3.5mm 바늘로 코를 주워 무늬뜨기하면서 오른쪽에는 단추구멍을 내 주고 4cm를 떠서 늘어짐이 없도록 도안과 같이 코를 줄여가며 씌어 마무리합니다.
7. 아웃라인은 코바늘로 피코뜨기합니다.
8. 단추를 달아주고 앞단 위가 벌어지지 않도록 똑딱이 단추를 달아줍니다.

| 앞판 · 뒤판 |

파랑(S) : 85 size
초록(M) : 90 size

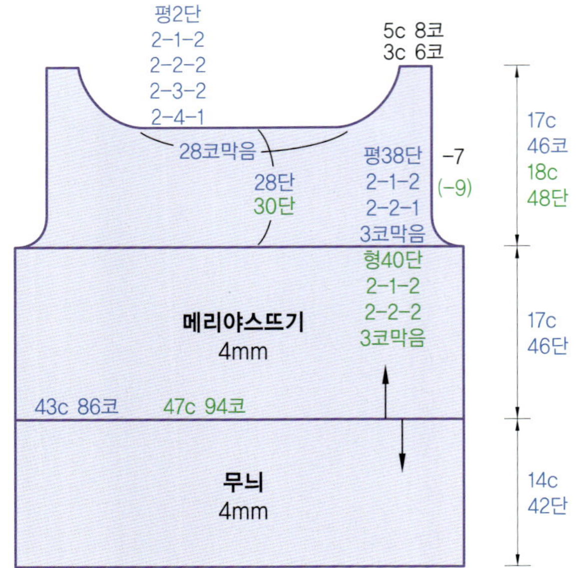

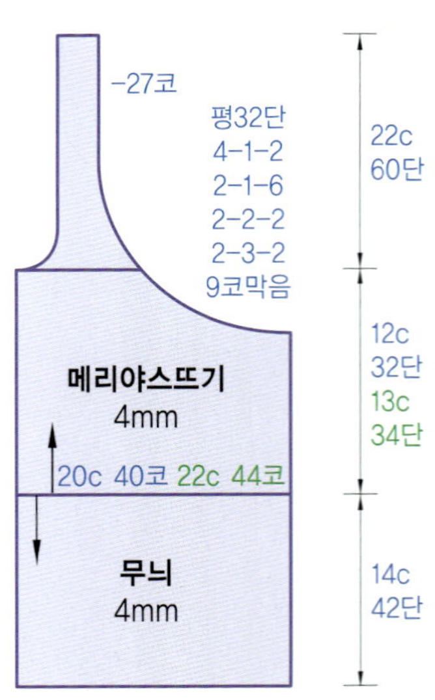

| 소 매 |

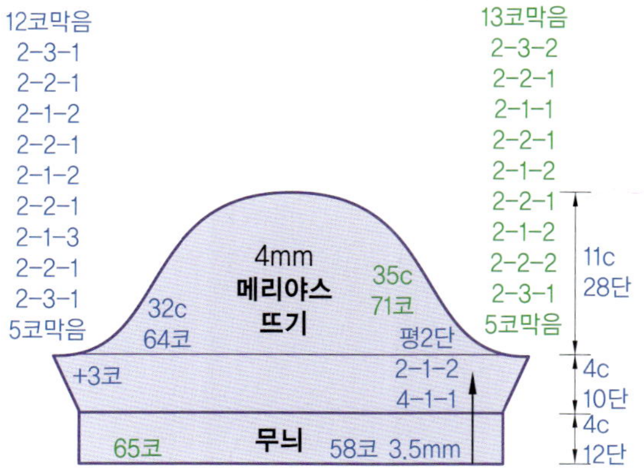

12코막음
2-3-1
2-2-1
2-1-2
2-2-1
2-1-2
2-2-1
2-1-3
2-2-1
2-3-1
5코막음
13코막음
2-3-2
2-2-1
2-1-1
2-2-1
2-1-2
2-2-1
2-1-2
2-2-2
2-3-1
5코막음
4mm
메리야스
뜨기
32c
64코
35c
71코
평2단
+3코
2-1-2
4-1-1
65코
무늬
58코 3.5mm
11c
28단
4c
10단
4c
12단

[밑단 뜨기]

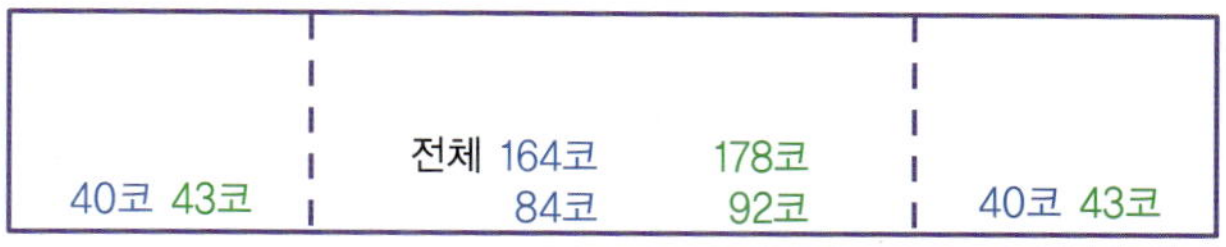

40코 43코
전체 164코
84코
178코
92코
40코 43코

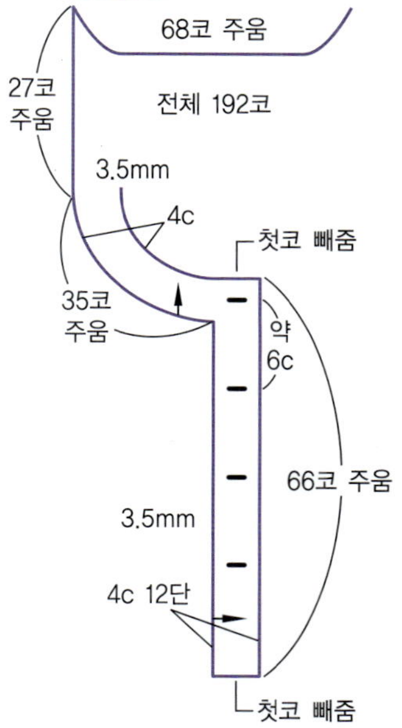

68코 주움
27코
주움
전체 192코
3.5mm
4c
첫코 빼줌
35코
주움
약
6c
66코 주움
3.5mm
4c 12단
첫코 빼줌

[덜 파인 목]

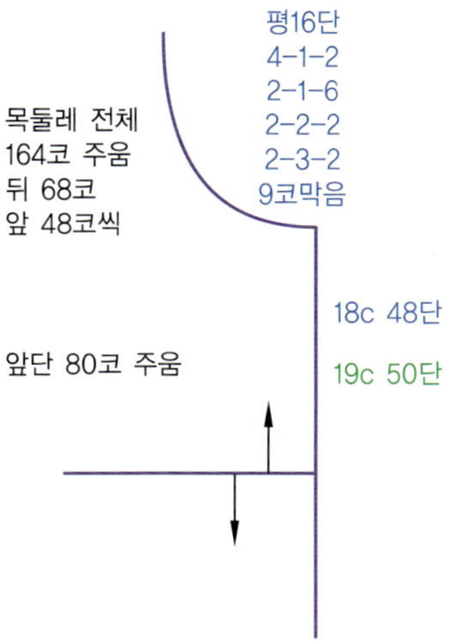

평16단
4-1-2
2-1-6
2-2-2
2-3-2
9코막음
목둘레 전체
164코 주움
뒤 68코
앞 48코씩
18c 48단
19c 50단
앞단 80코 주움

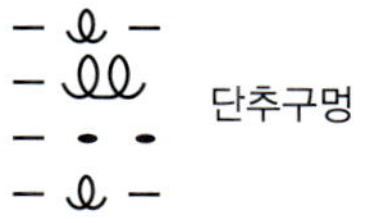

단추구멍

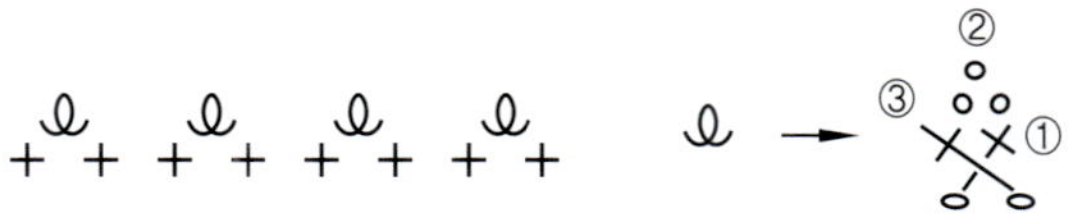

②
③
①

밑단은 코마다 짧은뜨기
앞단과 목은 5~6코마다 1코 건너뜀

① 1코 건너 짧은뜨기
② 사슬3코
③ 건너뛴 곳으로 back
해서 짧은뜨기

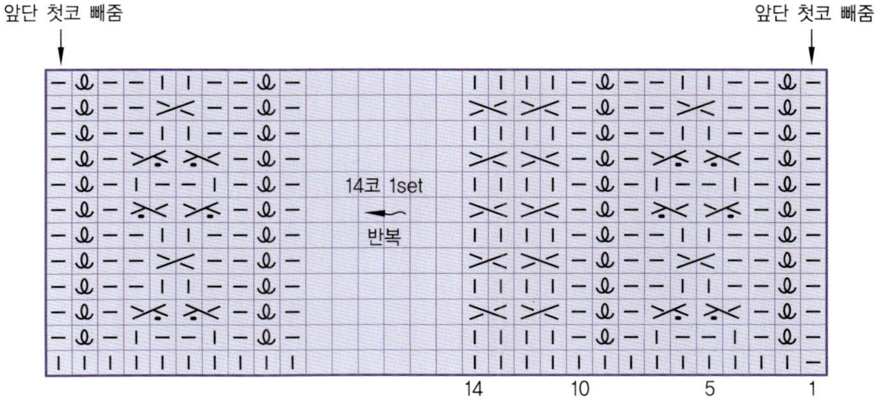

앞단 첫코 빼줌
앞단 첫코 빼줌
14코 1set
반복
14
10
5
1

← 앞단 목 마무리
꽈배기 부분은 한 코씩
줄이면서 씌어 마무리

kintting 09

|4색 줄무늬 스커트|

1. 전체 무늬
2. 앞 뜨임 부분

4색 줄무늬 스커트

뜨는 방법

1 자신에게 맞는 사이즈를 선택합니다.

2 짧은뜨기로 오른쪽 그림과 같이 배색을 넣으며 33cm를 뜹니다.

3 네 군데에서 다트를 줄이고 뒤보다 앞이 낮도록 경사를 만듭니다.

4 모티프를 붙일 오른쪽 끝에 회색으로 짧은뜨기 2단을 미리 떠줍니다.

5 모티프 5장을 떠서 안에서 오른쪽에 감침질로 잇습니다.

6 전체 아웃라인을 회색으로 짧은뜨기하면서 허리선 첫단을 뜰 때 벨트고리를 만들어 줍니다.

7 위에서 5cm, 아래에서 16cm(원하는 만큼) 트임을 주고 꿰매 잇습니다.

8 모티프는 속이 비치므로 안쪽에서 위에서 아래 트임 전까지 남은 회색실로 한길긴뜨기를 하여 비침을 가려줍니다.

9 위 트임 여밈 부분에 똑딱이 단추를 달고 벨트를 착용합니다.

| 재 료 |

면혼방 회색, 진분홍, 연두, 파랑 각 각 120g, 투명 똑딱이 단추 1개

| 바 늘 |

모사용 5호 코바늘

| 사이즈 |

S(샘플사이즈), M

| 게이지 |

짧은뜨기 24코 29단, 모티프 가로× 세로 8cm

| 스 커 트 |

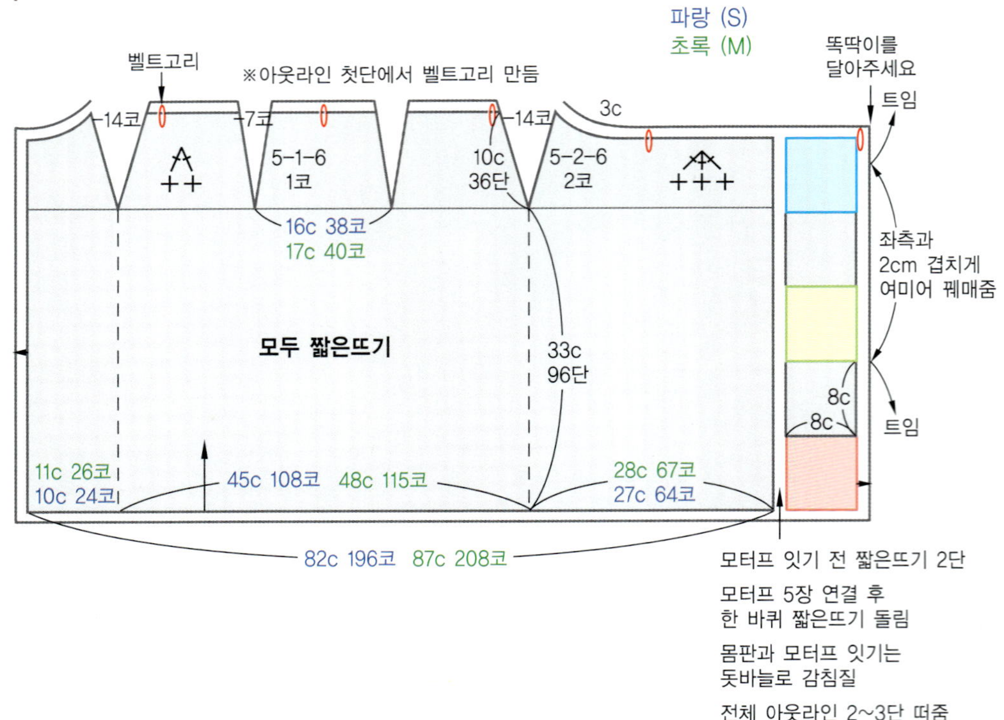

[모티브]

모터프는 속이 비치므로 안쪽에서 회색실로 한길긴뜨기를 떠서
여임부분을 메꿔 주세요. 맞은편 잇기는 감침질

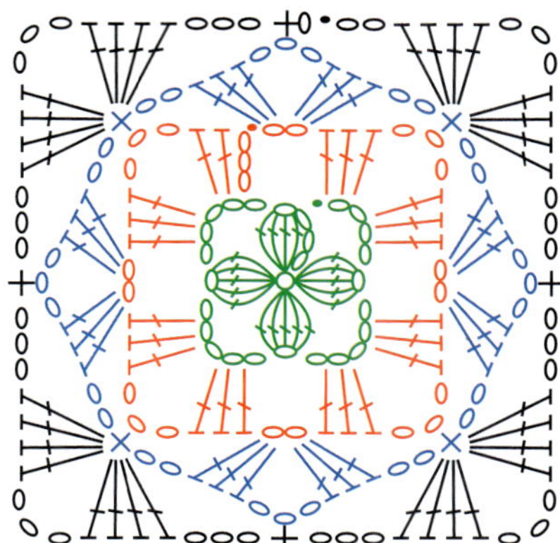

[색상 배치]

회색 2단
파랑 6단
회색 2단
연두 6단
회색 2단
진분홍 6단

[허리선 경사]

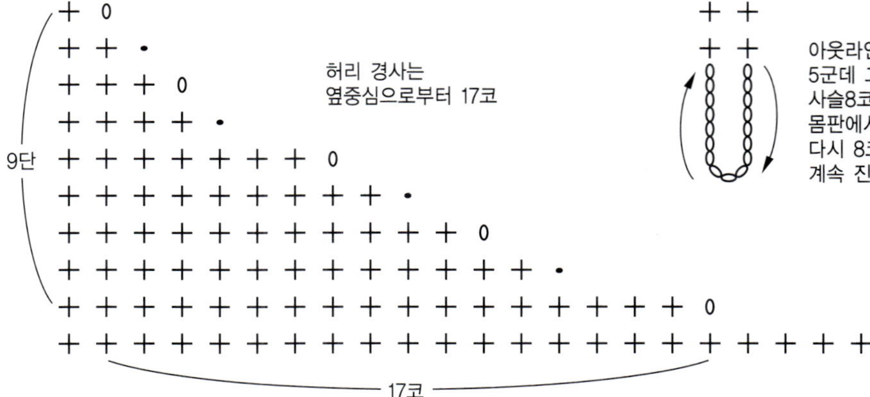

[벨트 고리 만들기]

아웃라인 첫단 뜨면서
5군데 고리 위치에서
사슬8코 뜨고 3.5cm 밑으로 내려와
몸판에서 〈빼뜨기〉하고
다시 8코 떠서 위로 올라가
계속 진행한다.

|레드탑|

1. 앞목
2. 뒷부분
3. 전체 무늬
4. 밑단

레드탑

뜨는 방법

| 재 료 |
실크사 180g

| 바 늘 |
모사용 2호 코바늘

| 사이즈 |
S(샘플사이즈), M

| 게이지 |
1무늬 가로×세로 1cm

1 무늬수 곱하기 4코를 해서 사슬뜨기합니다.

2 시작 무늬에 따라 자신에게 맞는 사이즈의 개수만큼 뜹니다.

3 둥글에 연결하여 원통뜨기하되 겉에서만 나선형으로 뜨면서 허리 다트와 바스트 다트를 만듭니다.

4 바스트의 2/3 높이까지만 뜨고 앞은 그물뜨기로 삼각 형태로 양쪽을 뜹니다.

5 어깨끈은 사슬뜨기를 중심으로 짧은뜨기하면서 앞 끝은 짧게, 뒤 끝은 길게 뜹니다.

6 가슴 부분을 피코뜨기로 마무리하고, 어깨끈은 자신의 사이즈에 맞게 조절하여 묶습니다.

| 앞판 · 뒤판 |

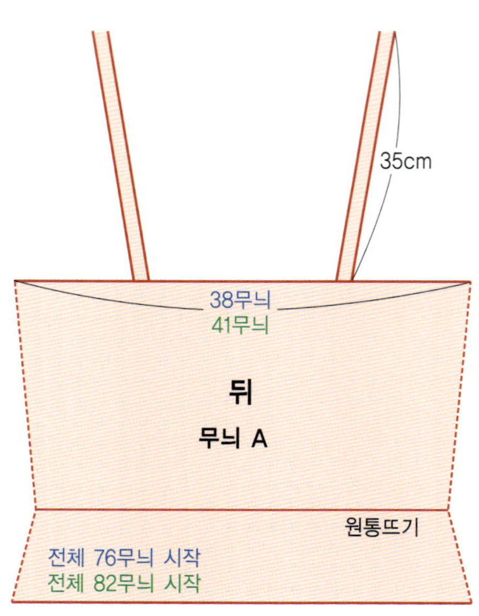

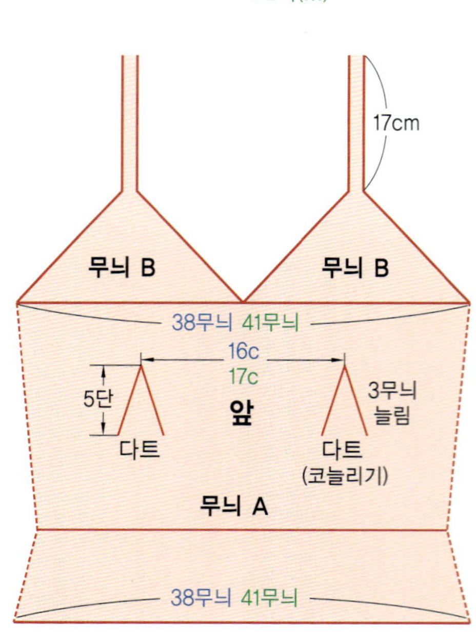

[무늬 A]

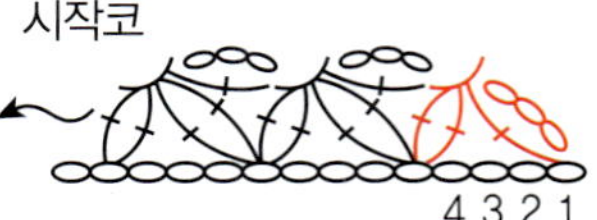

시작코

연속무늬

[다트 늘림]

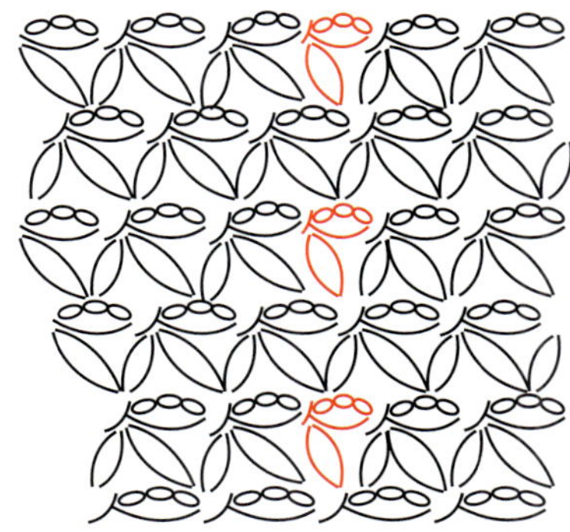

시작코

① 사슬3코를 뜨세요.
② 그 자리에 한길긴뜨기 1코를 뜨되 한 번만 빼주는 미완성 코로 바늘에 2코가 걸리게 두세요.
③ 4칸 건너 5번 코에 한길긴뜨기 2코를 ②와 같이 하여 모두 4코가 되면 한꺼번에 코를 빼주세요.

연속무늬

① 시작코만 미완성 코가 4코이고 나머지 무늬 모두 6코의 미완성 코를 한꺼번에 빼줍니다.
② 빼뜨기 없이 나선형으로 돌며 이어뜹니다.

아웃라인 피코뜨기

① 전체 아웃라인에 짧은뜨기 한단 하세요
② 피코뜨기로 마무리하세요.
   • 사슬3코 뜨세요.
   • 1번 코에 짧은뜨기하세요.
   • 밑코 2코 건너 3코째에 빼뜨기하세요.

[어깨끈]

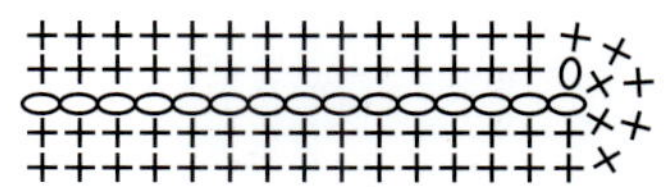

[허리다트 줄임]

① 2단 뜨고 3단째 양옆에서 1무늬씩 줄이세요.
② 4단째부터 격단으로 1무늬씩 2회 줄이세요.

[무늬 B]

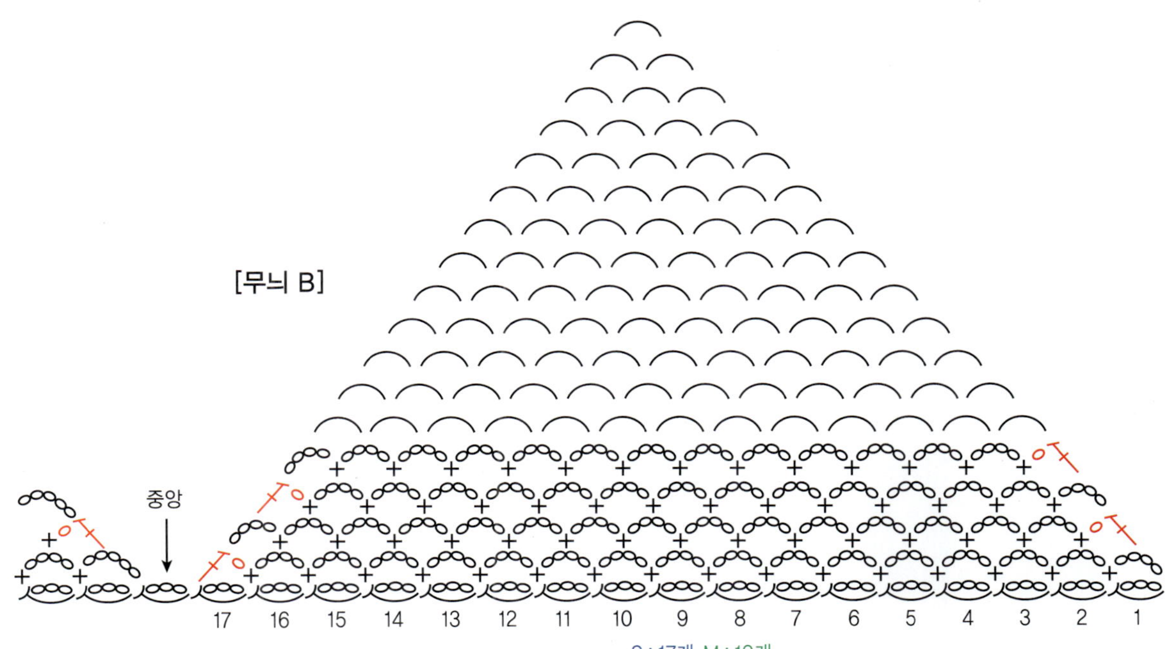

kintting 11

|남자 여름 래글런 풀오버|

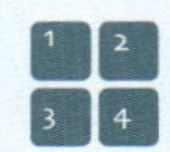

1. 래글런
2. 앞목
3. 앞중심 무늬
4. 전체 무늬

남자 여름 래글런 풀오버

 **뜨는 방법**

1 면혼방 1겹과 밤부사 1겹을 섞어 4.5mm 바늘로 일반코를 잡아 무늬 A로 41cm를 뜨고 그 위는 메리야스뜨기하면서 래글런 진동은 2코 세워줄임합니다.

2 뒷고대는 코막음하지 말고 쉼코로 남겨둡니다.

3 앞판은 뒤와 같이 하되 중앙에 무늬 B를 넣습니다.

4 앞목은 솔기를 없애기 위해 모두 쉼코줄임하거나 쉼코줄임이 어려우면 일반적인 씌어줄임으로 합니다.

5 소매는 밤부사 3겹으로 무늬 C와 무늬 D를 뜨면서 소매산은 2코 세워 줄입니다.

6 소매산 마무리 역시 4번의 앞목줄임처럼 합니다.

7 솔기를 모두 잇고 4mm 바늘로 목에서 표기된 코수만큼 코를 주워 2코 고무뜨기를 4cm 떠서 2코 고무뜨기로 마무리합니다.

| 재 료 |

면혼방 250g, 밤부사 250g

| 바 늘 |

4mm, 4.5mm 대바늘

| 사이즈 |

M(샘플사이즈)

| 게이지 |

메리야스뜨기 – 20.5코 28단
몸판 무늬 – 자연스러운 수축을 위해
메리야스게이지를 기준으로 함
소매 무늬 – 21.5코 28단

| 앞판 · 뒤판 |

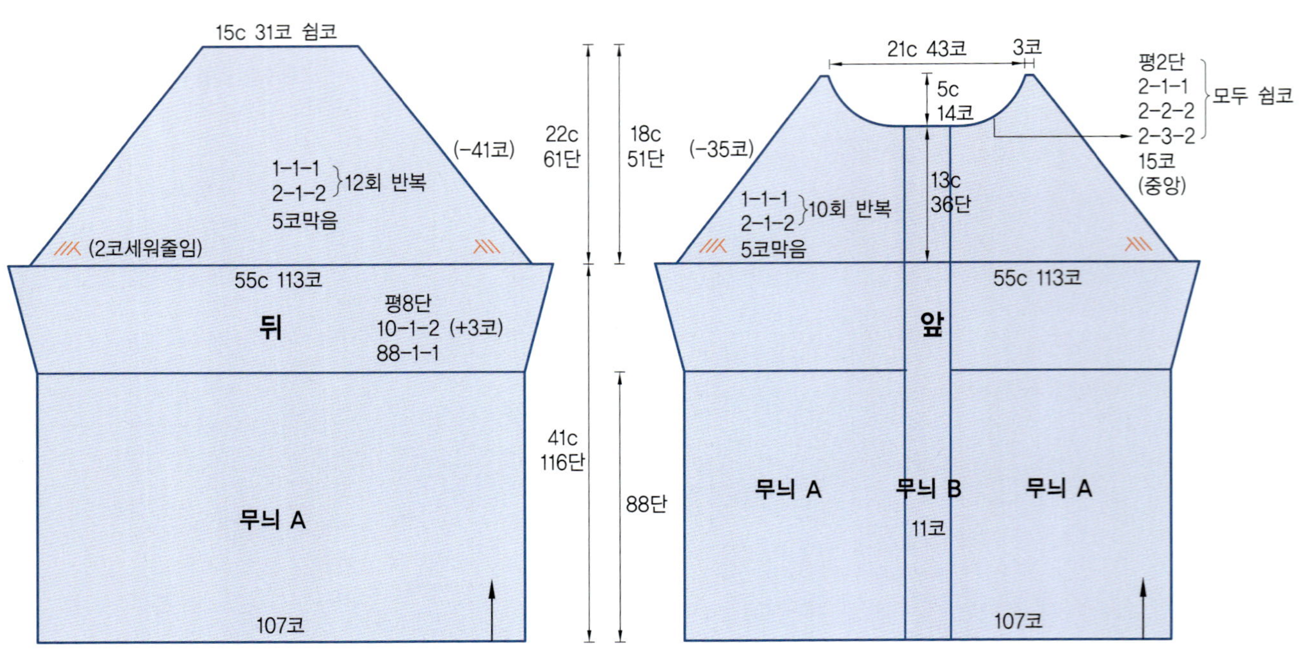

[무늬 A, B]

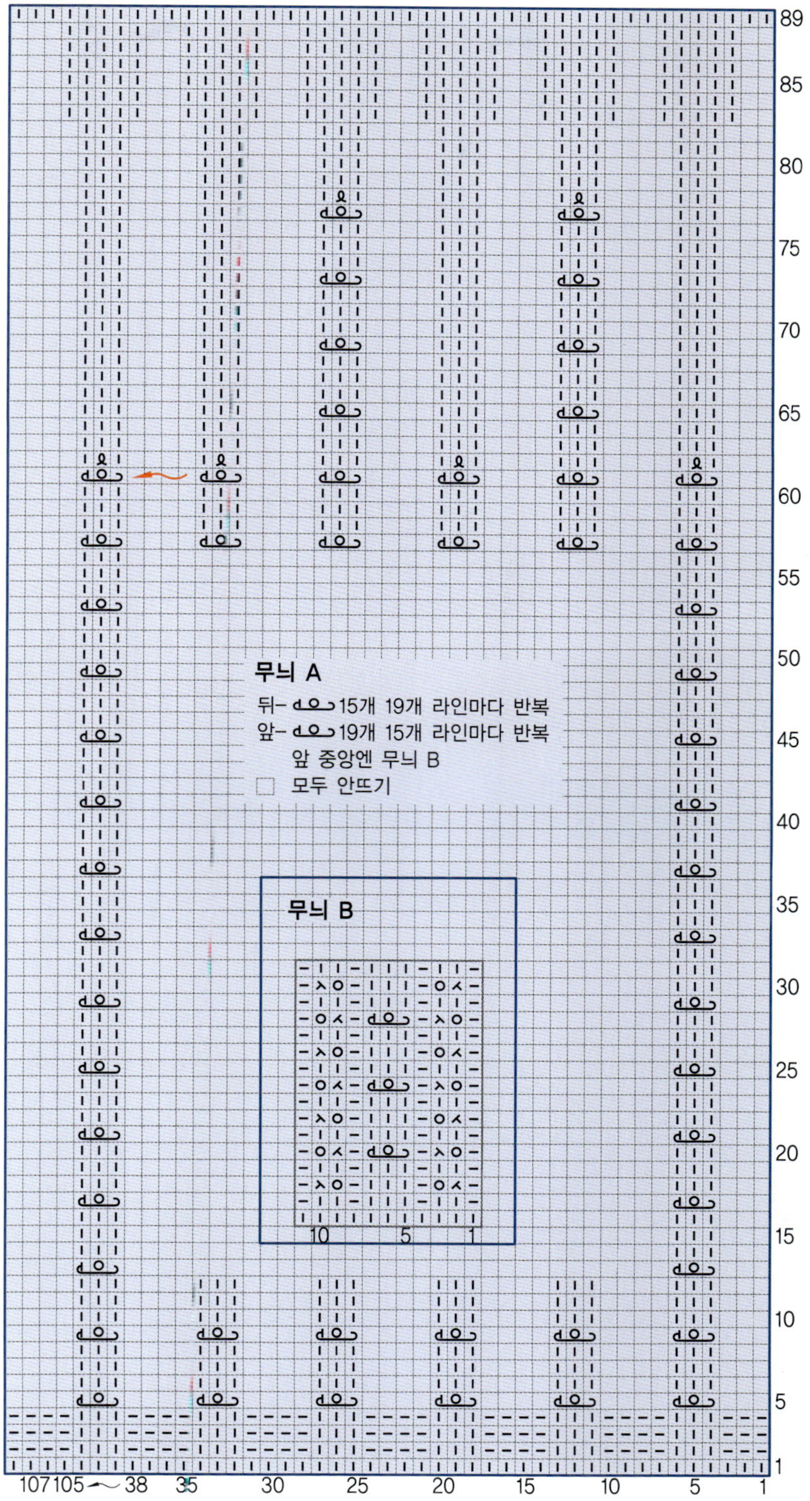

무늬 A

뒤- ↵◡ 15개 19개 라인마다 반복
앞- ↵◡ 19개 15개 라인마다 반복
　　앞 중앙엔 무늬 B
□ 모두 안뜨기

무늬 B

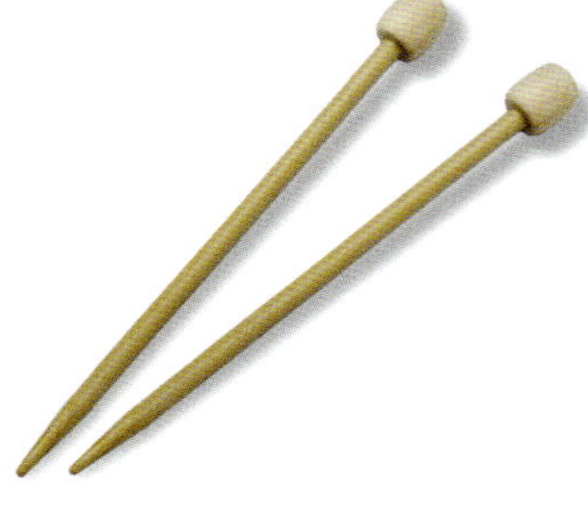

[목둘레]

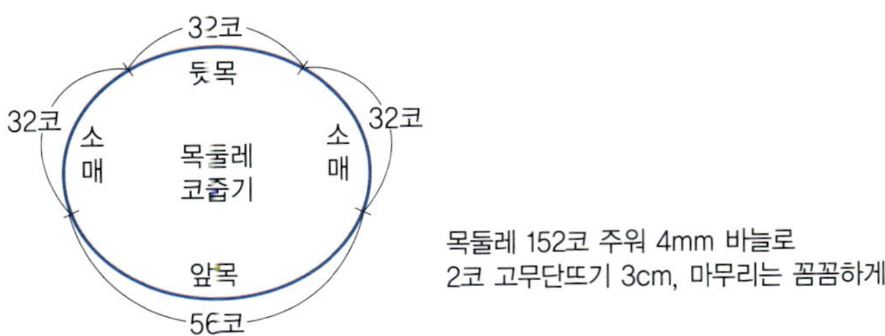

목둘레 152코 주워 4mm 바늘로
2코 고무단뜨기 3cm, 마무리는 꼼꼼하게

| 소 매 |

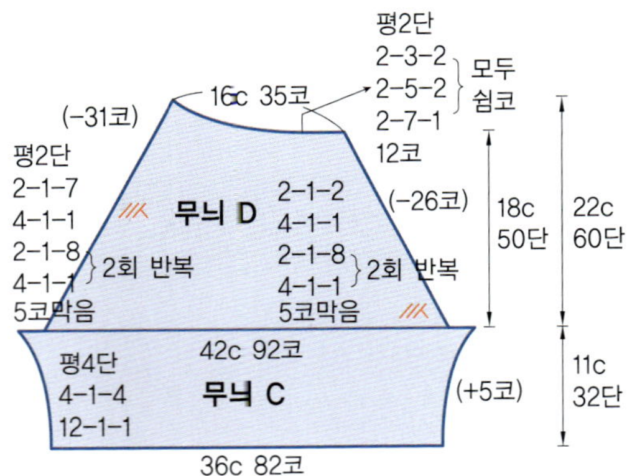

[소매 무늬]

무늬 C (코늘림은 안뜨기로)

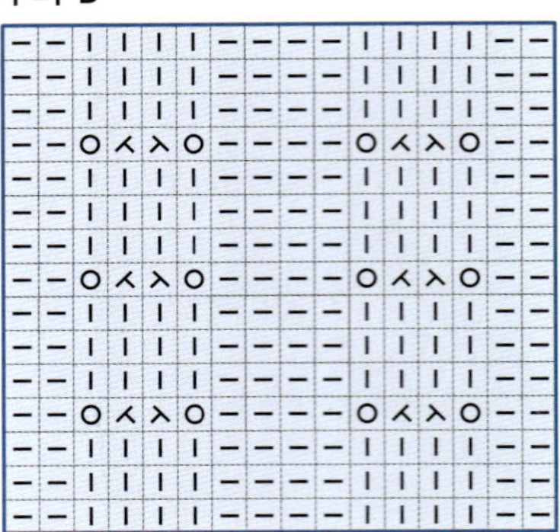

무늬 D

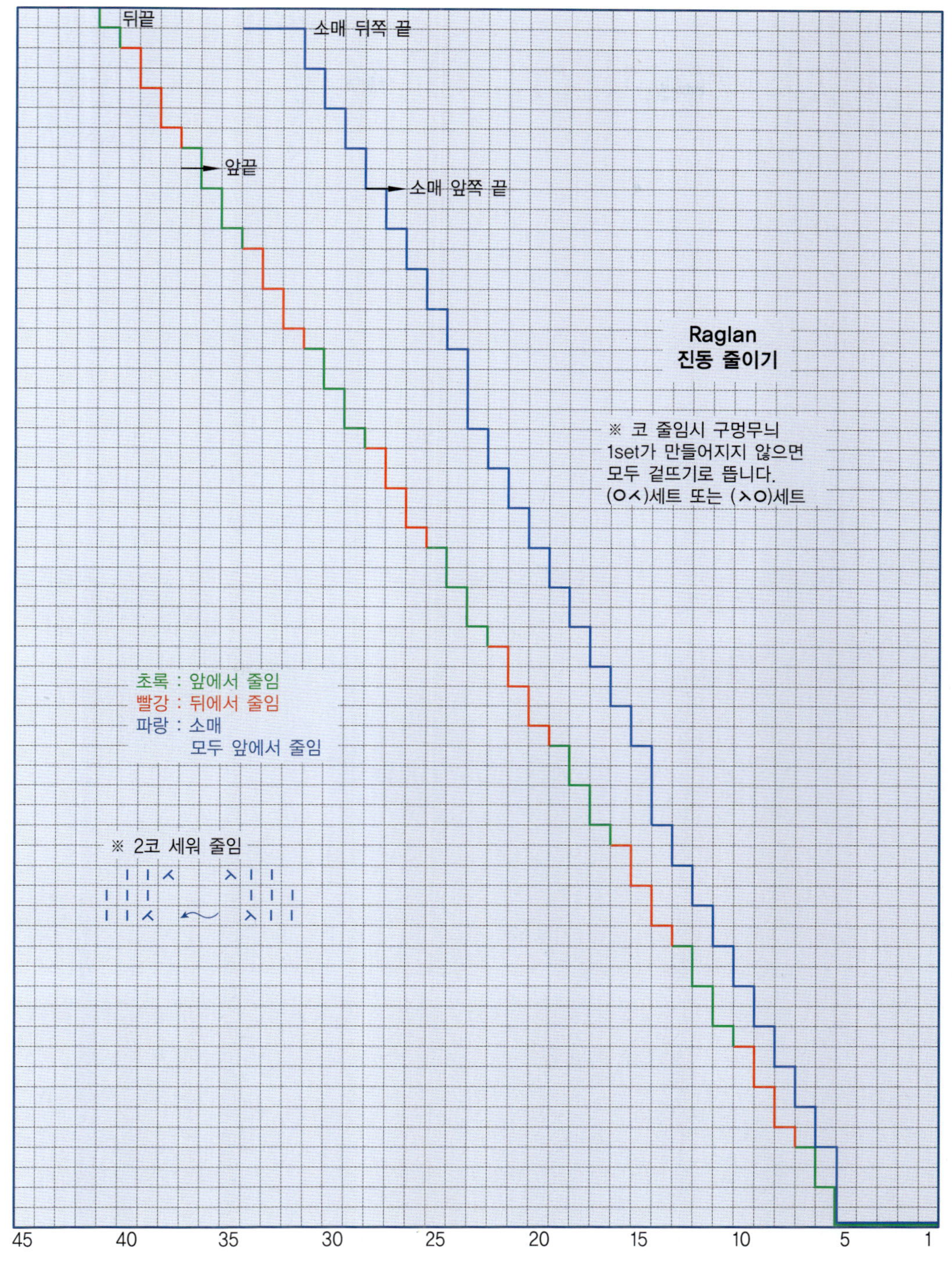

뒤끝
소매 뒤쪽 끝
앞끝
소매 앞쪽 끝
Raglan
진동 줄이기
※ 코 줄임시 구멍무늬
1set가 만들어지지 않으면
모두 겉뜨기로 뜹니다.
(ㅇㅅ)세트 또는 (ㅅㅇ)세트
초록 : 앞에서 줄임
빨강 : 뒤에서 줄임
파랑 : 소매
       모두 앞에서 줄임
※ 2코 세워 줄임
45 40 35 30 25 20 15 10 5 1

kintting 12

남자 그레이 반팔 풀오버

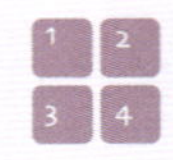

1. 앞 목트임
2. 밑단
3. 소매
4. 옆트임

남자 그레이 반팔 풀오버

뜨는 방법

1 옆으로 진행하며 뜨는 방식입니다.

2 뒤 중심에서 시작하여 앞목 전까지 도안에 따라 양쪽을 뜹니다.

3 밑단 전체를 무늬 A로 8cm 가량 뜨고 앞쪽과 뒤쪽으로 나누어 옆 트임이 생기도록 따로 3cm를 각각 뜹니다.

4 앞목 부분부터 시작하여 좌우를 대칭으로 앞 중심까지 뜹니다.

5 앞을 이으면서 목 아래로 5cm 가량 트임을 줍니다.

6 어깨는 안에서 감침질로 잇습니다.

7 소매는 원통뜨기로 떠서 진동에 감침질로 연결합니다.

8 앞목과 소매단을 겹짧은뜨기로 배색을 넣어 4단을 뜨고 되돌려 (back)짧은뜨기로 마무리합니다.

| 앞판 · 뒤판 |

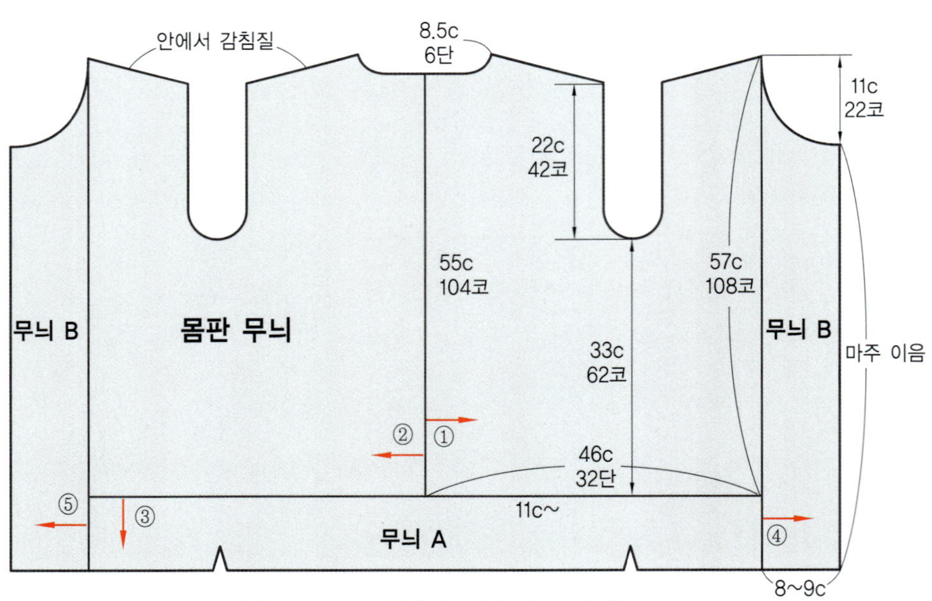

*큰 사이즈는 진동에서 2단씩 더 떠 주세요.

- 뒤 중앙에서 양쪽으로 몸판 무늬로 뜨세요. ①②
- ③번을 (무늬 A)로 11c 이상 길이에 맞춰 뜨면서 양옆에 트임을 5cm 가량 내주세요.
- 앞 중심 양쪽에서 (무늬 B)를 뜨고 중앙을 이으면서 앞목 6cm 가량 남기세요.④⑤

| 재 료 |
면혼방 회색 600g, 연두 50g

| 바 늘 |
모사용 5호 코바늘

| 사이즈 |
M(샘플사이즈)

| 게이지 |
한길긴뜨기 1단과 짧은뜨기 1단
1세트 – 19코 7단

| 소 매 |

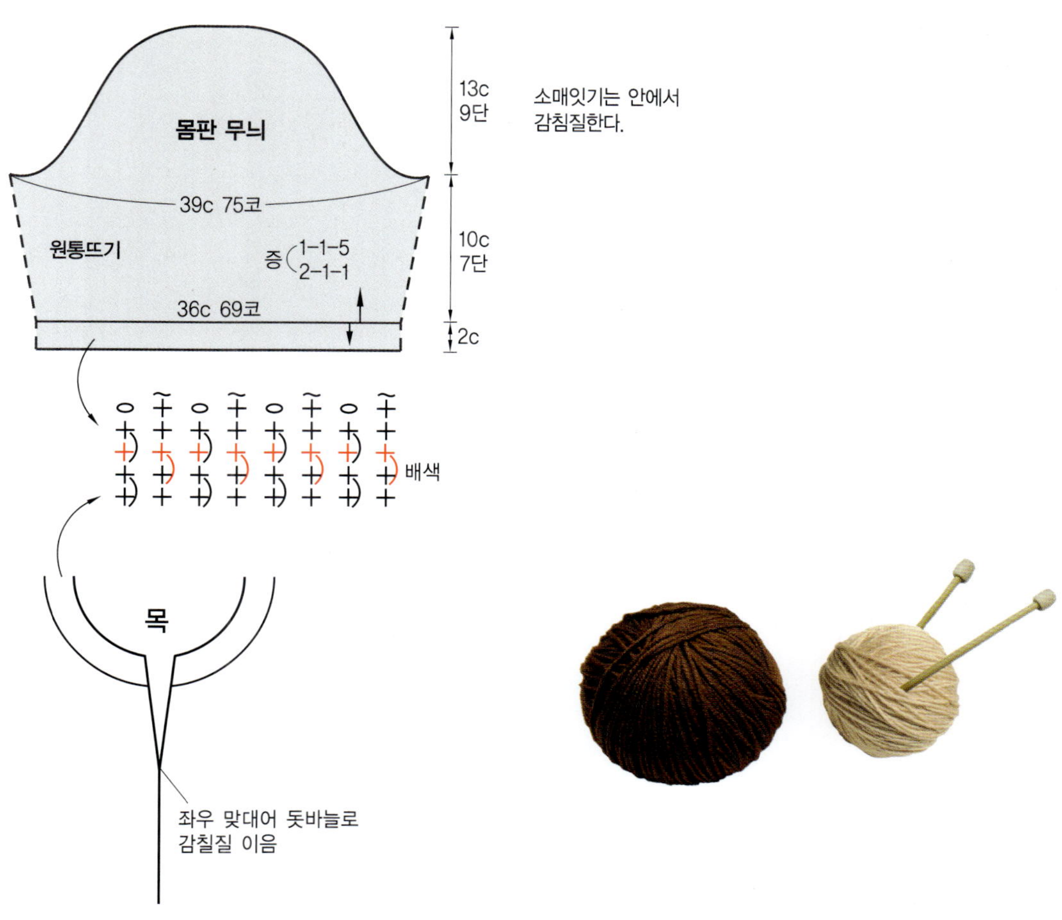

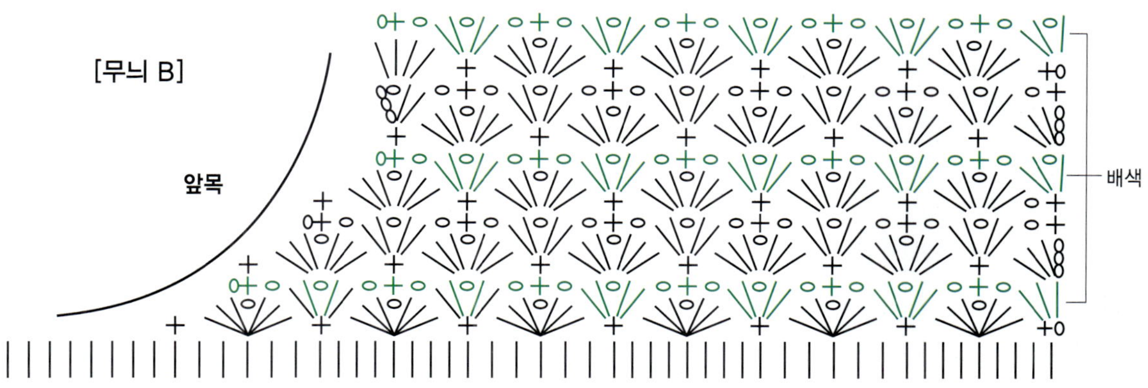

몸판 무늬
39c 75코
원통뜨기
증 1-1-5
2-1-1
36c 69코
13c 9단
10c 7단
2c
소매잇기는 안에서
감침질한다.
배색
목
좌우 맞대어 돗바늘로
감칠질 이음

[무늬 B]
앞목
배색

[무늬 A]
소매산
40 35 30 25 20 15 10 5 1
10단
+4코
6단
+5코
-5코
사이즈 늘리기
품을 넓게 하려면 진동에서
넓히세요.
진동 중앙을 더 뜨면 됩니다.
-4코
42코
왕복 2단을 1단으로 인정
10단
몸판 무늬
6단

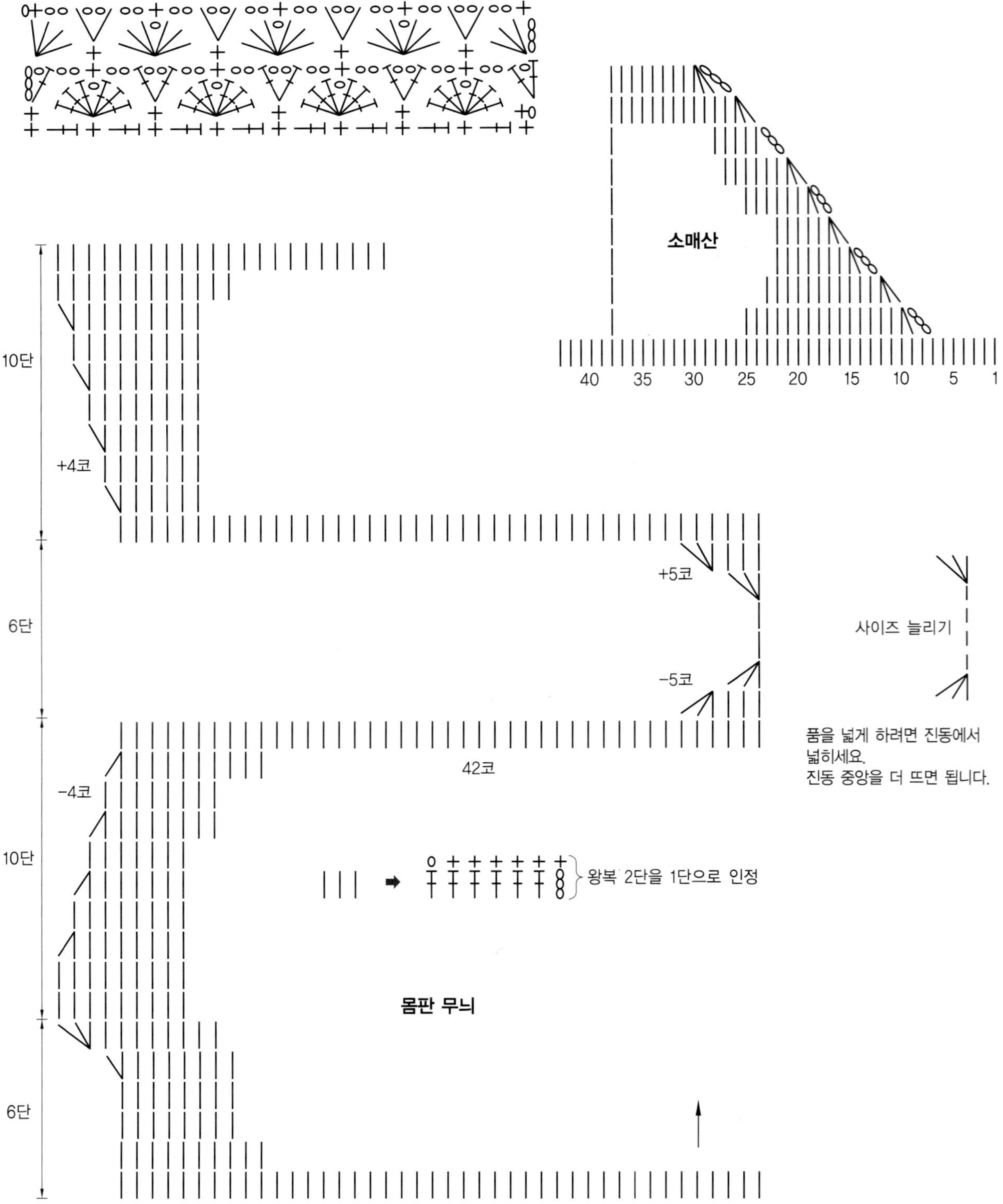

Appendix 부록

1. 대바늘뜨기 기호와 뜨는 법
2. 코바늘뜨기 기호와 뜨는 법
3. 패션 용어

대바늘뜨기 기호와 뜨는 법

기초코 뜨는 법

| 별도의 실에서 줍는 코 |

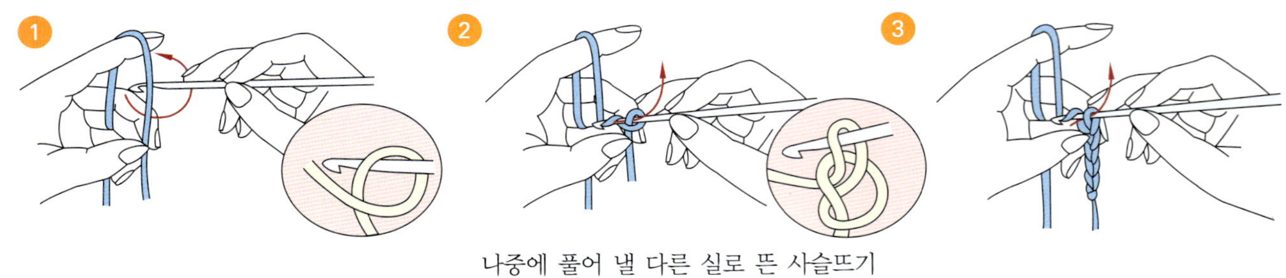

나중에 풀어 낼 다른 실로 뜬 사슬뜨기
에서 코를 줍는 식이다.

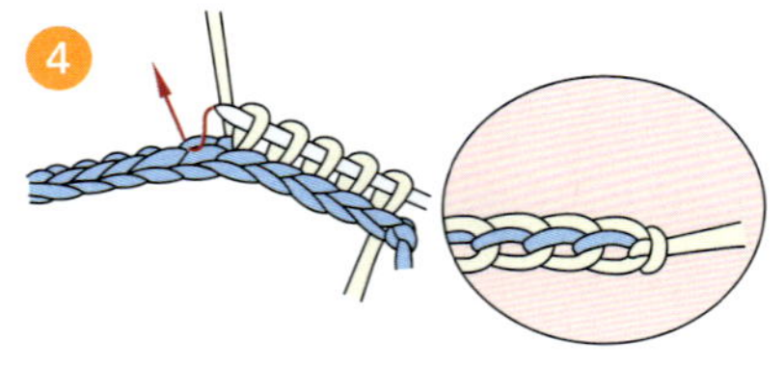

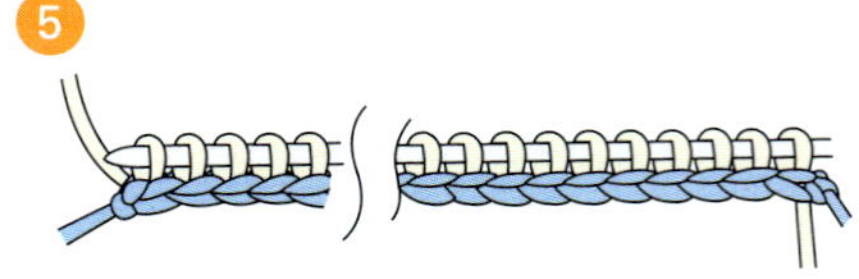

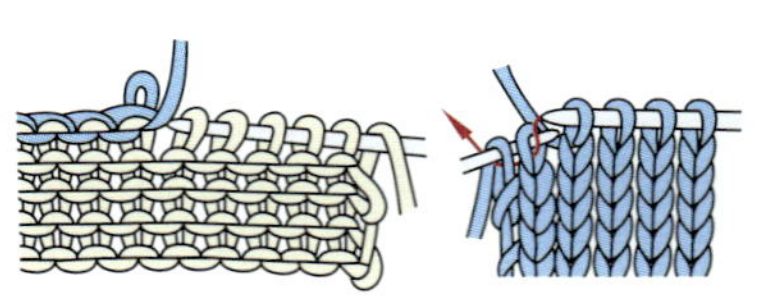

별도의 실을 풀면서 바늘에 꿴다.

| 일반적인 코 잡기 |

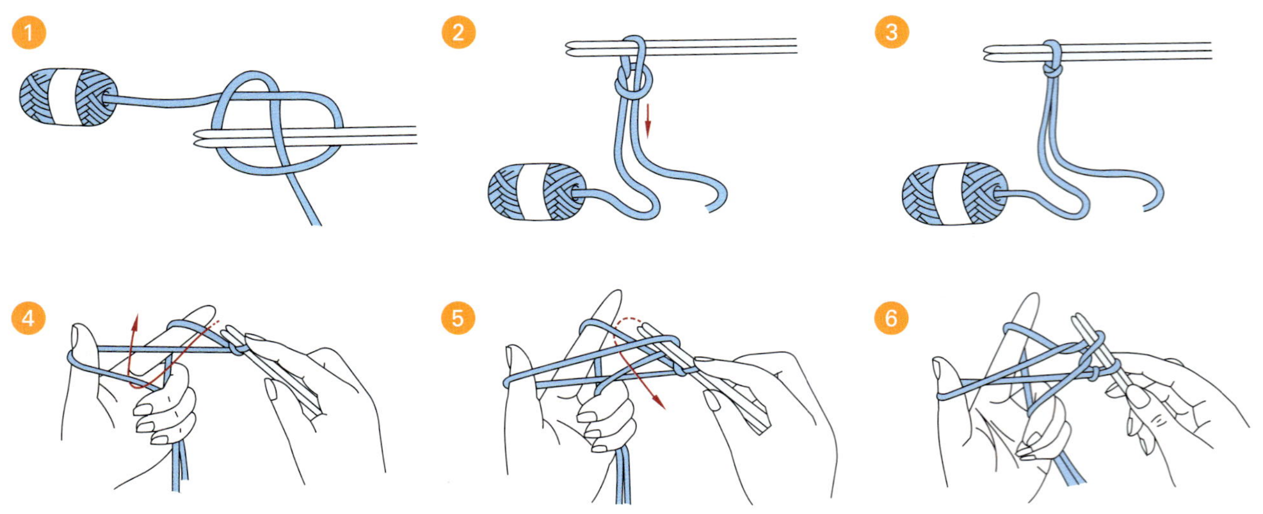

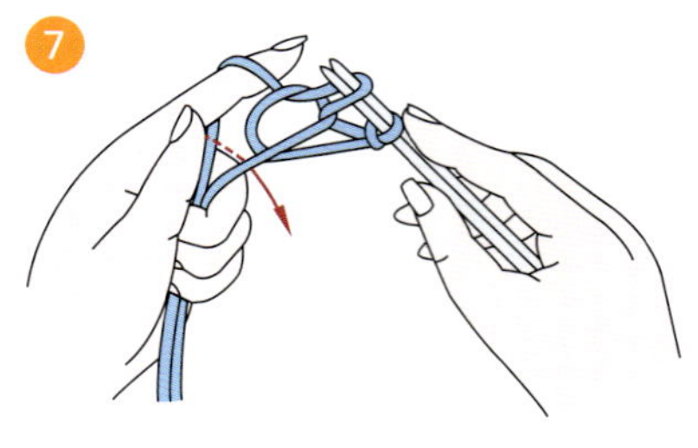

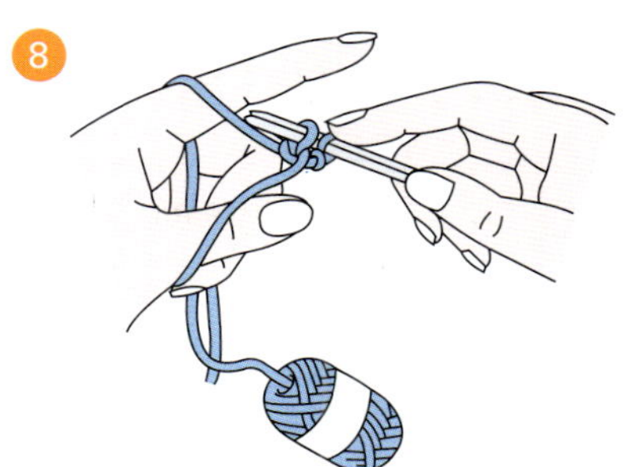

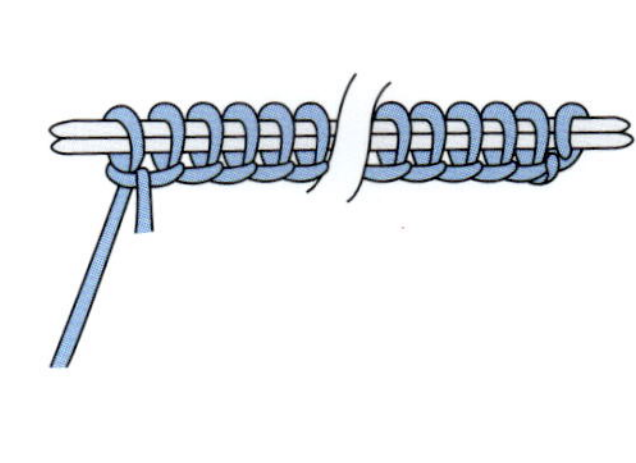

1코 고무뜨기

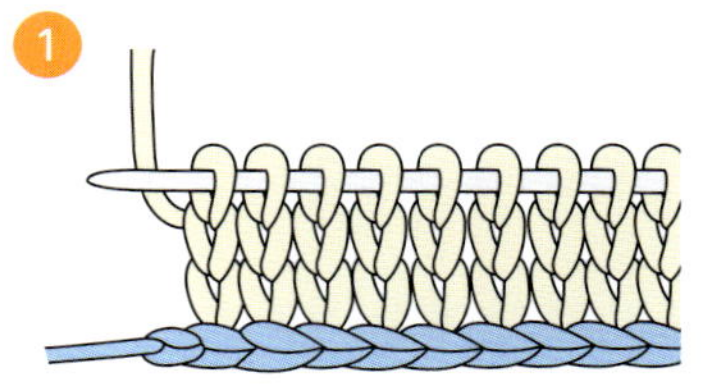

(필요 콧수＋2)÷2코를 사슬뜨기에서
주워 메리야스뜨기 3단을 뜬다(주운 코
가 이미 1단이다).

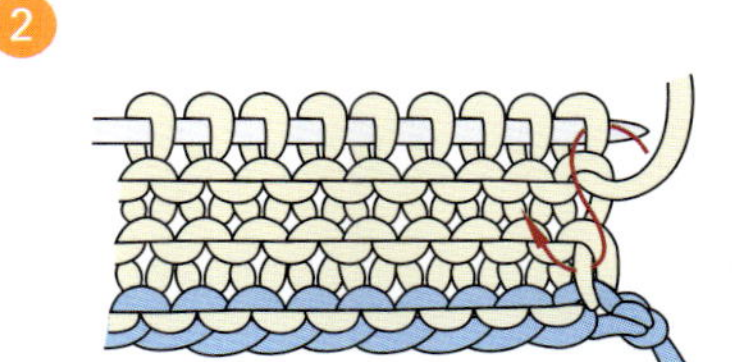

위의 코 1코를 빼고, 밑단의 첫코에
바늘을 꿰어 1코를 뜬다.

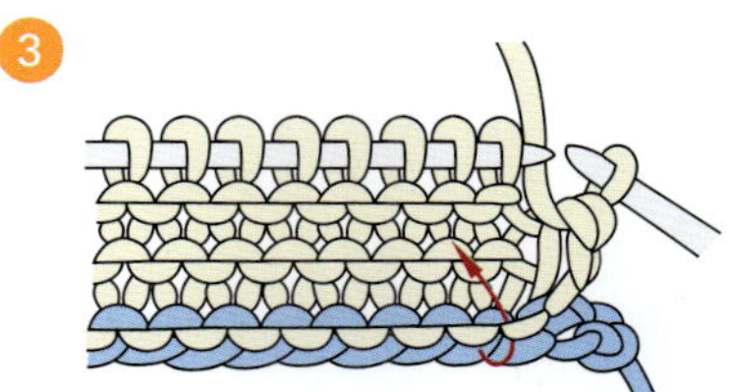

밑단의 둘째 코에 바늘을 꿴다.

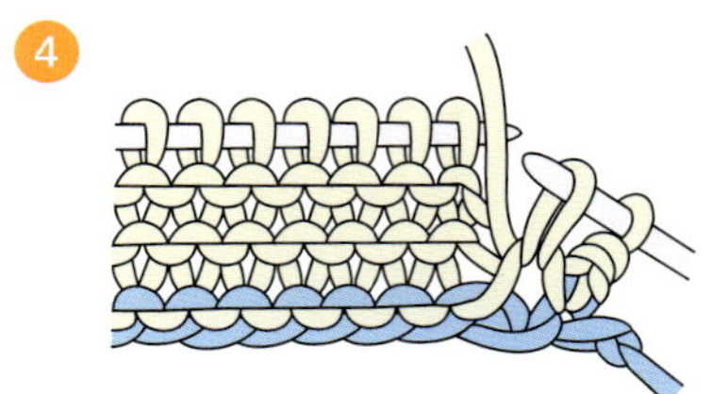

꿴 코에서 겉뜨기 1코 한다.

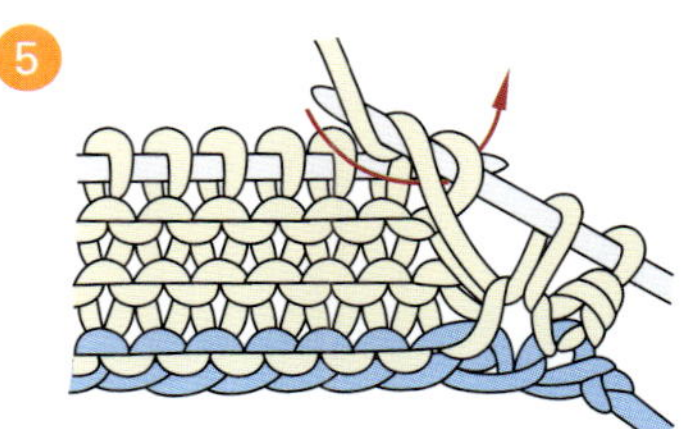

위 코에서 안뜨기를 한다.

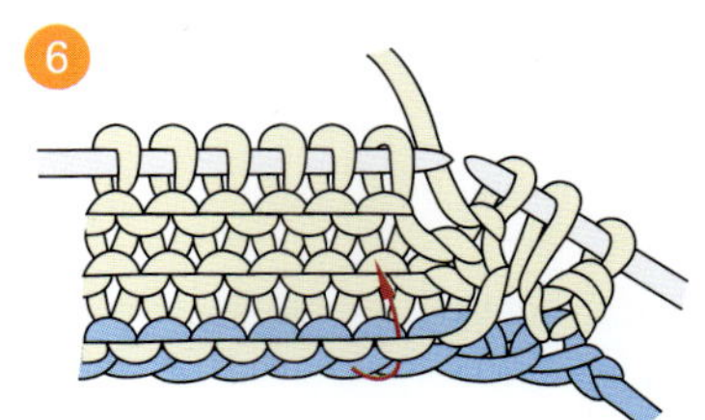

밑코는 겉뜨기, 윗코는 안뜨기를
번갈아 한다.

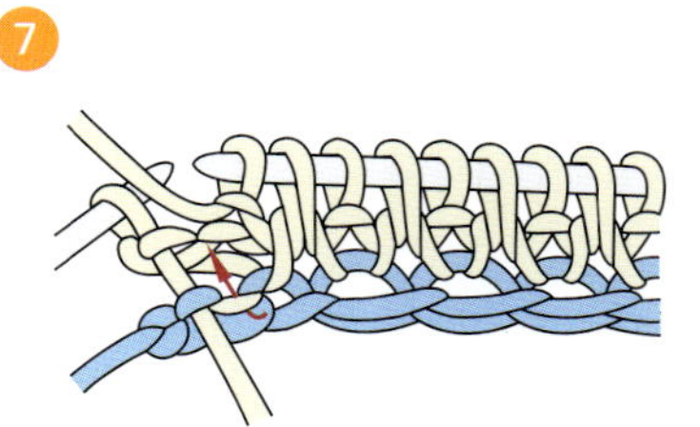

밑단의 마지막 코는 왼쪽 바늘에 꿴다.

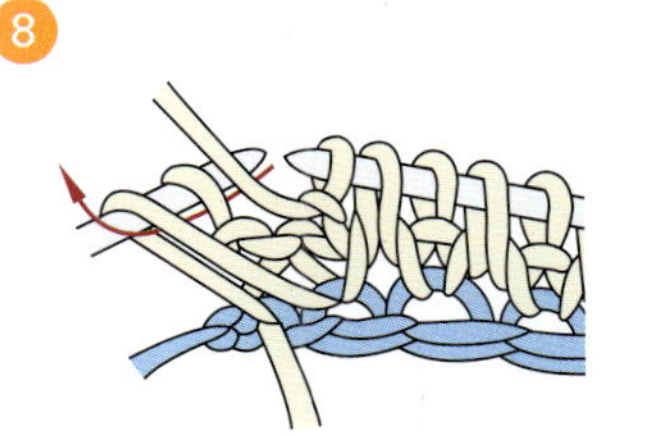

밑단 마지막 코와 윗단 마지막 코를
겉뜨기한다.

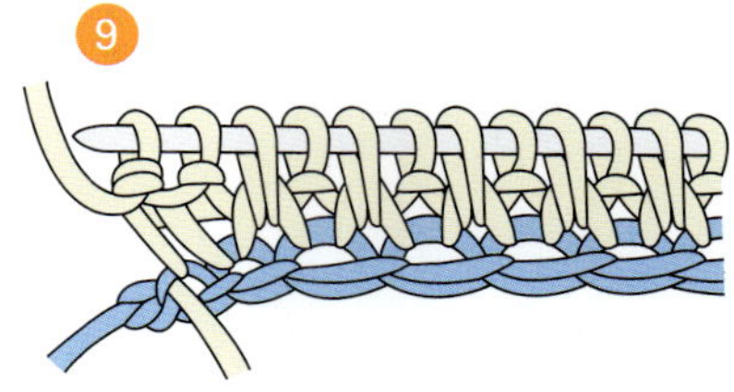

사슬을 풀어낸다.

기초코가 1코 고무뜨기 모양으로 만들어지며 신축성도 있다.
1코 고무뜨기를 뜨기 시작할 때 사용한다.

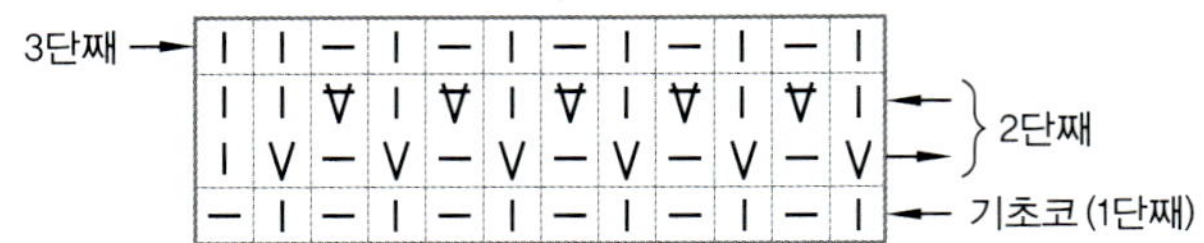

①

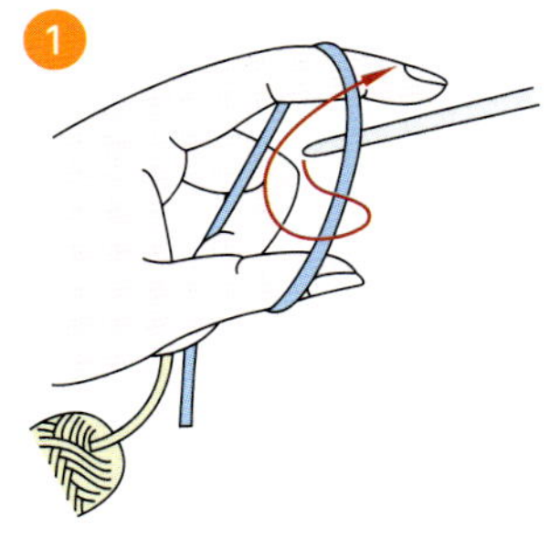

뜨려는 폭의 약 3배 길이의 실을 집게
손가락 위에 건다. 바늘을 화살표처럼
한번 회전시켜 실을 바늘에 감는다.

②

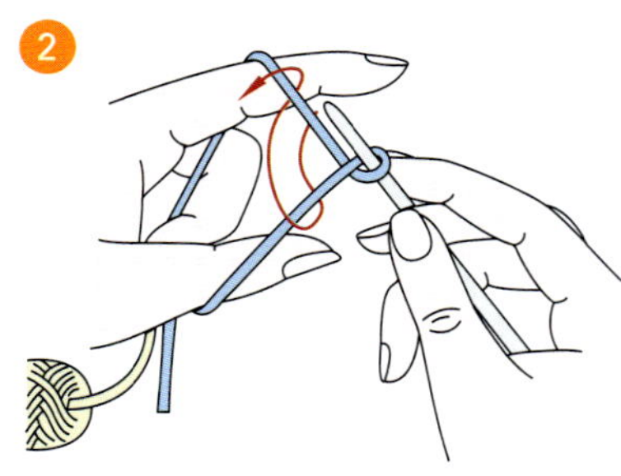

이것이 겉뜨기이다. 다음은 화살표
처럼 실을 건다.

③

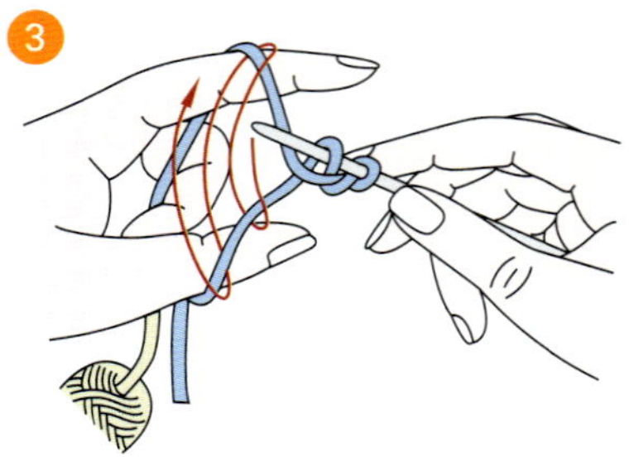

이것이 안뜨기이다. 2번째부터의 겉뜨기
는 화살표처럼 안쪽에서부터 실을 건다.
다음은 ❷~❸을 반복한다(이것이 1단).

④

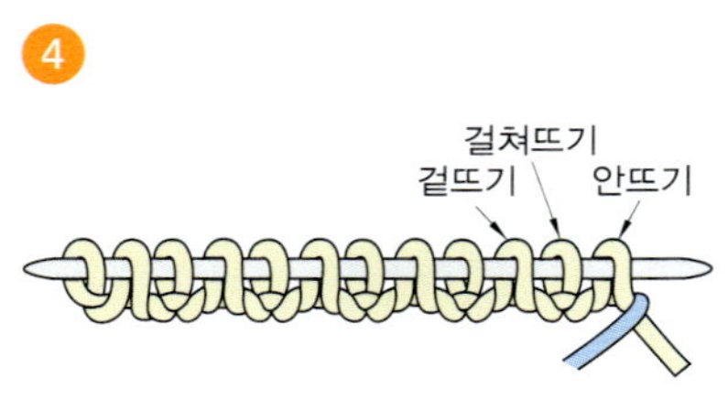

2단째는 주머니뜨기(1번 왕복하여 뜬
다)를 한다.

⑤

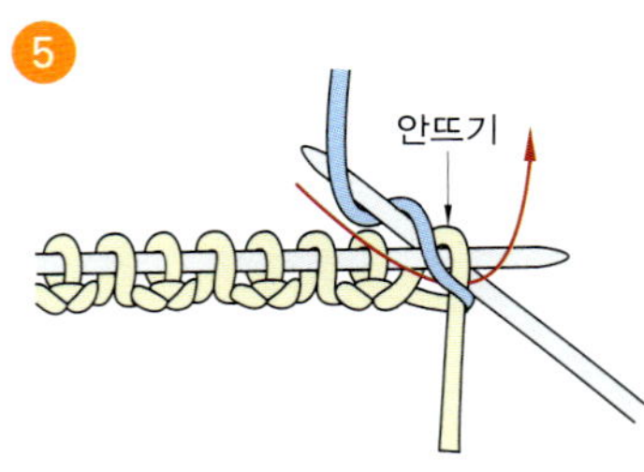

첫 코는 안뜨기이다.

⑥

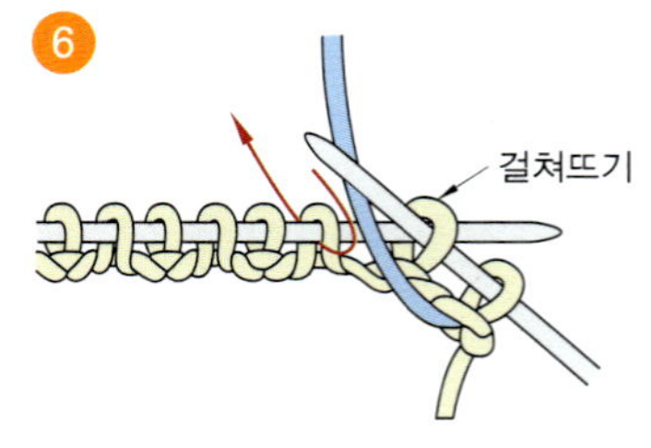

2번째 코는 실을 앞쪽에 두고 뜨지 않은
채 오른쪽 바늘에 옮긴다(걸쳐뜨기).

⑦

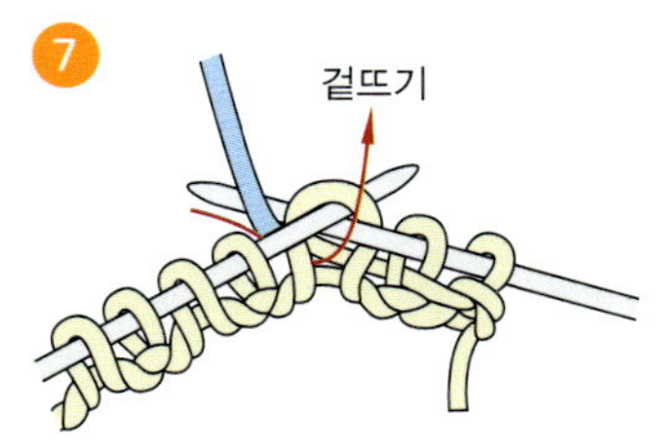

3번째 코는 겉뜨기이다. 다음은 걸쳐
뜨기, 겉뜨기를 반복한다.

⑧

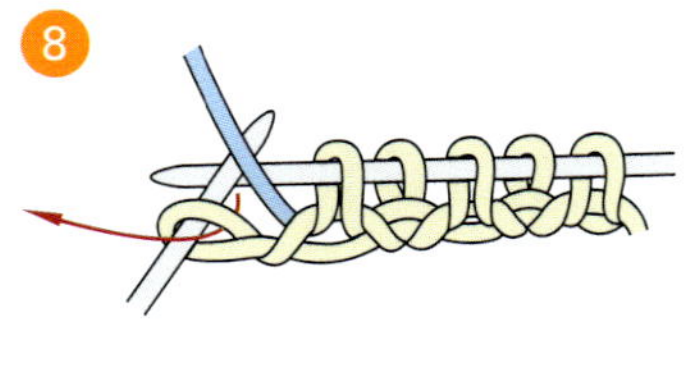

마지막 코는 걸쳐뜨기이다.

⑨

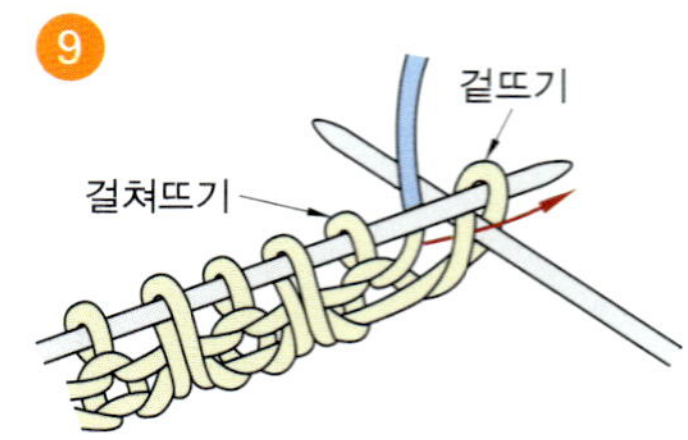

2단째 돌아올 때는 뒤집어 겉쪽에서 보
고 뜬다. 바로 밑단에서 뜨지 않았던 코
는 겉뜨기, 떴던 코는 걸쳐뜨기이다.

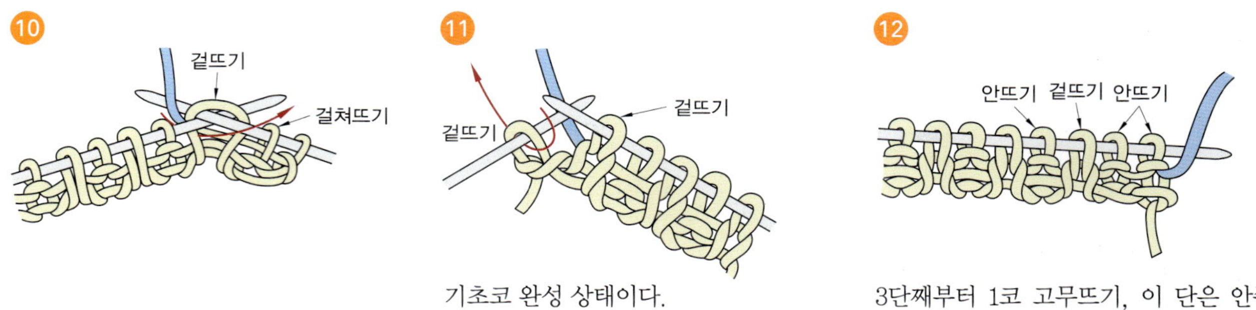

기초코 완성 상태이다.

3단째부터 1코 고무뜨기, 이 단은 안쪽
단이다.

2코 고무뜨기

기초코가 1코 고무뜨기 모양으로 만들어진다.
1코 고무뜨기 기초코 만들기와 같다.

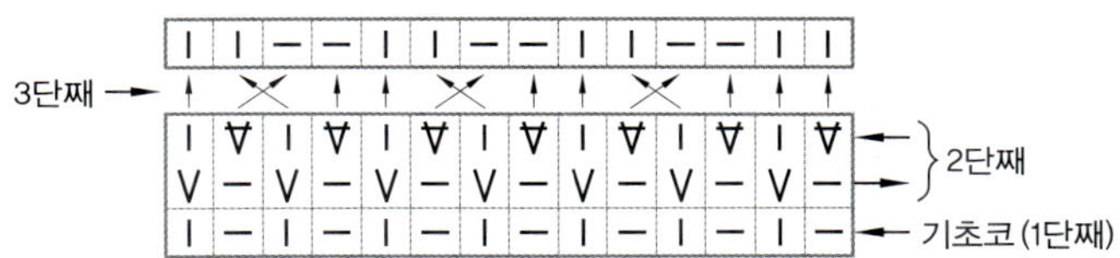

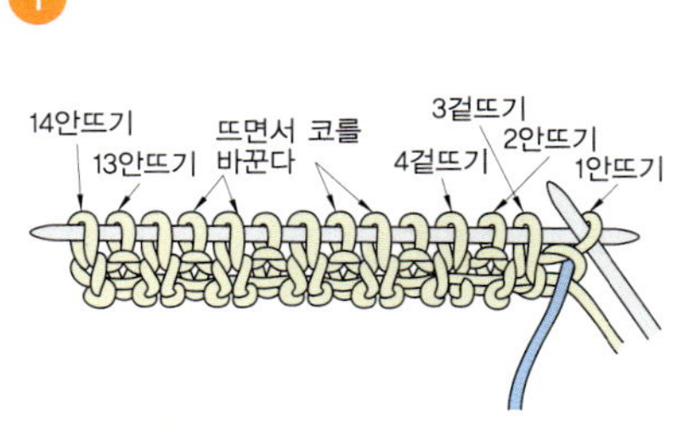

3단째(안쪽 단)이다. 2코 고무뜨기에
맞게 코의 순서를 바꾸어 2코 고무뜨
기를 한다.

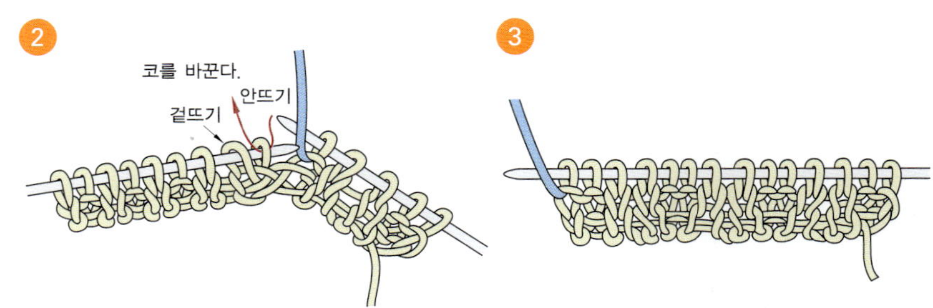

이것이 겉뜨기이다. 다음은 화살표
처럼 실을 건다.

완성 상태이다.

코막음 하기

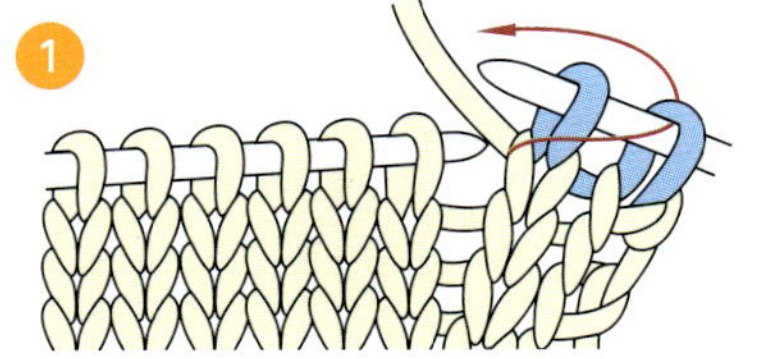

2코를 뜨고 왼쪽 바늘을 첫코에 꿰어 씌운다.

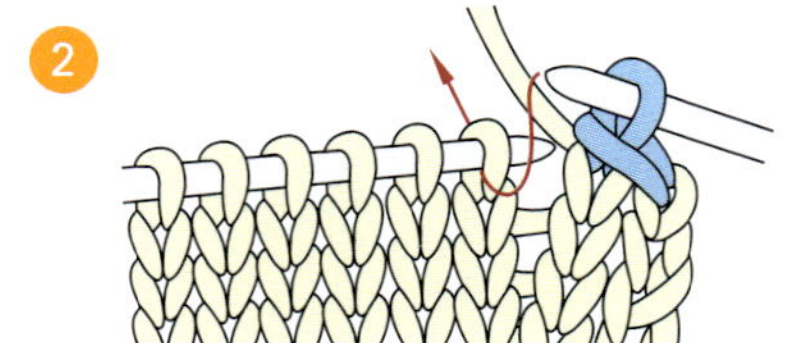

1코씩 뜨면서 뒷코를 씌운다.

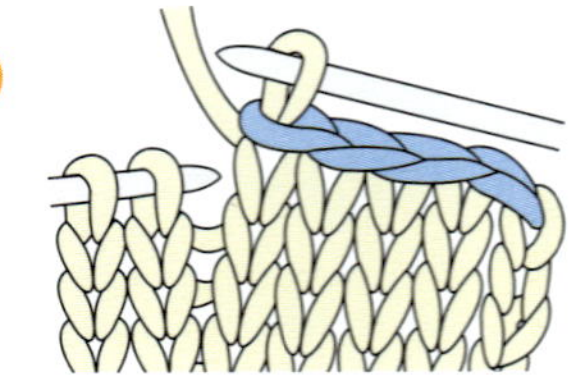

쉽코 수만큼 씌워 줄인다.

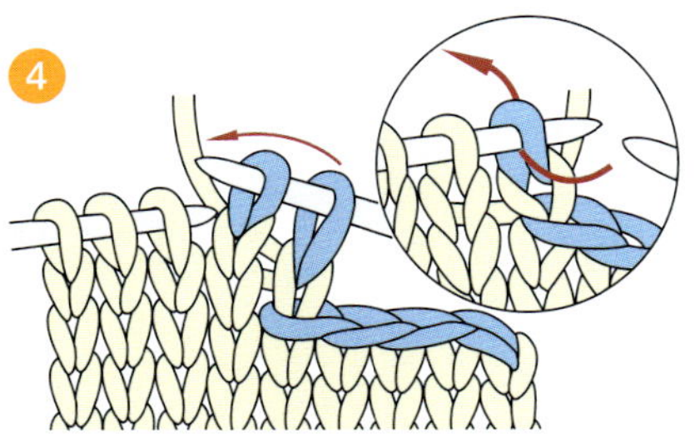

2단째부터는 첫코를 뜨지 않고, 오른쪽 바늘에 옮긴 다음 코를 떠서 씌운다.

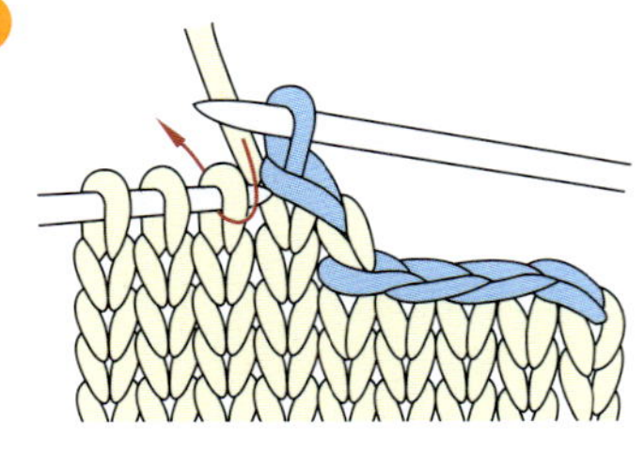

그 다음코를 떠서 씌운다.

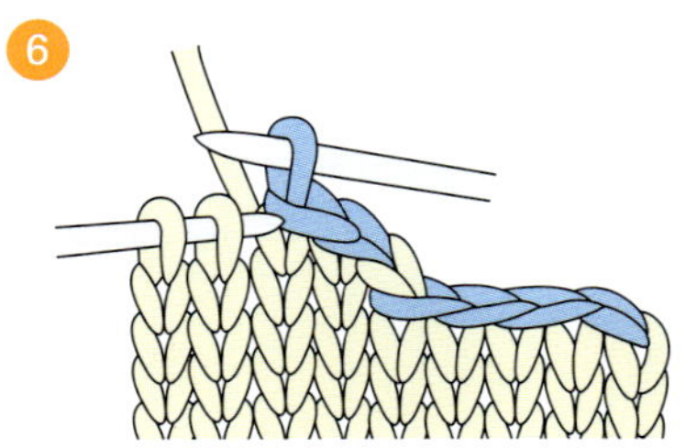

단마다 첫코를 빼고, 원하는 콧수만큼 줄인다.

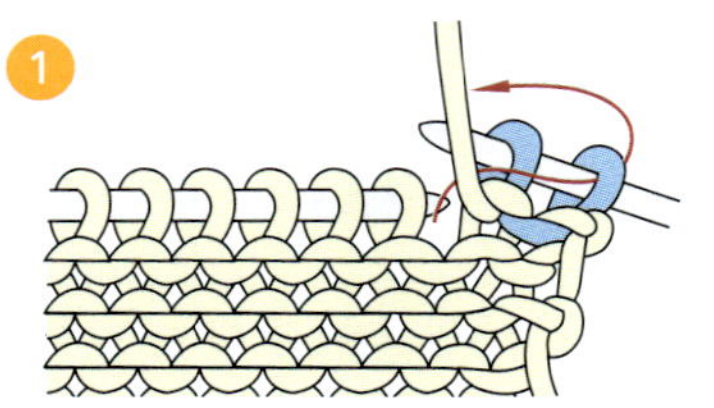

2코를 안뜨기로 뜨고, 왼쪽 바늘을 첫코에 꿰어 씌운다.

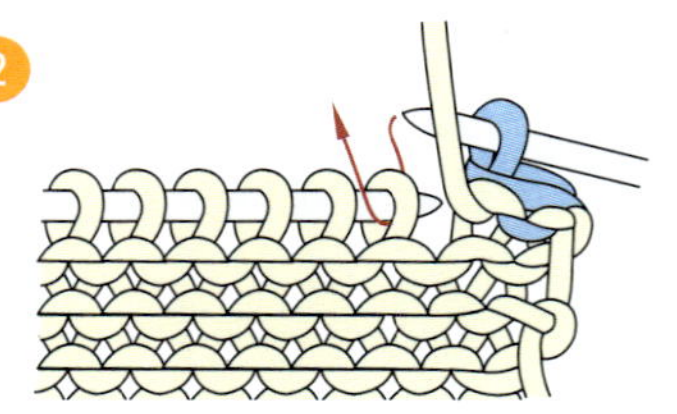

1코씩 뜨면서 뒷코를 씌운다.

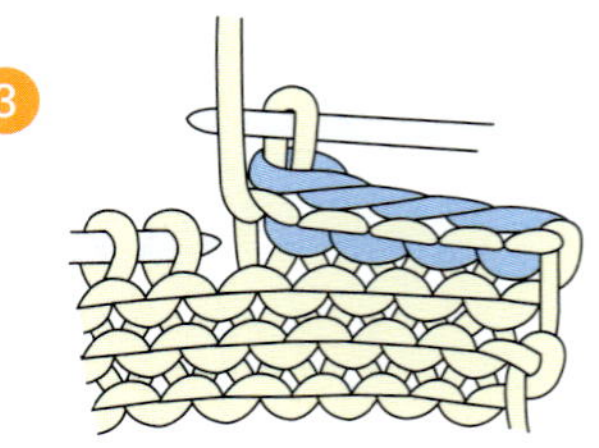

쉽코 수만큼 씌워 줄인다.

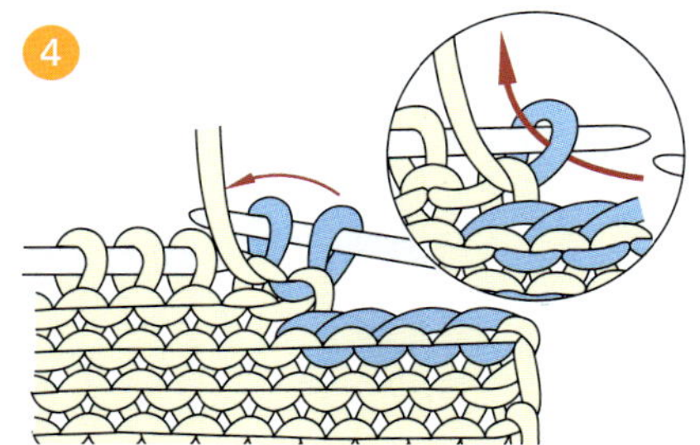

2단째부터는 첫코를 뜨지 않고, 오른쪽 바늘에 옮긴 다음 코를 떠서 씌운다.

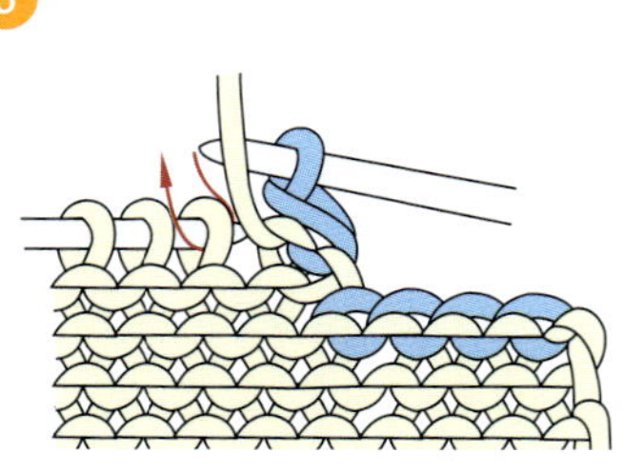

그 다음코를 떠서 씌운다.

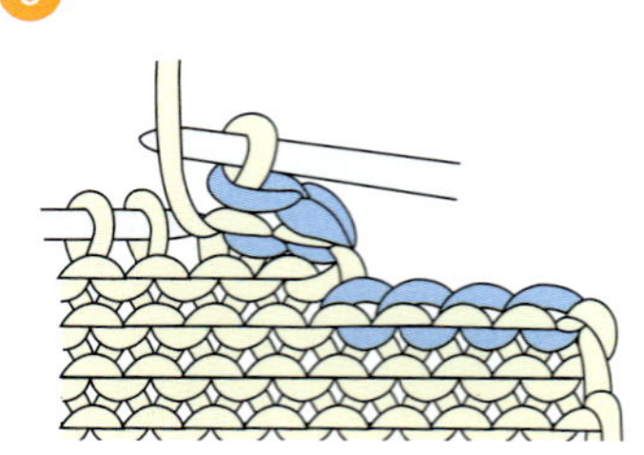

단마다 첫코를 빼고, 원하는 콧수만큼 줄인다.

코 줄이는 법

우측

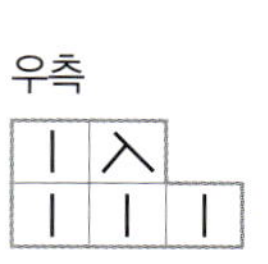

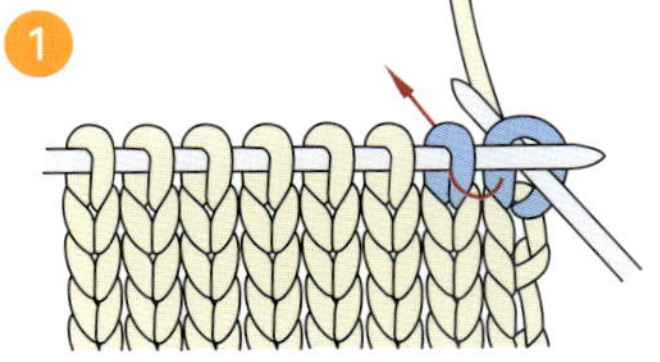

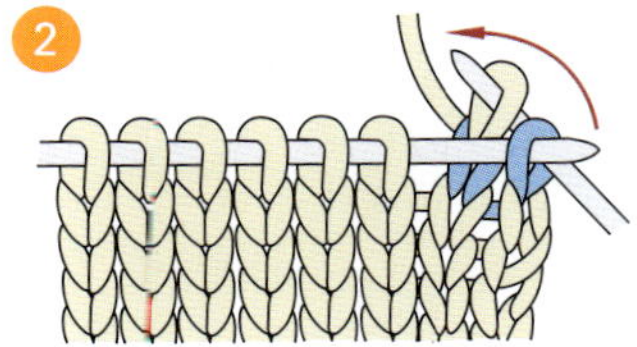

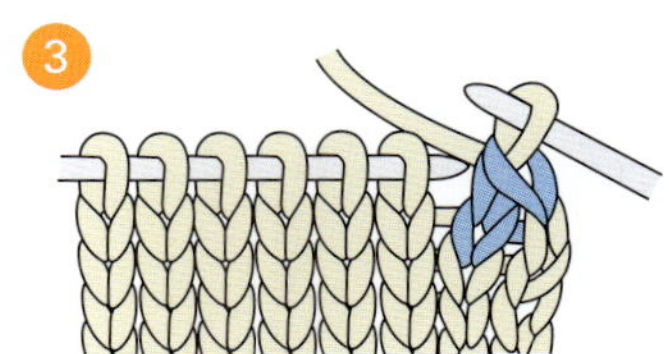

① 첫코를 빼고 다음코를 뜬다.

② 뒷코를 씌운다.

③ 오른코 겹치기가 완성된다.

좌측

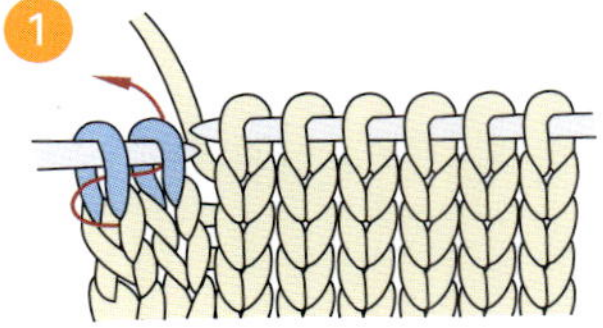

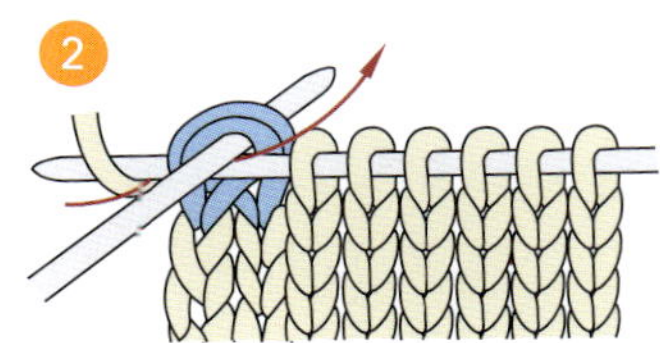

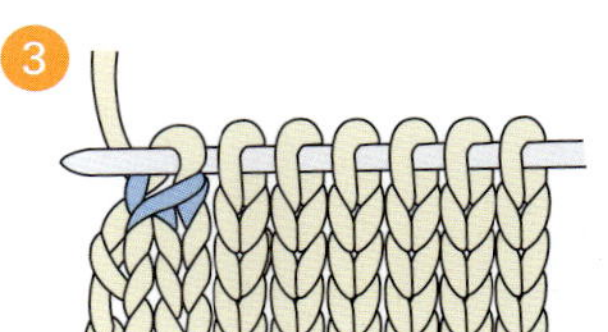

① 마지막 남은 2코를 오른쪽 바늘에 마지막 코부터 한꺼번에 뺀다.

② 2코를 한꺼번에 뜬다.

③ 왼코 겹치기가 완성된다.

우측

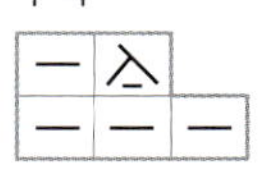

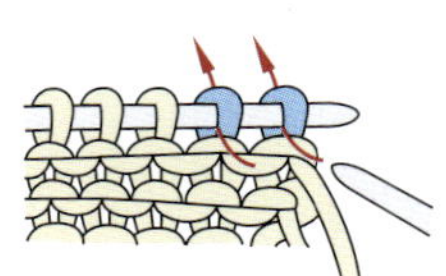

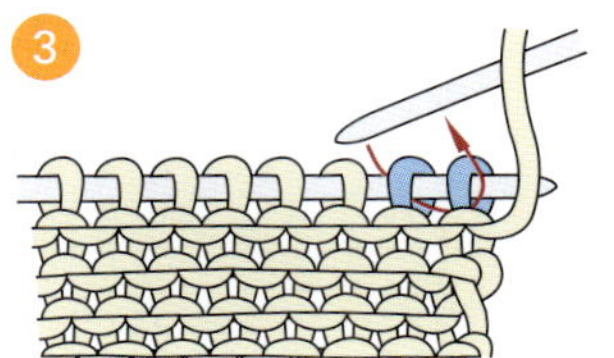

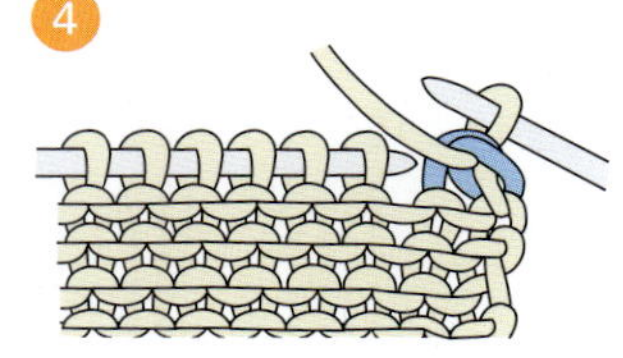

① 첫코와 다음코를 1코씩 오른쪽 바늘에 옮긴다.

② 방향을 바꿔 다시 의쪽 바늘에 옮긴다.

③ 오른쪽 바늘로 뒤쪽 방향에서 2코를 함께 뜬다.

④ 우측 2코 줄임이 완성된다.

좌측

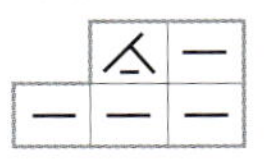

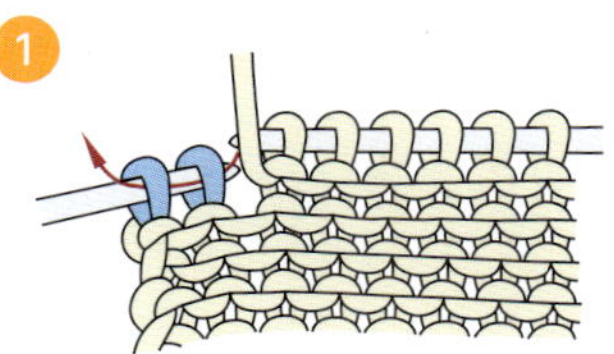

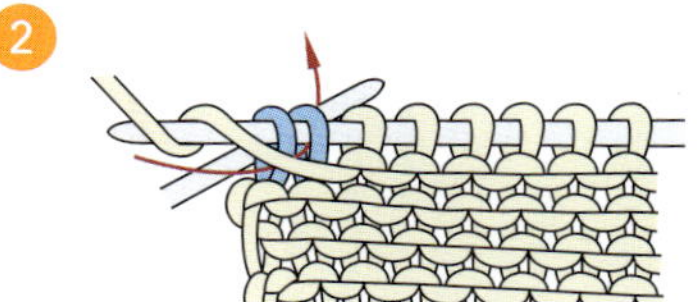

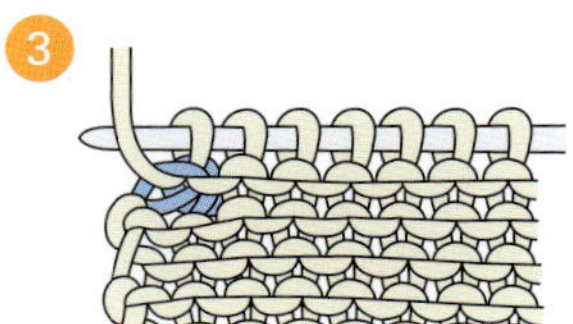

① 2코를 한꺼번에 뺀다.

② 2코를 한꺼번에 뜬다.

③ 좌측 2코 줄임이 완성된다.

| 코와 코 사이의 늘림 |

우측

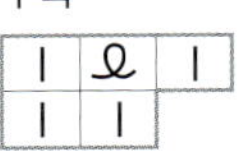

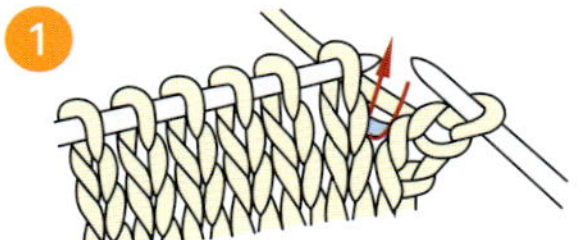

우측 첫코 사이의 가로선을 끌어올린다.

끌어올린 코를 돌려뜨기 한다.

우측 코늘림이 완성된다.

좌측

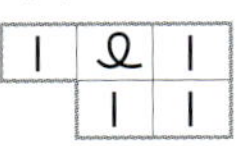

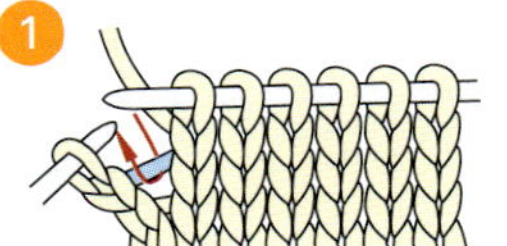

마지막 코 사이의 가로선을 끌어올린다.

끌어올린 코를 돌려뜨기 한다.

좌측 코늘림이 완성된다.

| 코의 나눔 |

우측

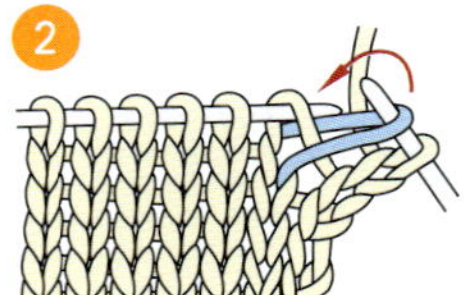

둘째코 밑단의 코를 끌어올린다.

끌어올린 코를 왼쪽 바늘에 옮긴다.

겉뜨기로 뜬다.

다음 코를 진행한다.

좌측

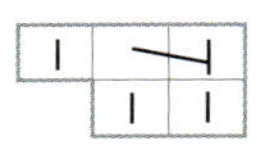

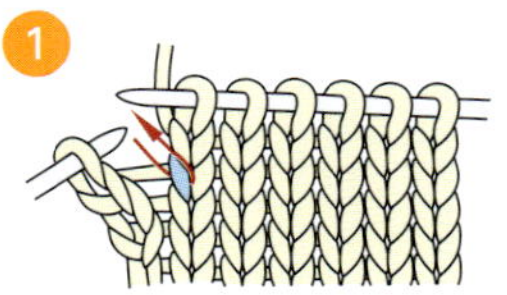

마지막 직전 코의 두 번째 밑단 코를 끌어올린다.

끌어올린 코를 왼쪽 바늘에 옮긴다.

겉뜨기로 뜬다.

| 바늘 비우기의 코늘림 |

우측

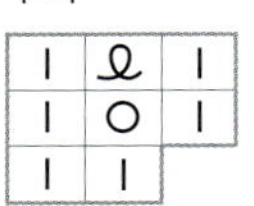

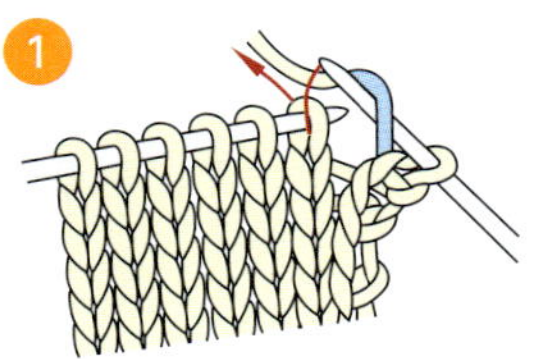

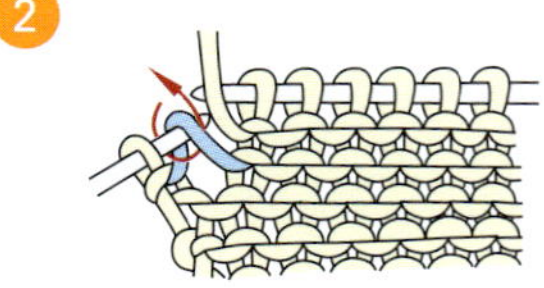

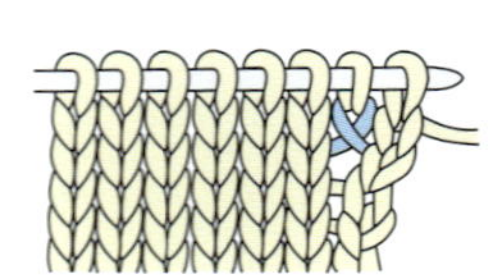

첫코를 뜨고 바늘 비우기 한다.

안뜨기로 돌아오면서 돌려뜨기 한다.

우측 늘림이 완성된다.

146

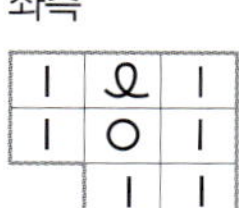

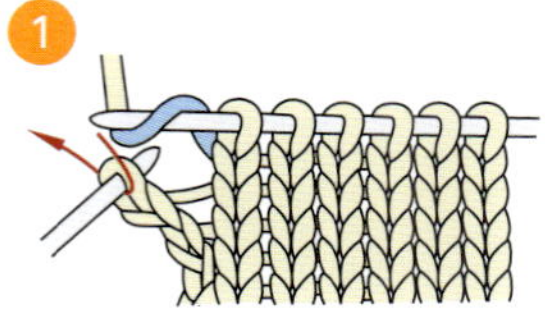
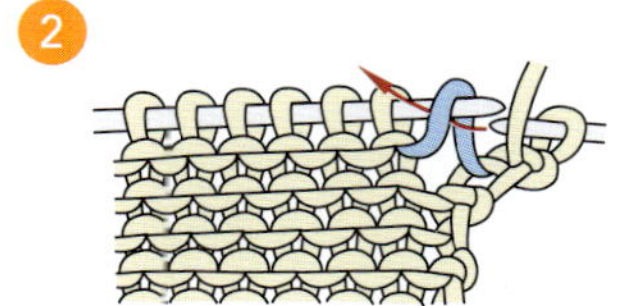
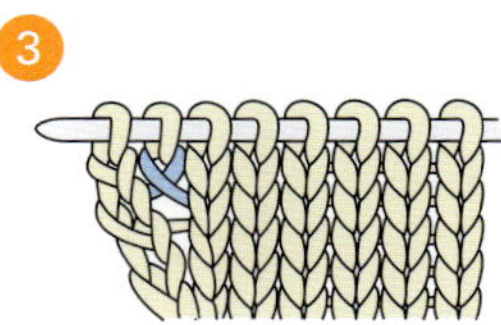

마지막 코 직전에 바늘 비우기
한다.

안뜨기로 돌아오면서 돌려뜨기
한다.

좌측 늘림이 완성된다.

1코 고무뜨기 마무리 법

| 직선형 |

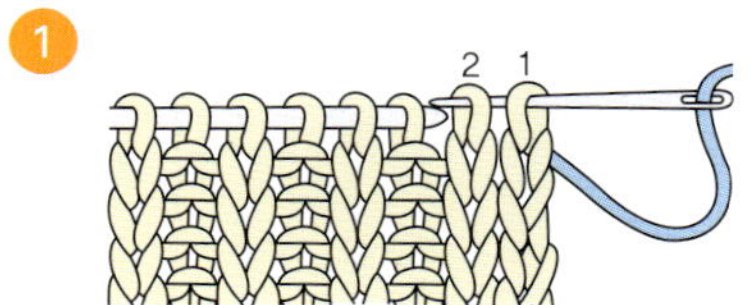
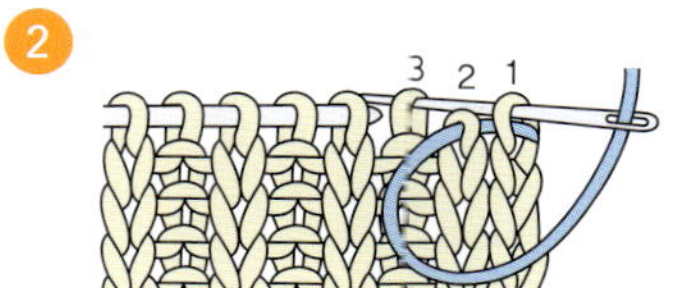
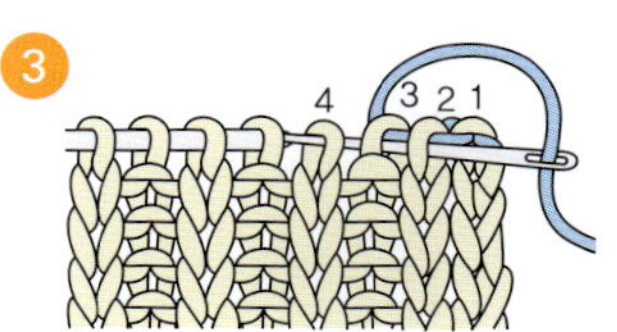

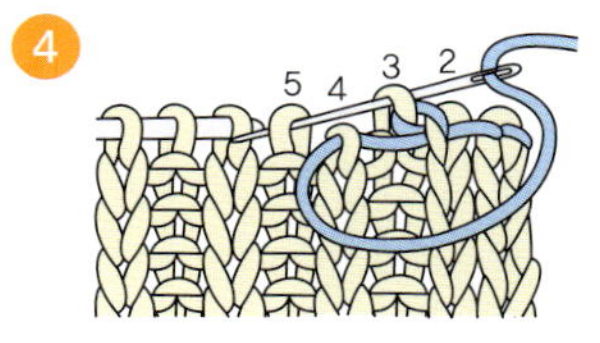
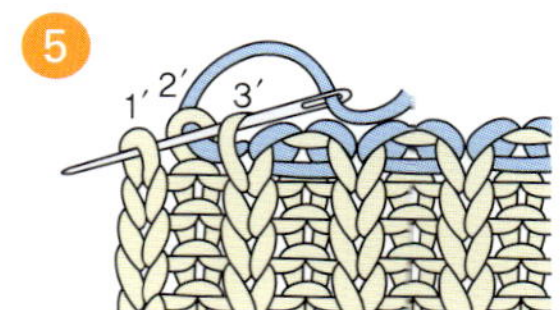
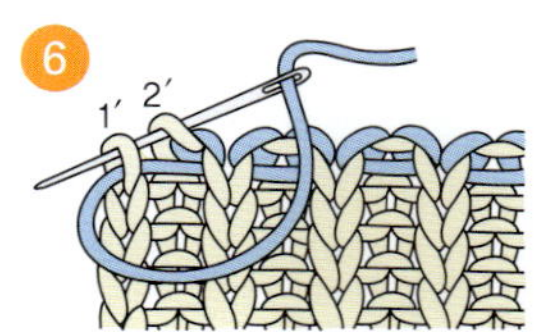

| 처음과 끝코가 겉뜨기 1코인 경우 |

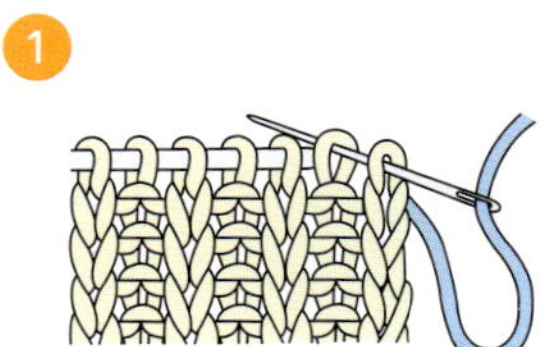
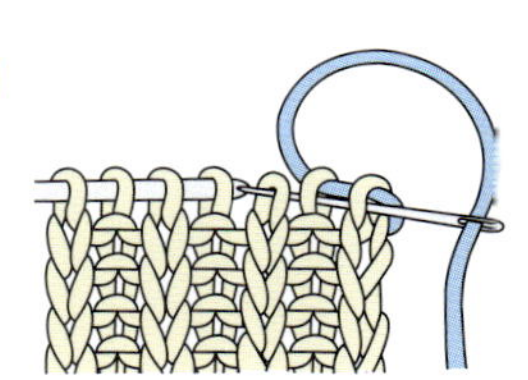

| 끝코가 겉뜨기 2코인 경우 |

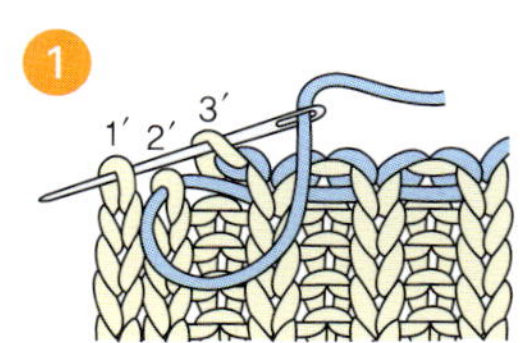
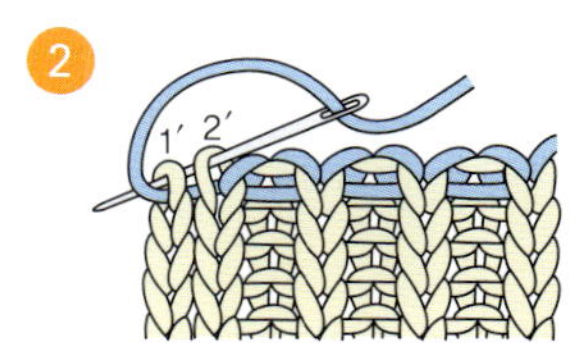

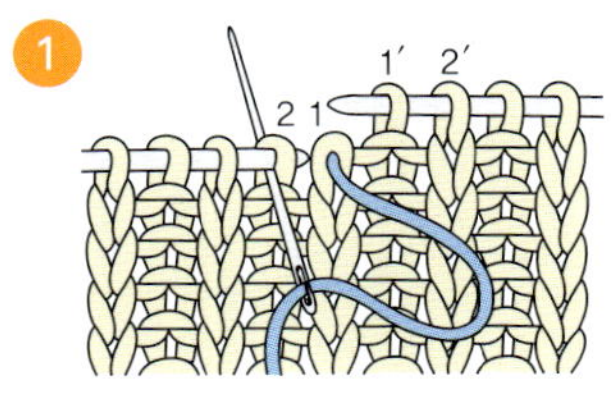 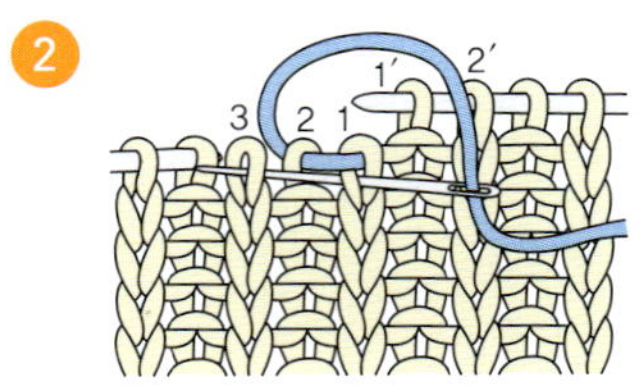 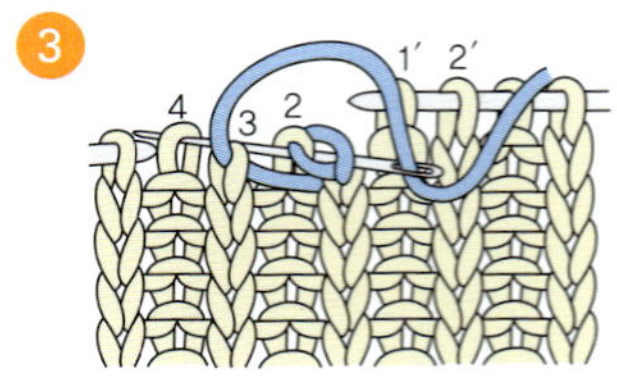

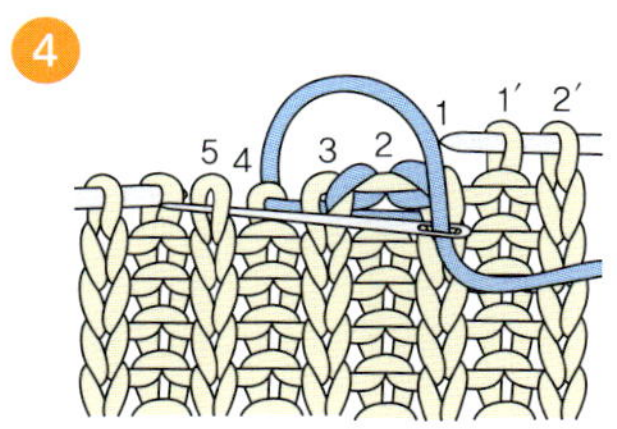 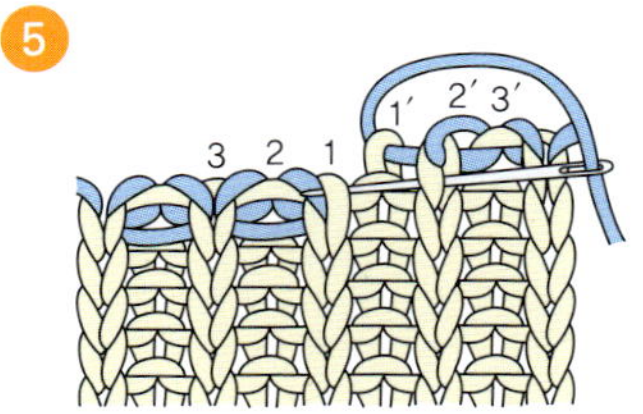 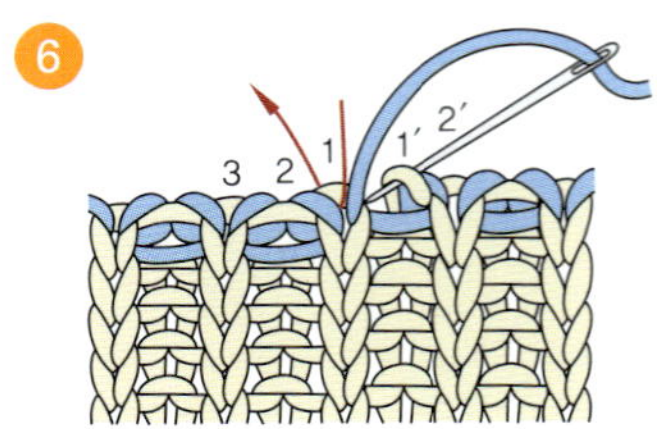

2코 고무뜨기 마무리 법

| 직선형 |

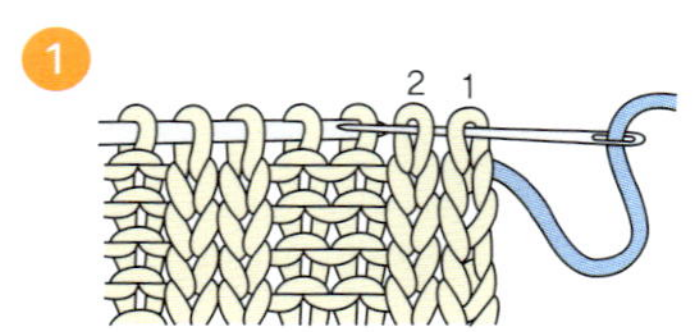 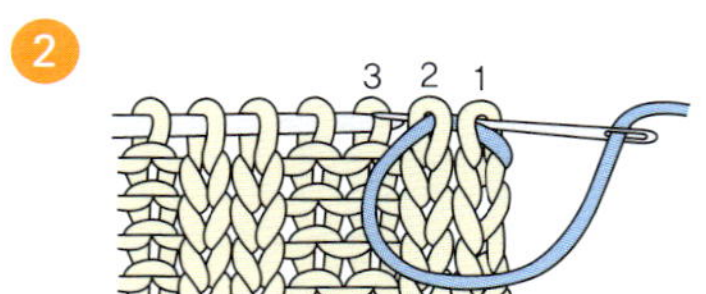 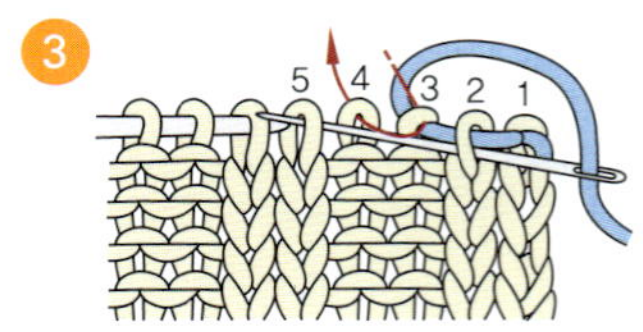

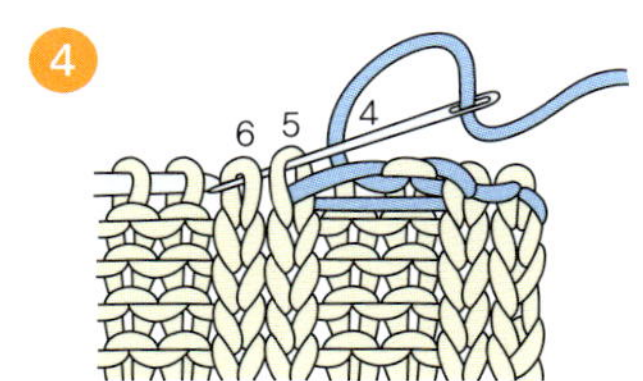 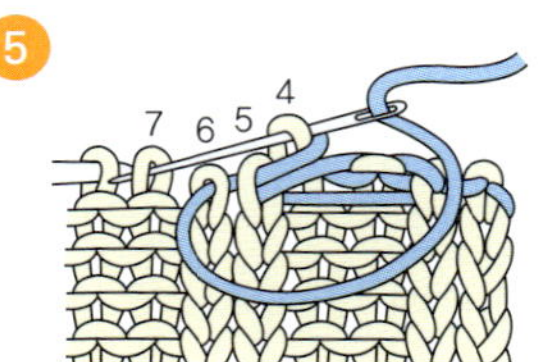 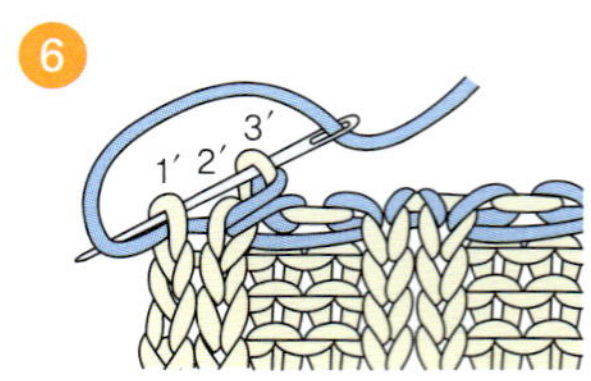

| 처음과 끝이 겉뜨기 3코인 경우 |

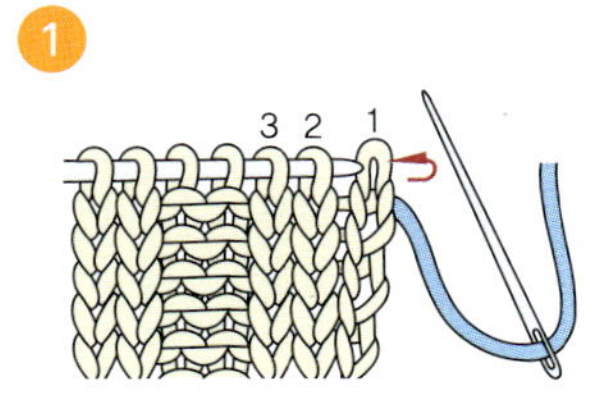 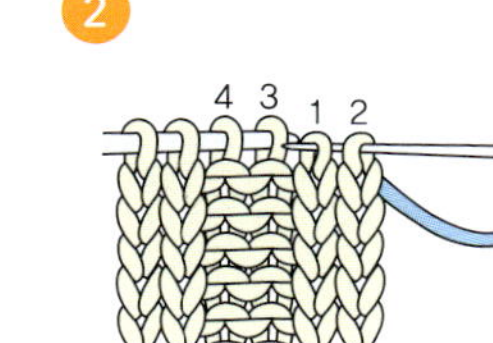 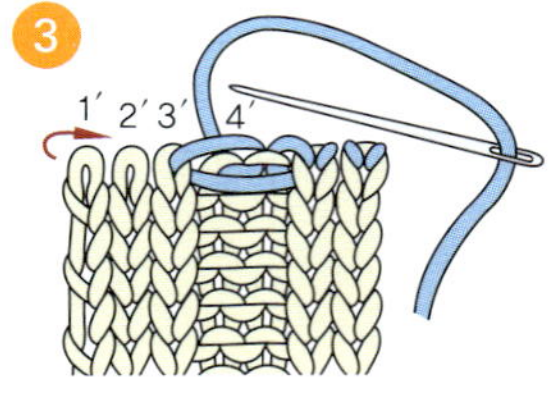 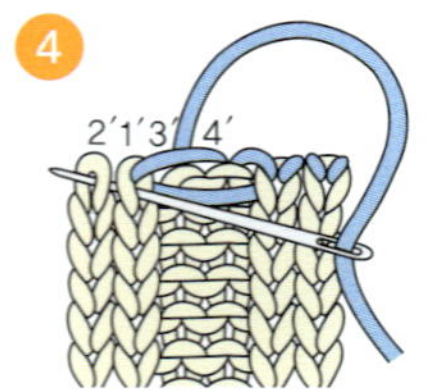

1번코를 2번에 씌운다.

1′번코 2′번에 씌운다.

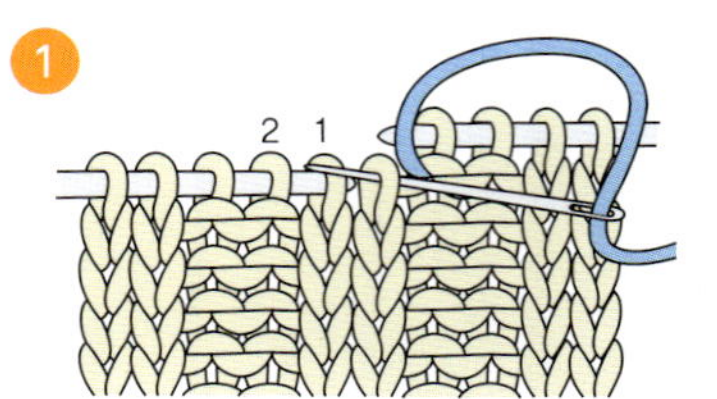 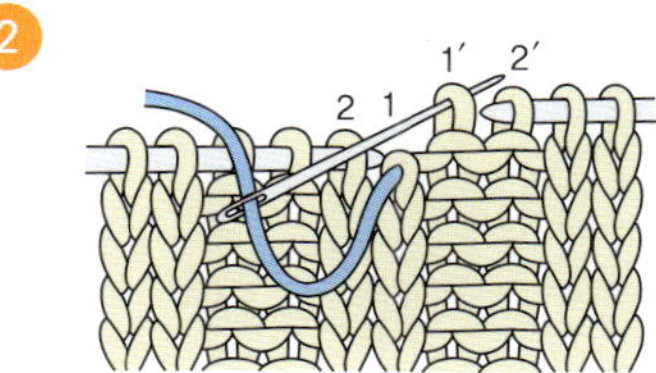 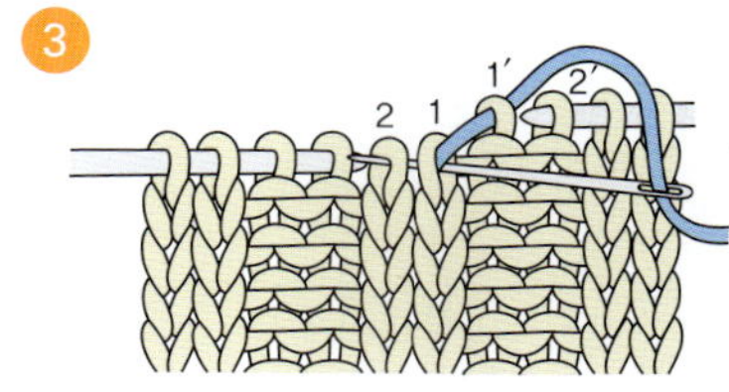

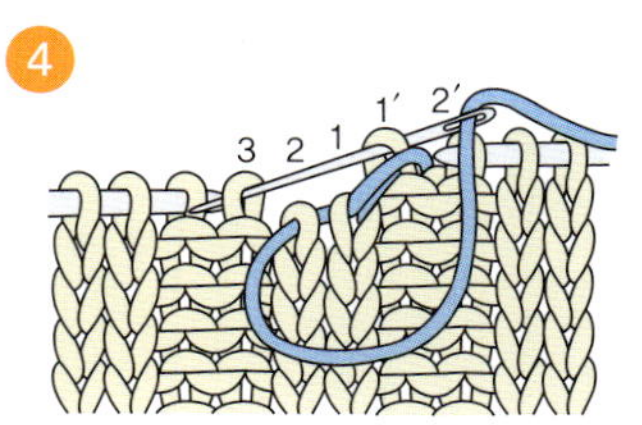 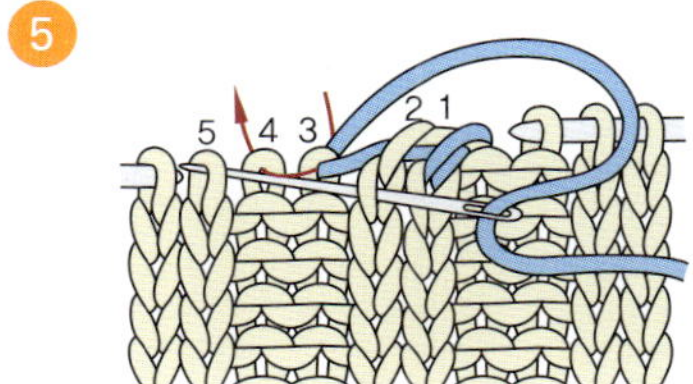 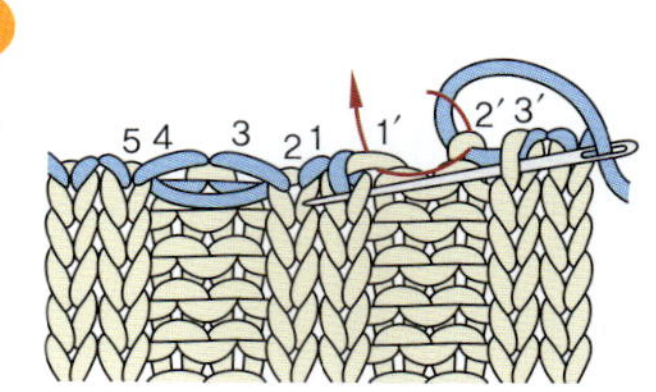

잇는 법

| 빼떠서 잇기 |

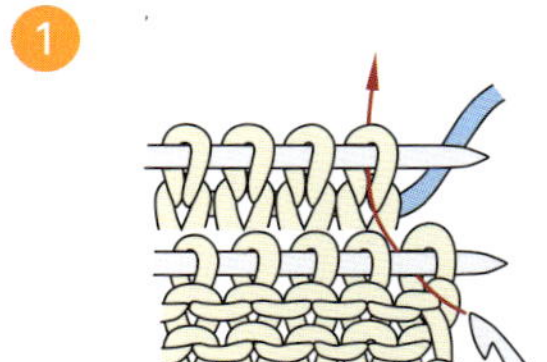 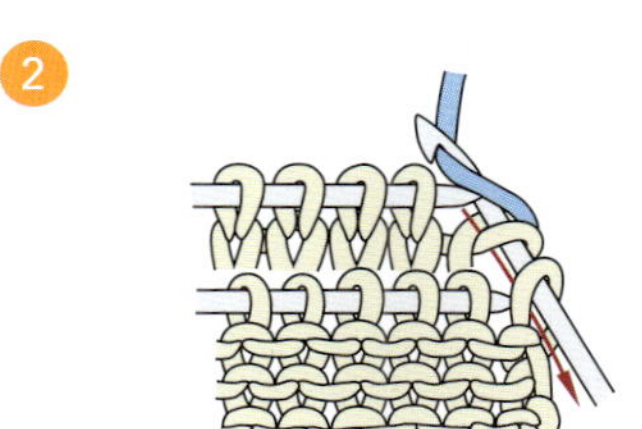

양쪽 바늘에 있는 코를 한꺼번에
꿰어 빼뜨기 한다.

| 덮어 씌워 잇기 |

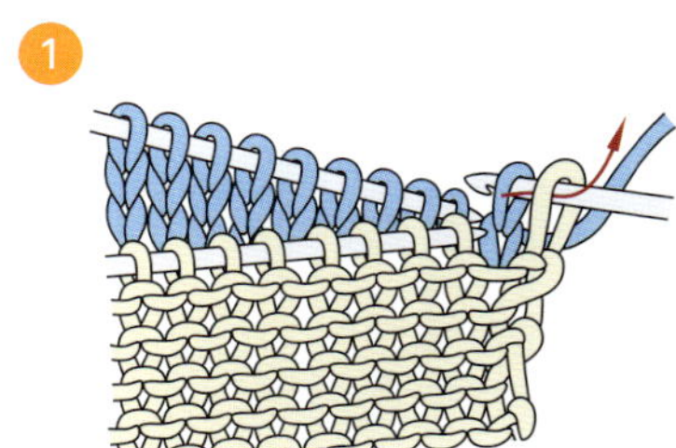 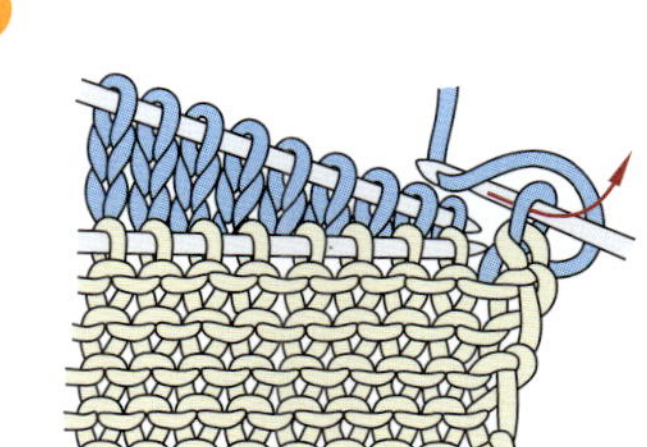 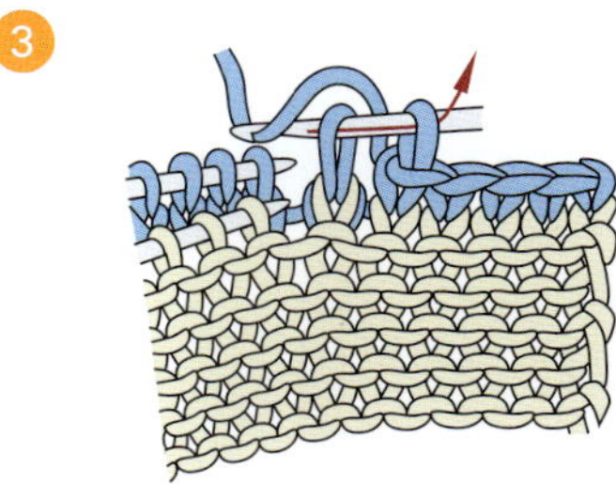

뒤쪽 바늘에 있는 코를 앞쪽 코에
꿴 다음 덮어 끼운다.

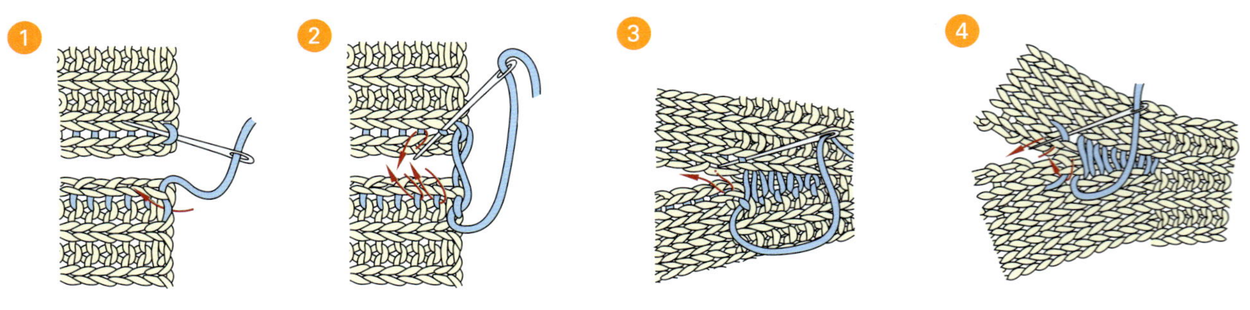

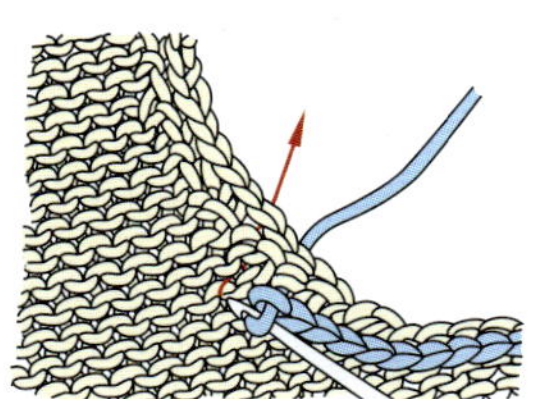

두 가지 방법은 주로 소매를
이을 때 사용한다.

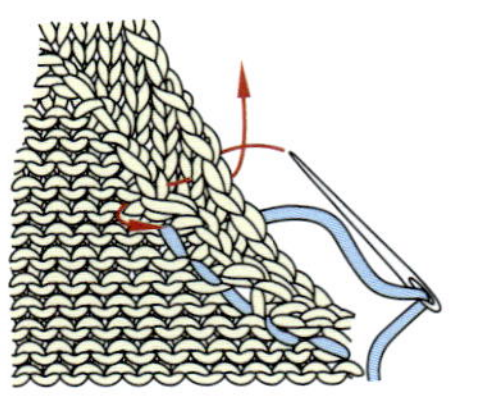

경사뜨는 법

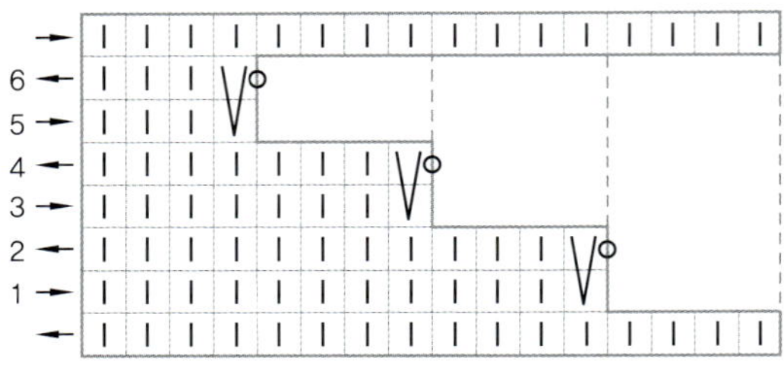

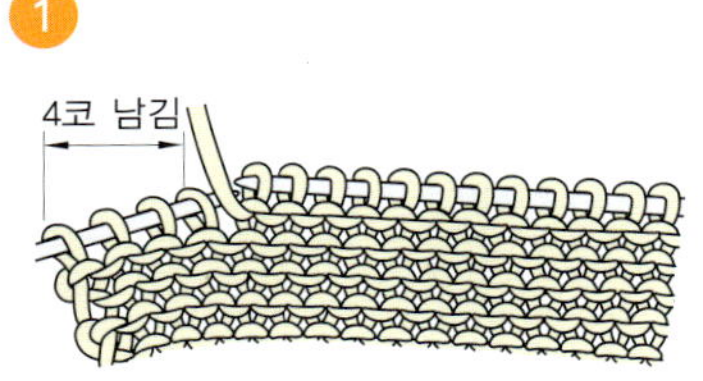

첫단에 4코를 뜨지 않고 남긴다.

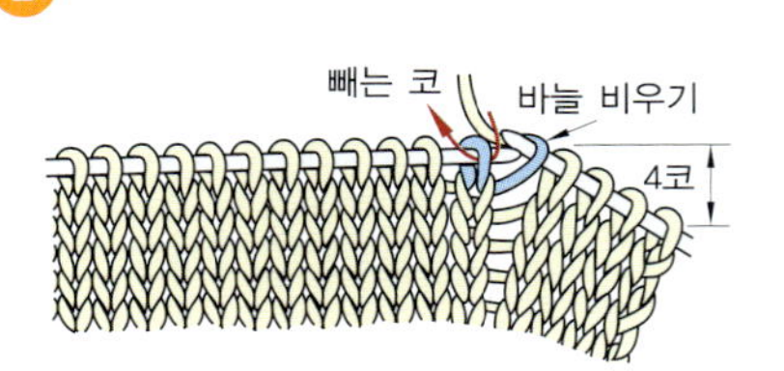

2단째 바늘 비우기를 하면서 시작코를
뜨지 않고 뺀다.

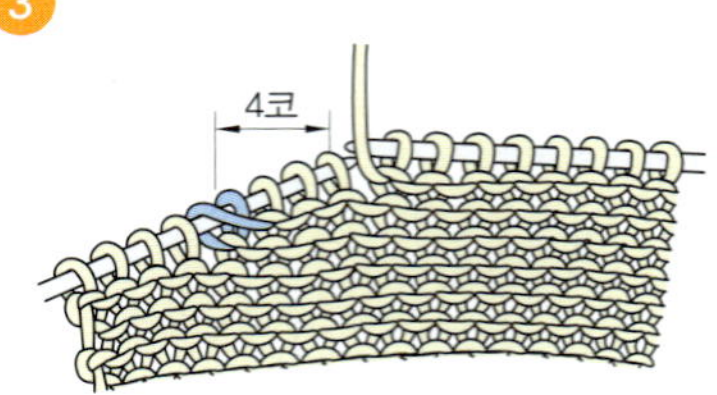

3단째에 다시 4코를 남긴다.

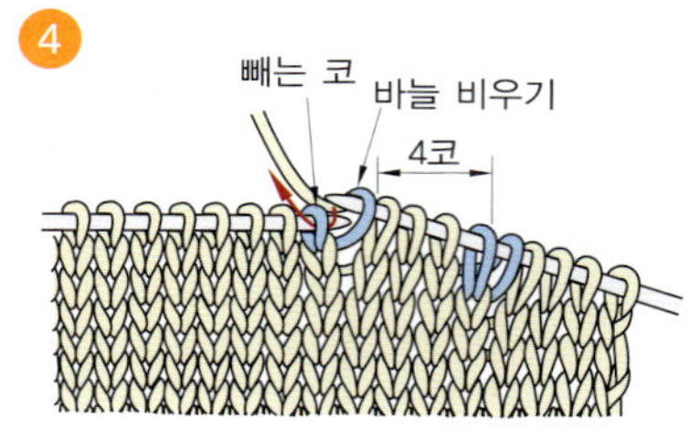

4단째 바늘 비우기를 하면서 시작코를 뜨지 않고 뺀다.

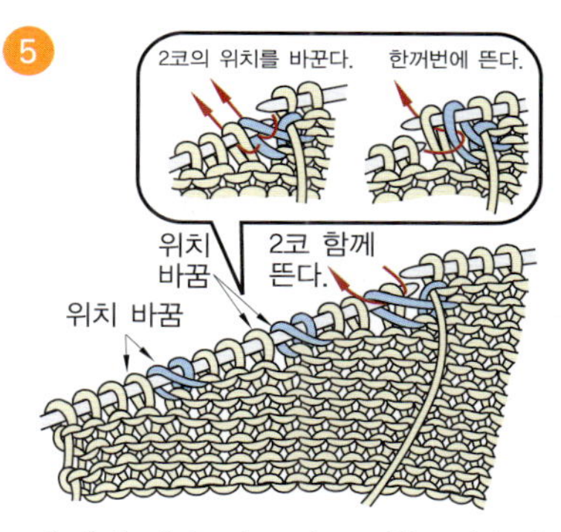

마지막 단은 안뜨기로 바늘 비우기 코와 바로 밑 코의 위치를 바꿔 오른쪽 세워 줄임하면서 뜬다.

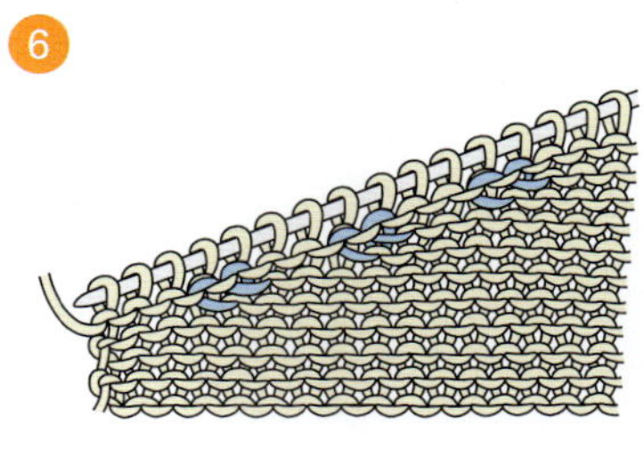

마지막 단이 완성된다.

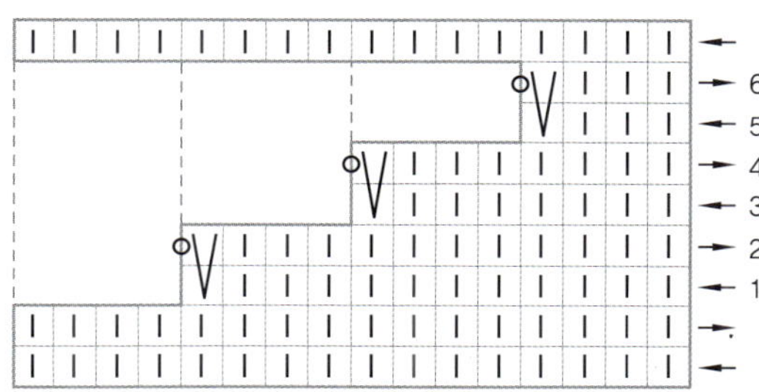

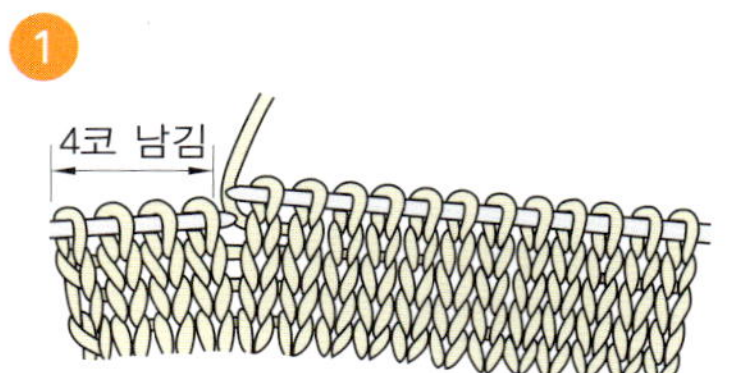

첫단에 4코를 뜨지 않고 남긴다.

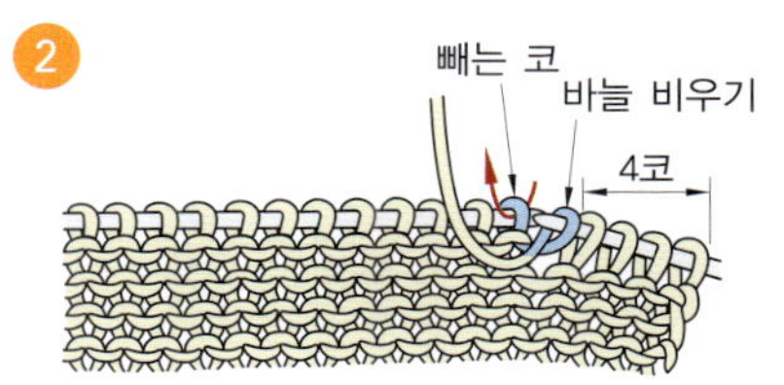

2단째 안쪽에서 바늘 비우기를 하면서 시작코를 뜨지 않고 뺀다.

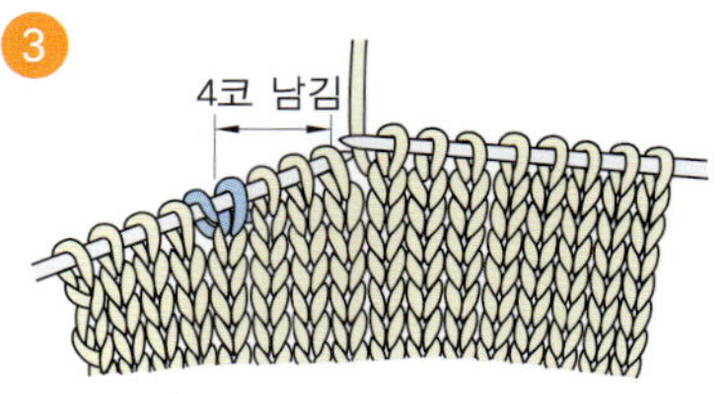

3단째에 다시 4코를 남긴다.

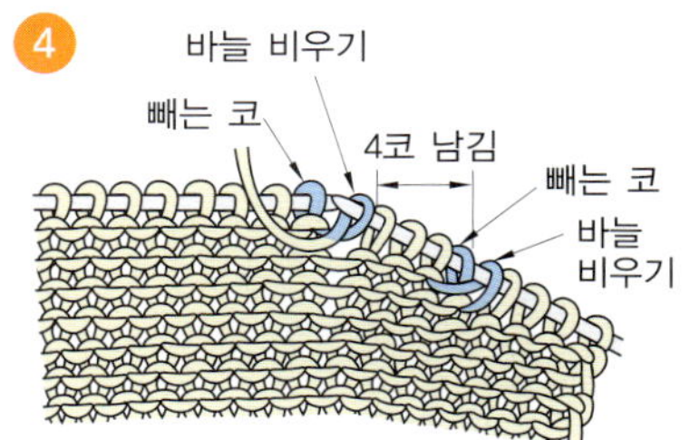

4단째 바늘 비우기를 하면서 시작코를 뜨지 않고 뺀다.

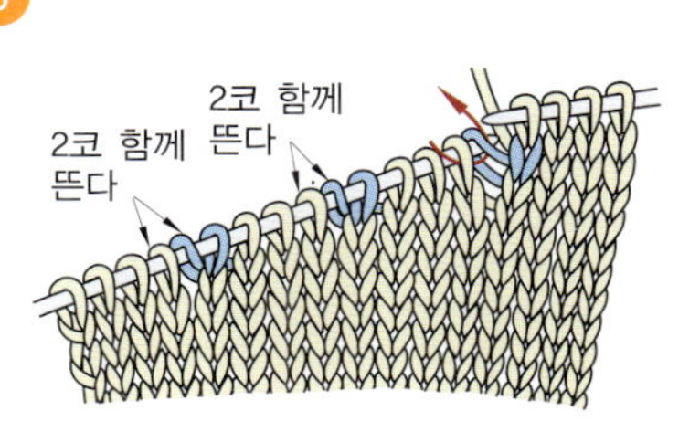

마지막 단은 바늘 비우기 코와 바로 밑코를 왼쪽 세워 줄임하면서 뜬다.

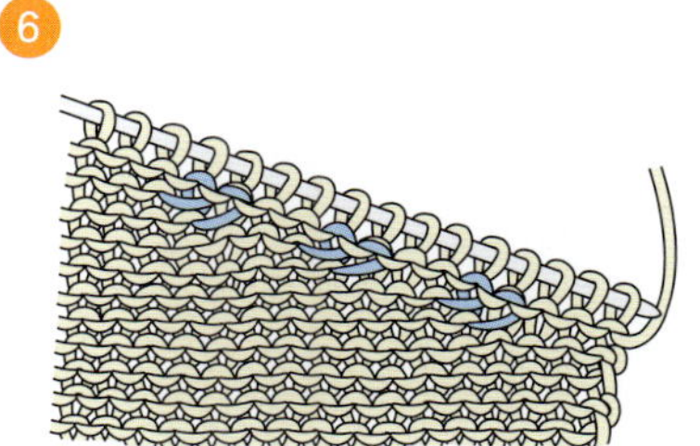

마지막 단이 완성된다.

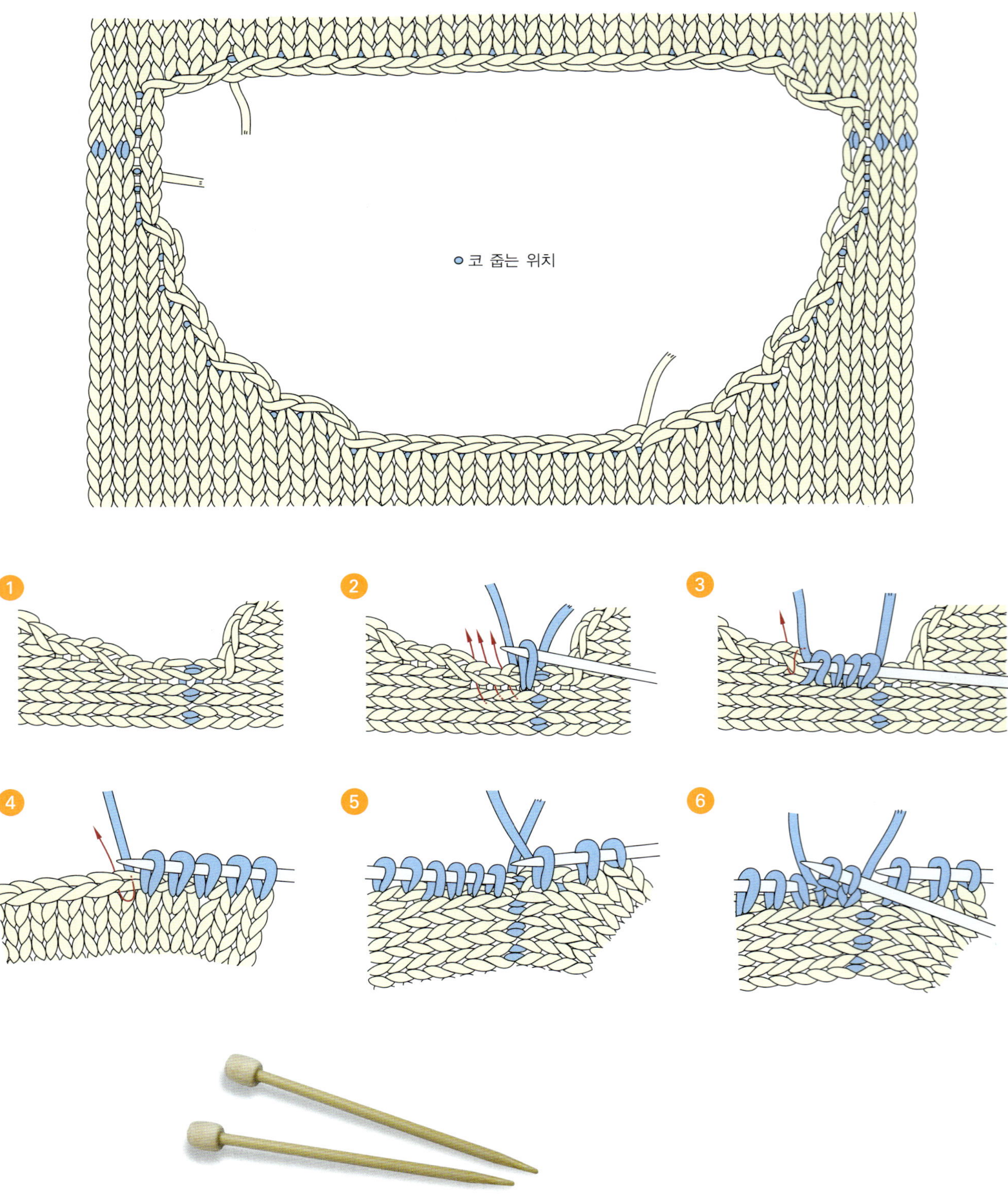
◦ 코 줍는 위치

V-neck 코 줍기

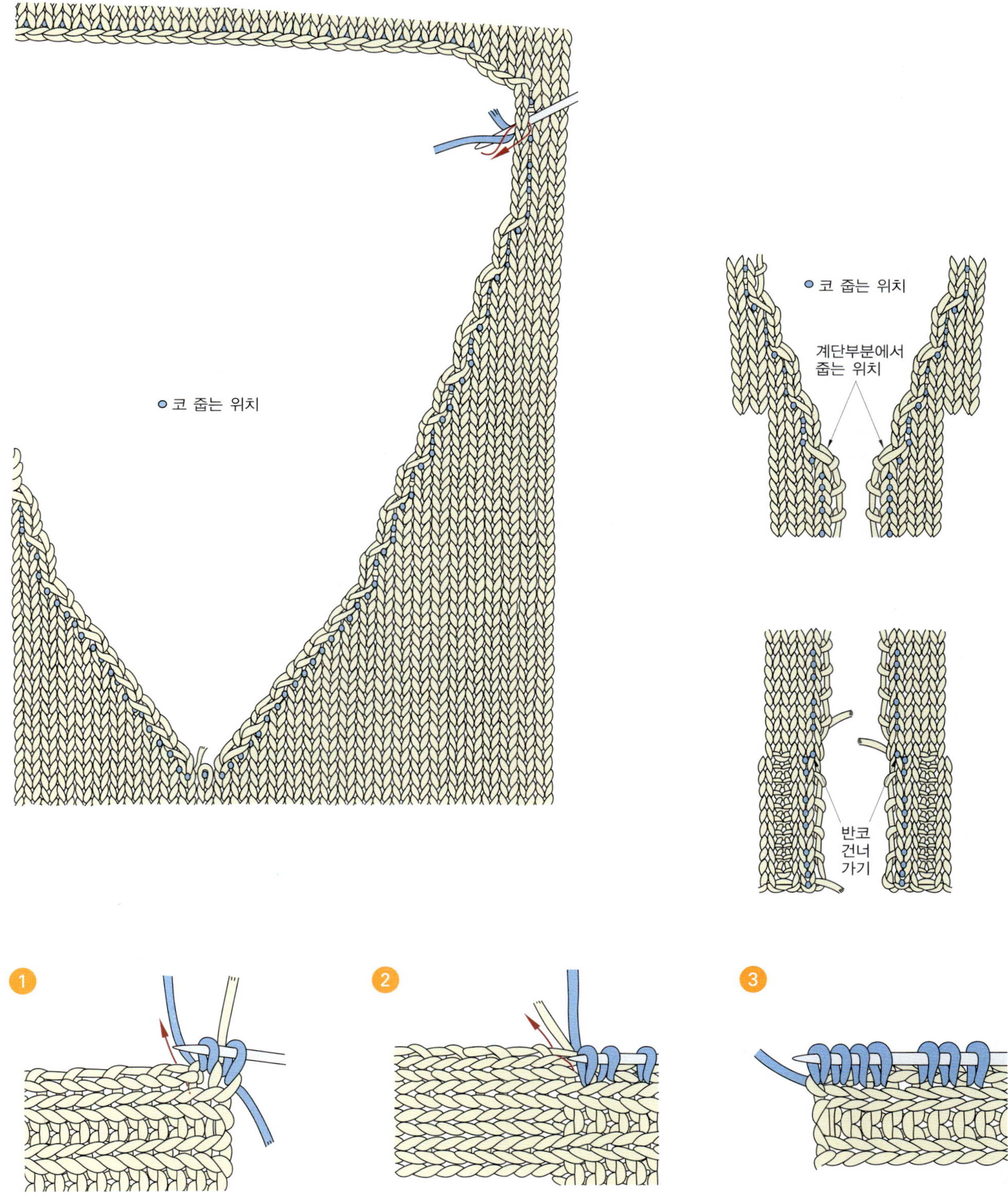
코 줍는 위치
코 줍는 위치
계단부분에서
줍는 위치
반코
건너
가기
1
2
3

코 기호와 뜨는 법

| 겉코

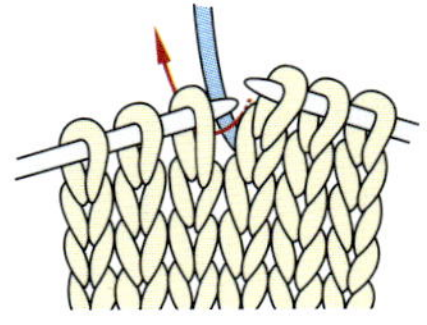 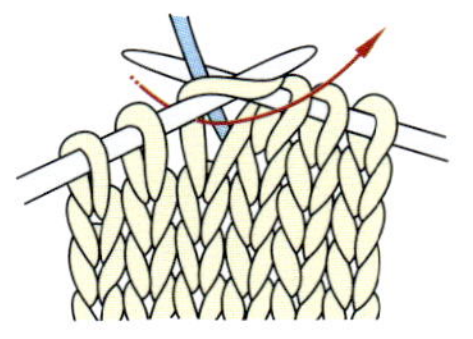 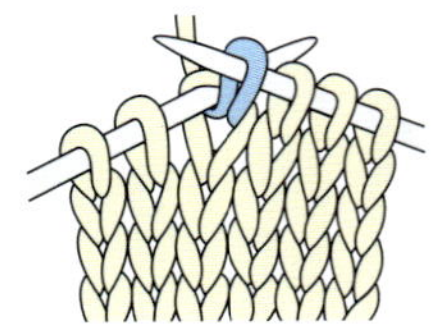 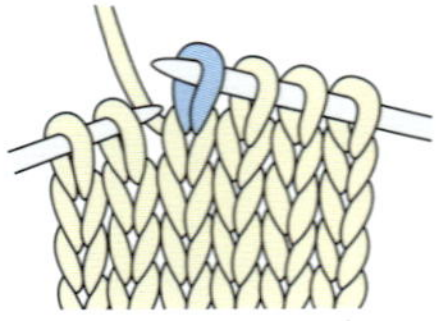

1 실을 건너편에 두고 오른쪽 바늘을 앞쪽으로 넣는다.

2 오른쪽 바늘에 실을 걸어서 화살표와 같이 앞쪽으로 빼낸다.

3 오른쪽 바늘에 고리가 걸려 나오면 왼쪽 바늘을 빼낸다.

4 겉코가 완성된다.

— 안코

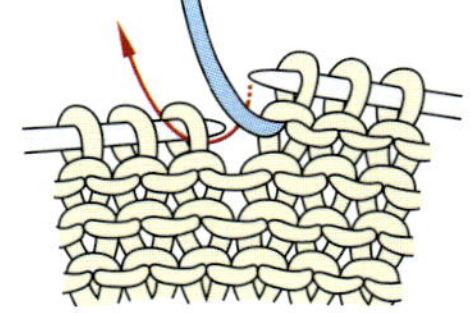 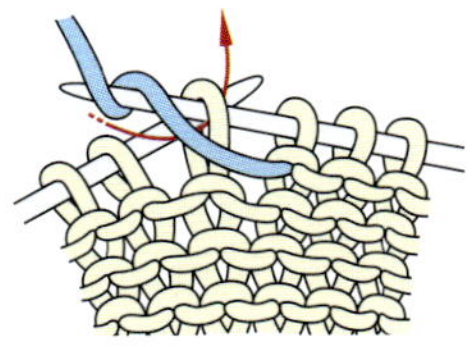 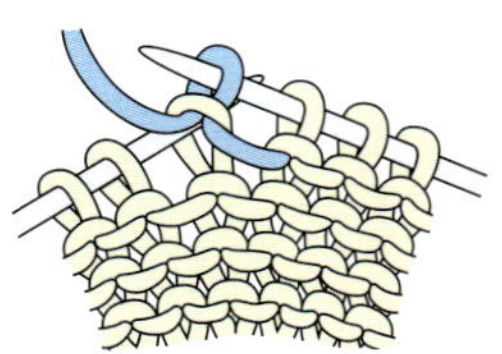 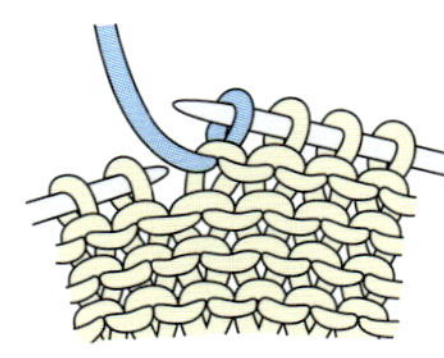

1 실을 앞쪽에 두고 바늘을 화살표와 같이 건너편에 넣는다.

2 그림과 같이 실을 걸어서 반대쪽으로 빼낸다.

3 오른쪽 바늘에 고리가 걸리면 왼쪽 바늘을 빼낸다.

4 안코가 완성된다.

○ 걸기코

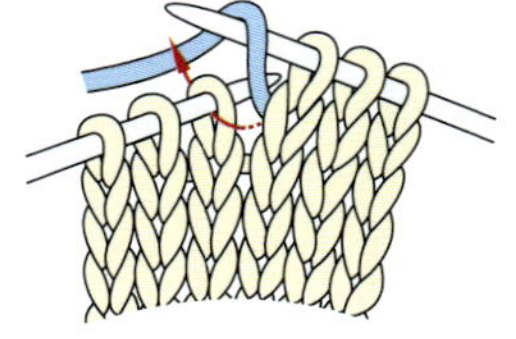 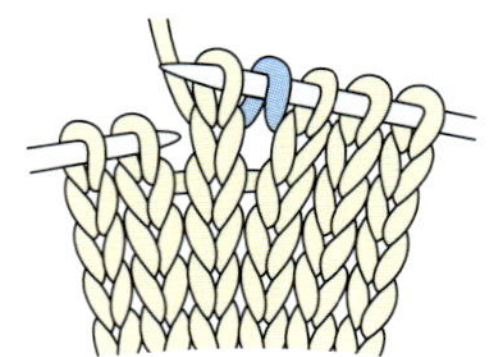 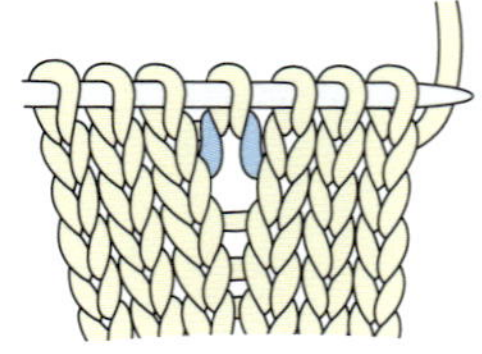

1 오른쪽 바늘에 앞쪽부터 그림과 같이 실을 건다.

2 다음 코에 앞쪽부터 바늘을 넣어 보통으로 뜬다.

3 다음 단을 뜬다. 걸기코가 완성된다.

ℓ 돌려뜨기

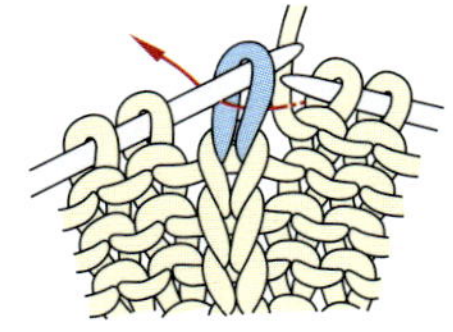 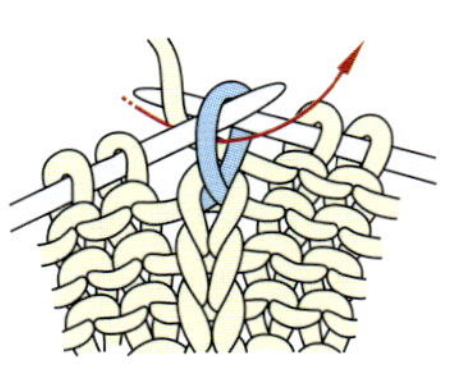 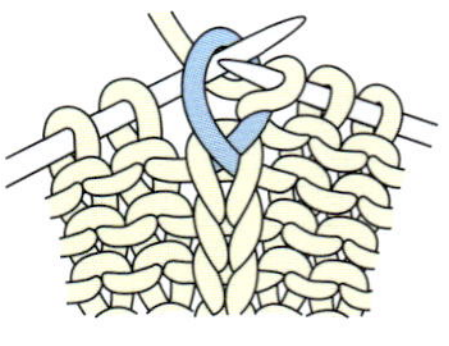 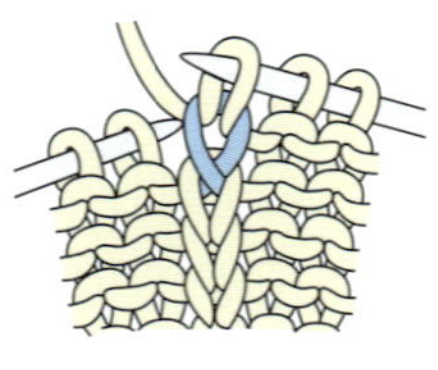

1 오른쪽 바늘을 화살표 같이 건너편 쪽에서 왼쪽 바늘 아래로 넣는다.

2 오른쪽 바늘에 실을 걸어서 화살표 같이 아래쪽으로 빼낸다.

3 빼낸 고리 아래코의 뿌리가 돌려진다.

4 뜬코의 아래코가 돌려져서 완성된다.

⋏ 오른코 겹치기

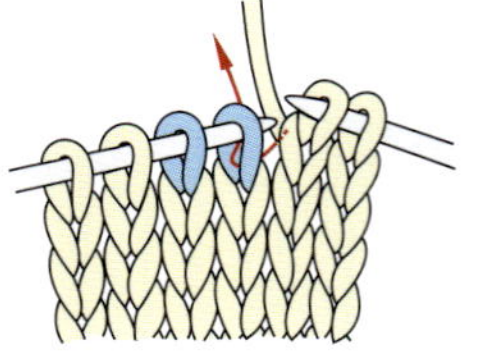 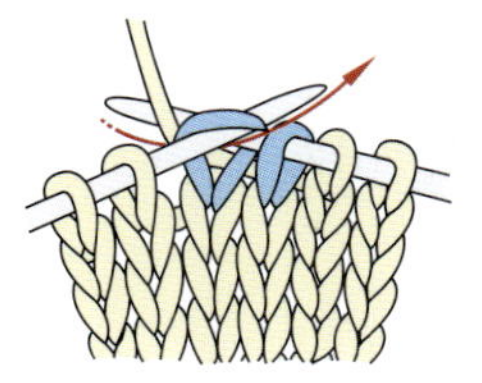 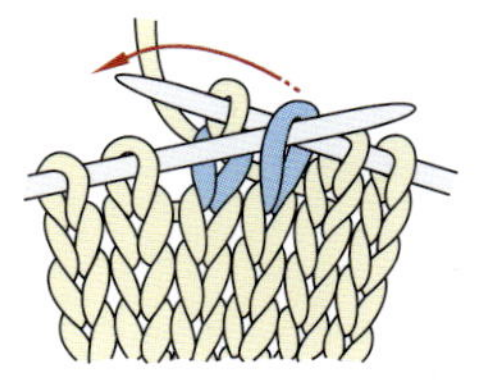 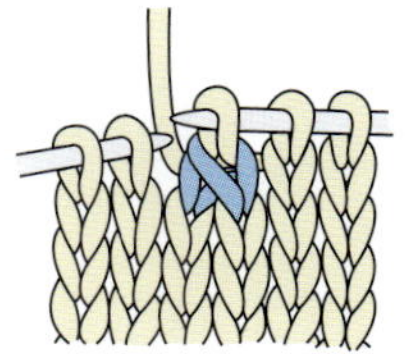

1 오른쪽 코에 앞쪽부터 바늘을 넣어서 뜨지 않은 바늘로 이동한다.

2 왼쪽 코에 바늘을 넣어서 실을 빼내고 겉코를 뜬다.

3 먼저 이동한 코에 왼쪽 바늘을 넣어 뜬 코에 덮어 씌운다.

4 오른코 겹치기가 완성된다.

⋏ 왼코 겹치기

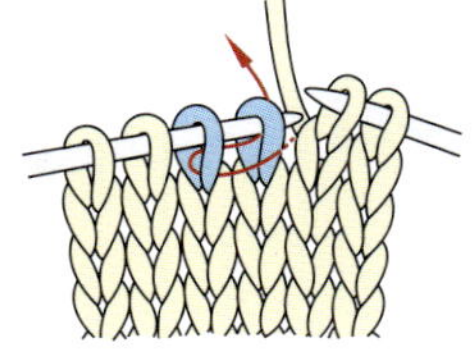 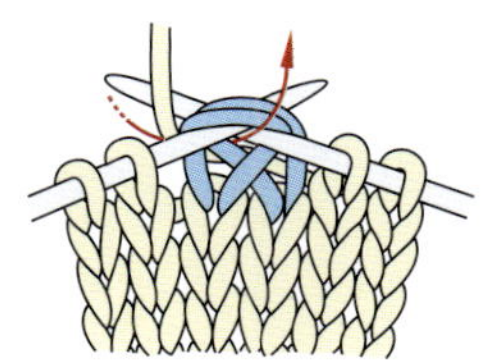 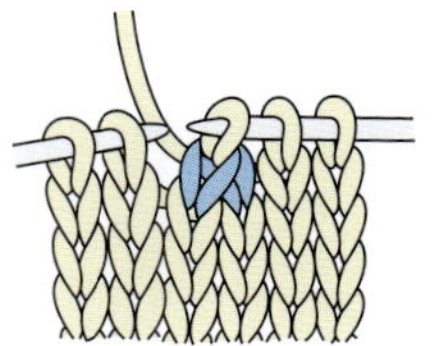

1 화살표 같이 왼쪽으로부터 2코를 한번에 바늘을 넣는다.

2 바늘에 실을 걸어서 빼내고, 2코를 한꺼번에 겉뜨기로 뜬다.

3 왼코 겹치기가 완성된다.

⋏ 오른코 겹치기(안뜨기의 경우)

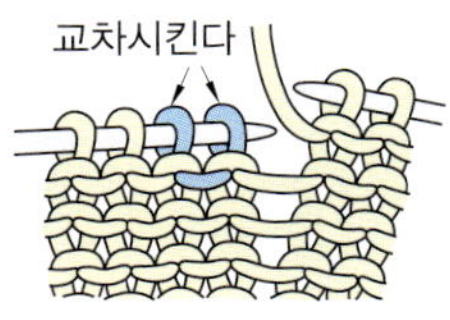

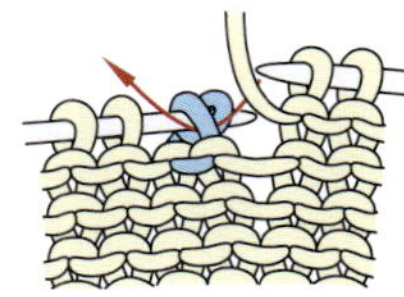 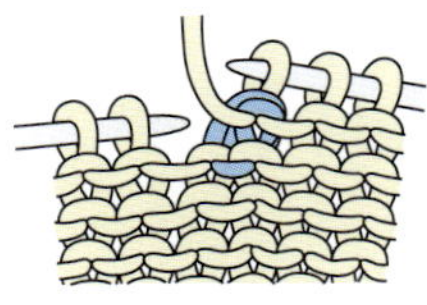 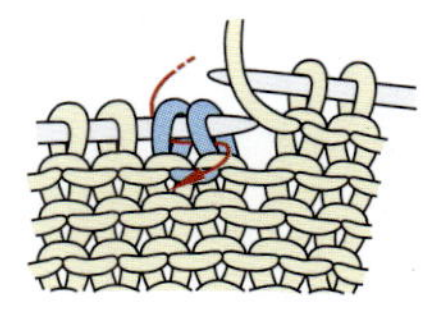

1 2코의 순서를 오른쪽의 코가 앞쪽이 되도록 바꾼다.

2 화살표와 같이 바늘을 넣어서 2코를 한꺼번에 안뜨기로 뜬다.

3 안뜨기와 오른코 겹치기가 완성된다.

4 2코의 방향을 바꾸어서 화살표 방향으로 넣어서 뜰 수도 있다.

⋏ 왼코 겹치기(안뜨기의 경우)

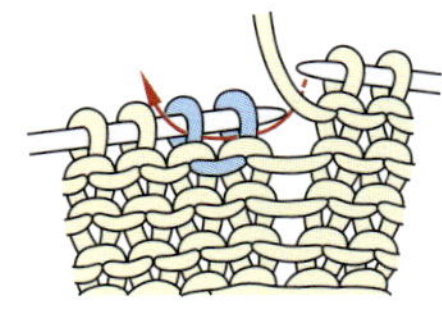 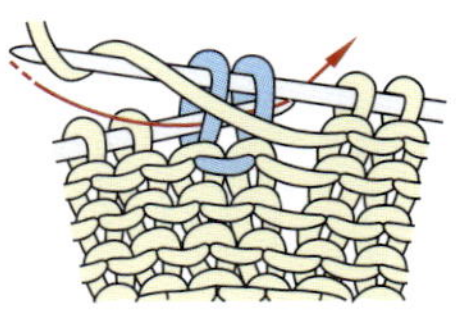 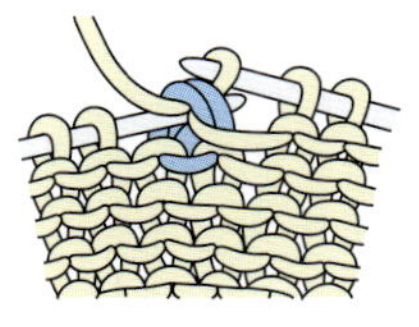 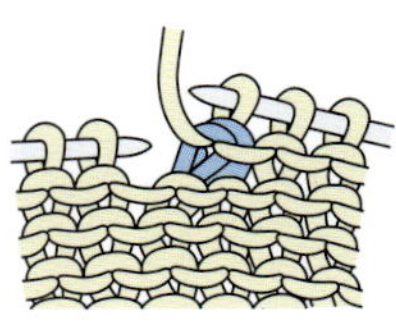

1 화살표처럼 2코 우측에서 한번에 바늘을 넣는다.

2 그림처럼 실을 걸어서 화살표 방향으로 실을 빼낸다.

3 2코를 한꺼번에 안코를 뜨면서 왼쪽 바늘을 뺀다.

4 안뜨기와 왼코 겹치기가 완성된다.

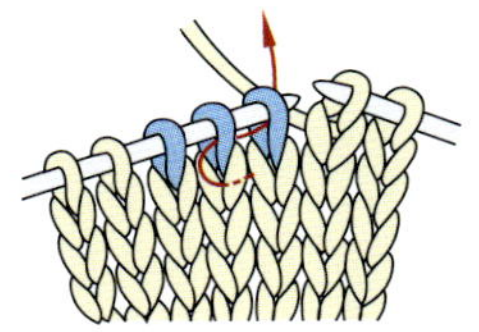 중심 3코 모아뜨기

1 우선 오른쪽 2코에 바늘을 넣어 뜨지 않고, 오른쪽 바늘을 옮긴다.

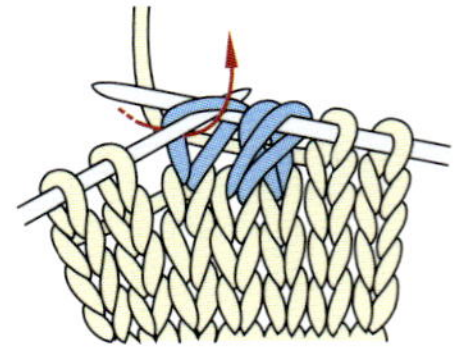

2 3코째에 바늘을 넣어서 실을 빼내고 겉코를 뜬다.

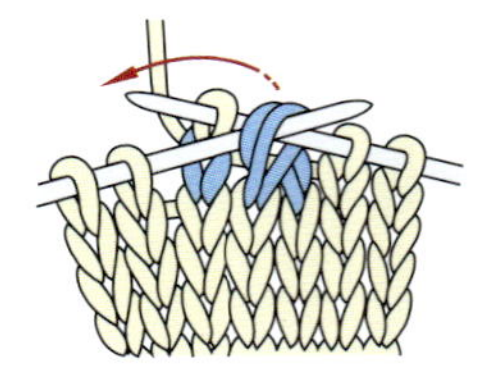

3 먼저 옮긴 2코에 왼쪽 바늘을 넣고, 뜬 코를 덮어 씌운다.

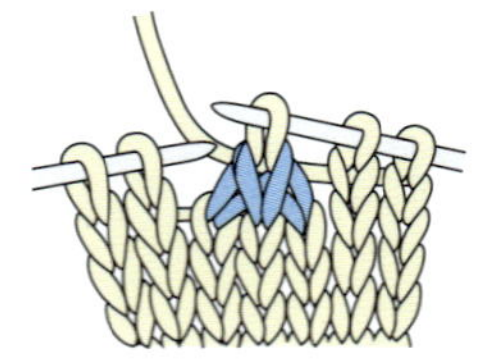

4 중심 3코가 완성된다.

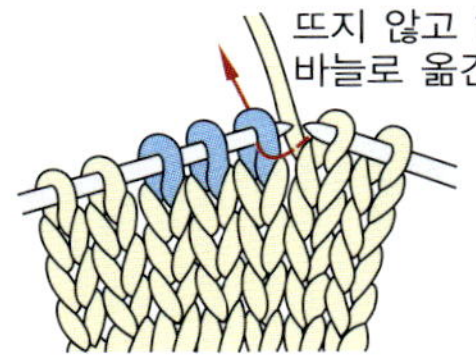 오른코 중심 3코 모아뜨기

1 1번째 코에 앞쪽으로 바늘을 넣고 뜨지 않고, 오른쪽 바늘로 이동한다.

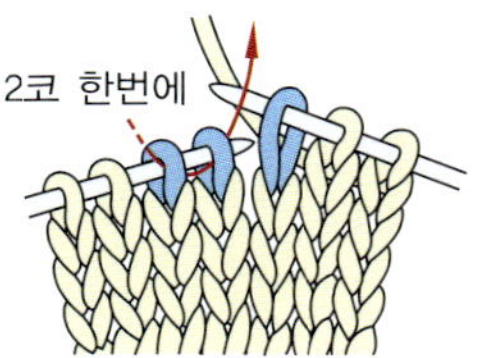

2 다음 2코에 화살표 방향으로 바늘을 넣어서, 2코를 한꺼번에 뜬다.

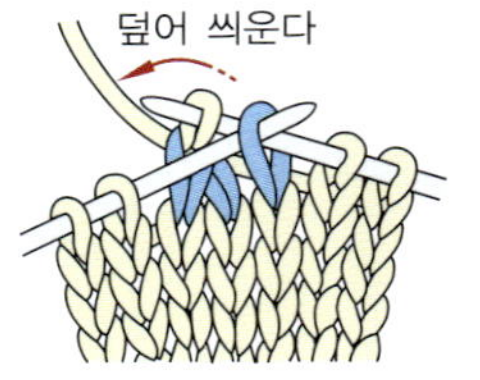

3 옮겨둔 코에 왼쪽 바늘을 넣어서, 뜬 코에 덮어 씌운다.

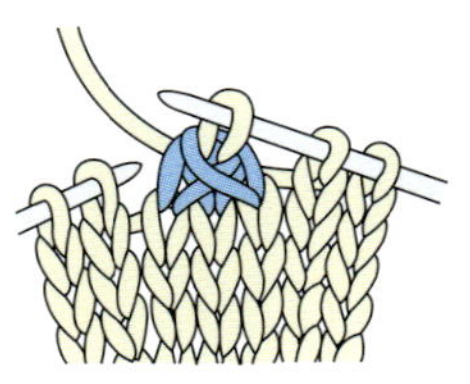

4 오른쪽 중심 3코 모아 뜨기가 완성된다.

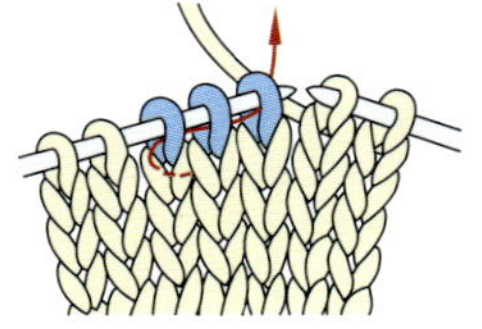 왼코 중심 3코 모아뜨기

1 화살표처럼 3코 왼쪽부터 오른쪽 바늘을 한번에 넣는다.

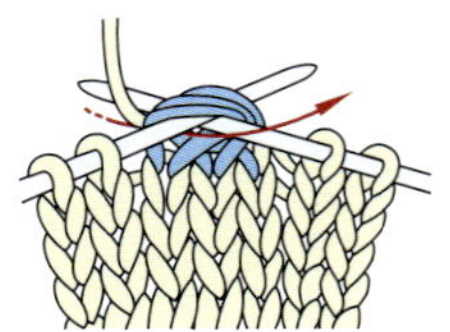

2 3코를 한꺼번에 겉뜨기 한다.

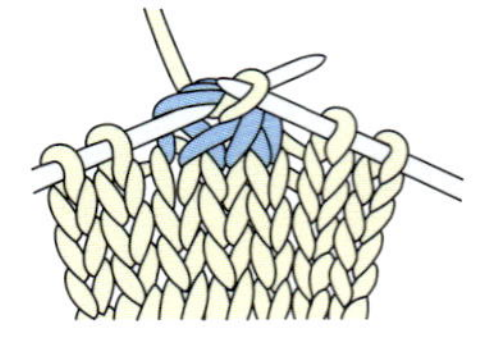

3 겉코가 떠지면 왼쪽 바늘을 빼낸다.

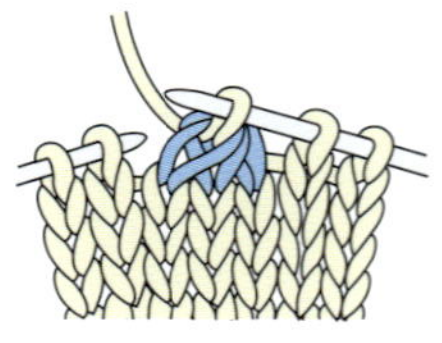

4 왼코 중심 3코 모아 뜨기가 완성된다.

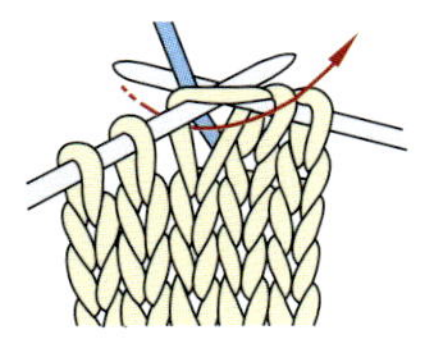 3코 만들기(겉코 떠내는 코늘림)

1 앞쪽으로 바늘을 넣어서 실을 걸고, 앞쪽으로 빼낸다.

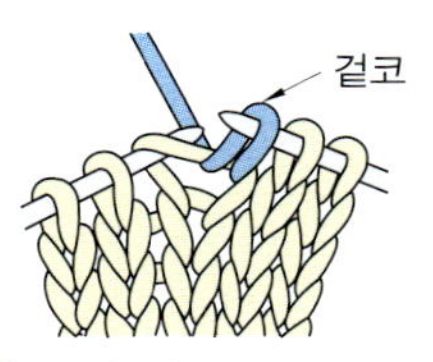

2 우선 겉코를 1코 뜬다.

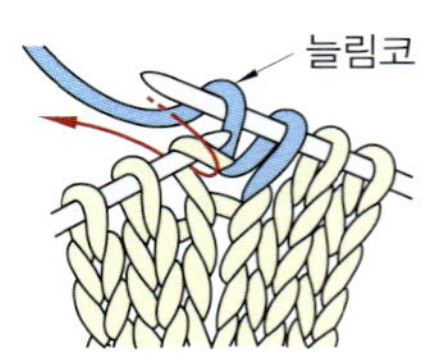

3 뜬코를 왼쪽 바늘에 걸어둔 채 늘림을 뜬다.

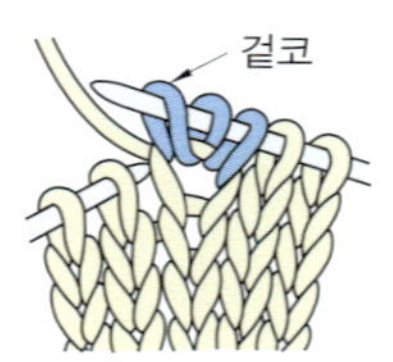

4 같은 코에 1코 겉코를 떠서 완성한다.

⌄3 = 3코 만들기(중앙 안코 떠내는 코늘림)

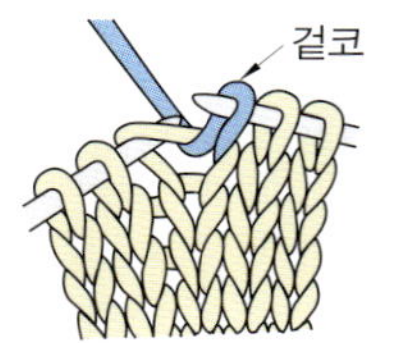

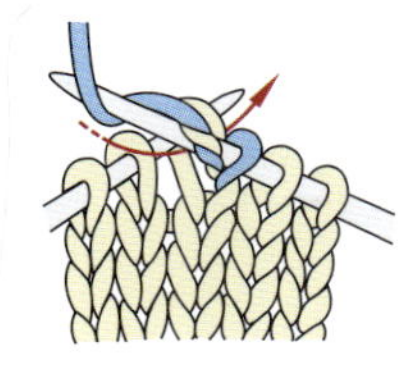

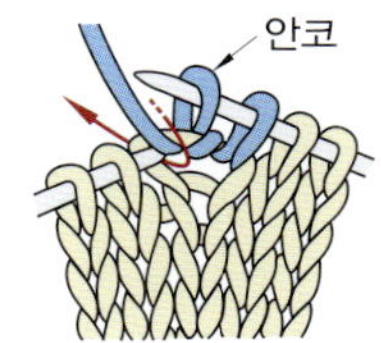

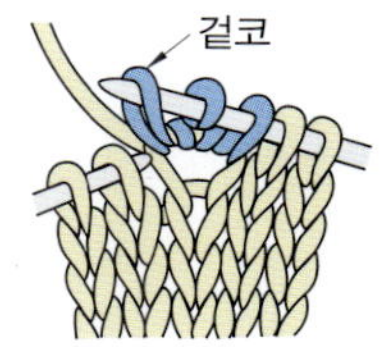

1 먼저 겉코를 1코 뜬다.

2 왼쪽 바늘코를 걸어둔 채로 같은 코에 안코를 뜬다.

3 다시 같은 코에 모아 1코 겉코를 뜬다.

4 겉코, 안코, 겉코 떠내기, 늘림코가 완성된다.

3코 3단 방울뜨기

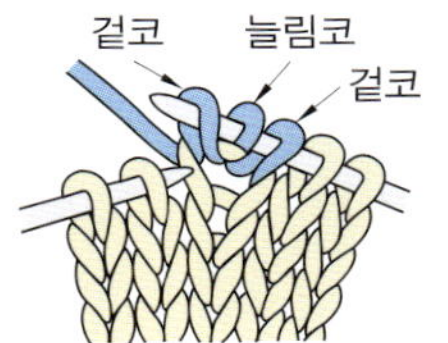

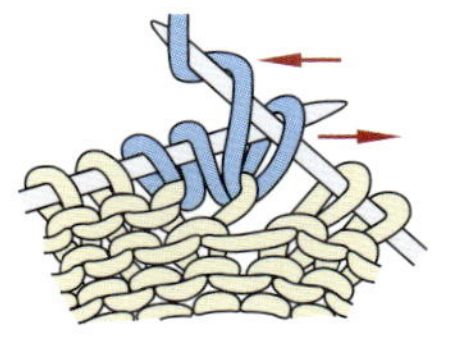

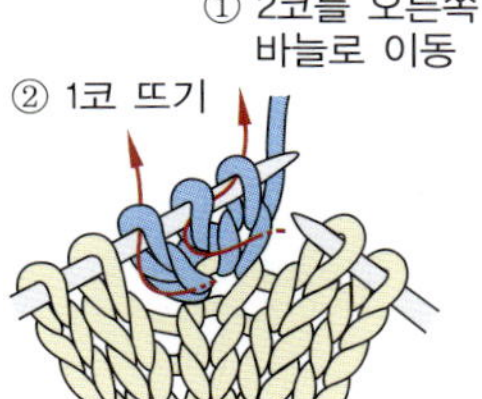

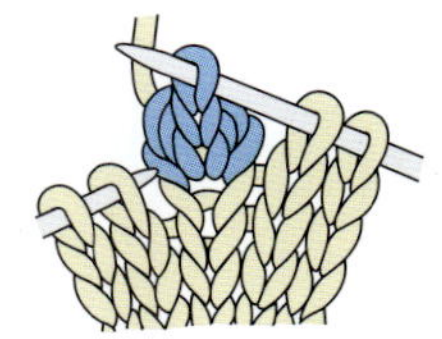

1 1코에 겉코, 늘림코, 겉코 떠내기, 늘림코를 뜬다.

2 바꿔서 안코쪽을 보면서 3코 만을 안코로 뜬다.

3 또 바꿔서 2코를 뜨지 않고 옮겨서 3번째 코를 뜬다.

4 이동해서 2코를 뜬 코에 덮어 씌워 완성한다.

3코 5단 방울뜨기

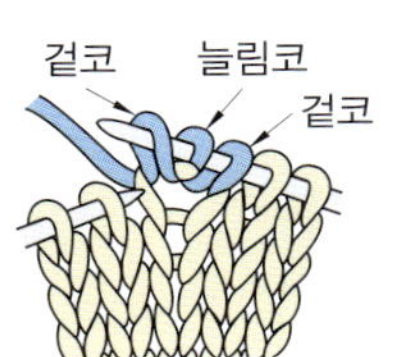

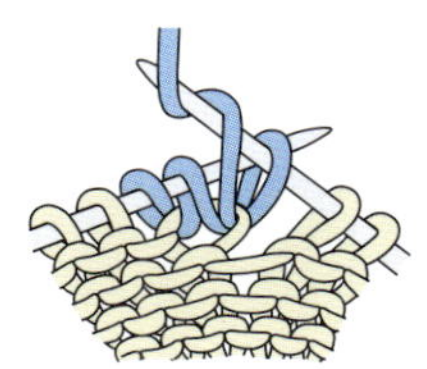

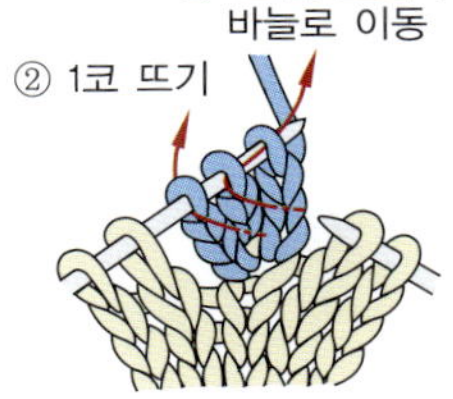

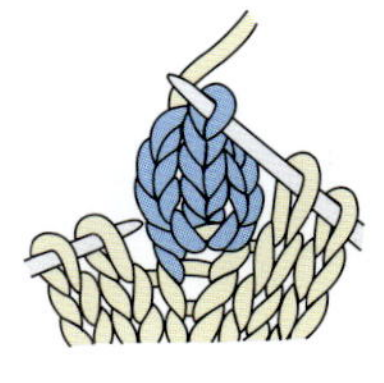

1 겉코, 늘림코, 겉코 3코를 뜬다.

2 떠놓은 3코만을 안 – 겉 – 안으로 바꿔가며 뜬다.

3 바꿔서 2코를 뜨지 않고, 오른쪽 바늘로 이동하여 3번째 코를 뜬다.

4 이동한 2코를 뜬 코에 덮어 씌워 완성한다.

1길 긴뜨기 2코 방울뜨기

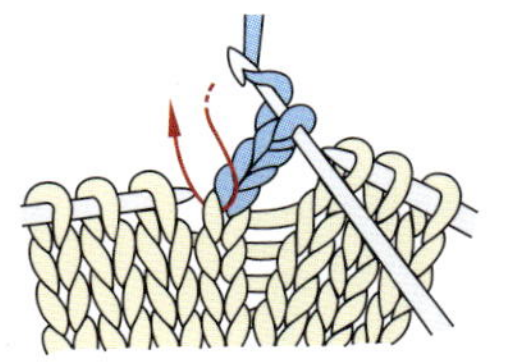

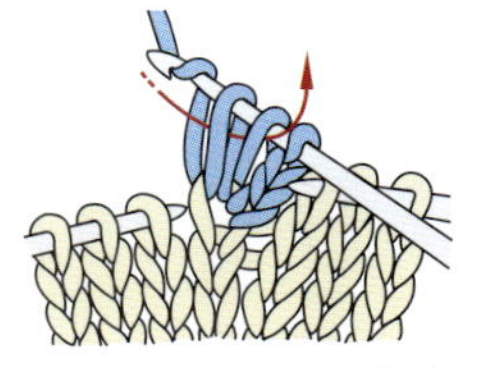

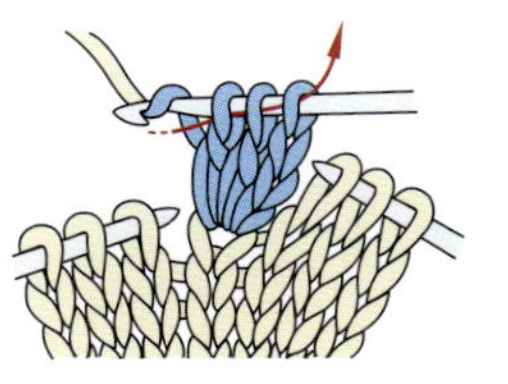

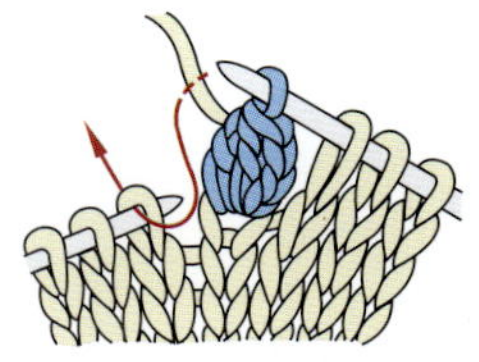

1 코바늘을 사용한다. 사슬을 3코 떠서 화살표 위치에 바늘을 넣는다.

2 실을 걸어 빼고 한번 더 걸어서 고리 2개만 빼낸다.

3 한번 더 반복해서 미완성 1길 긴뜨기를 2코 뜨고, 모든 코를 빼낸다.

4 코바늘에서 오른쪽 바늘로 이동한다. 1길 긴뜨기 2코 방울뜨기가 완성된다.

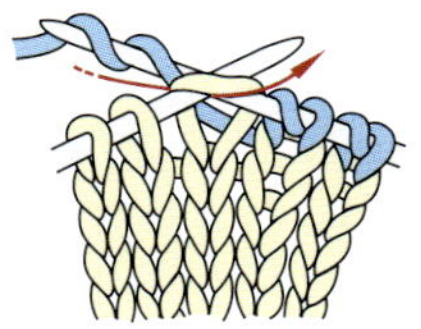 **2번 감아서 드라이브뜨기**

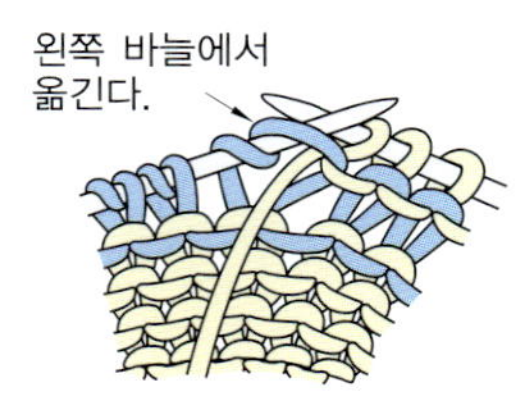</p>

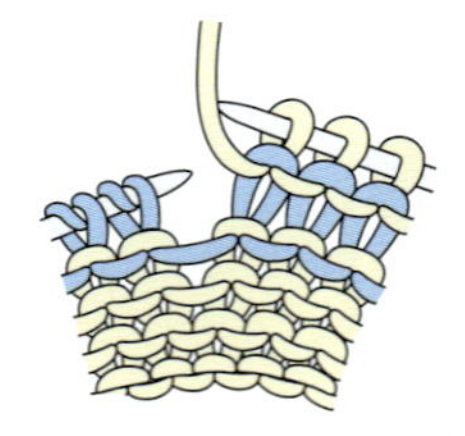

1 겉코를 뜨고 실을 빼낼 때 실을 2번 감는다.

2 다음 단을 뜰 때 감은 실을 풀면서 뜬다.

3 길게 뜬 코가 되어 두 번 감아서 드라이브뜨기가 완성된다.

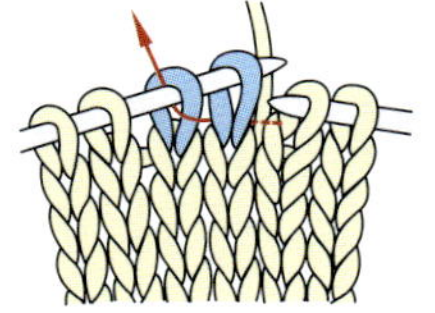 **오른쪽 위 1코 교차**

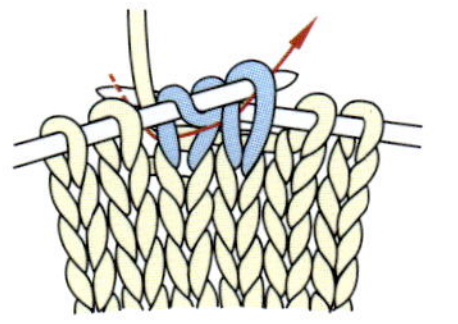 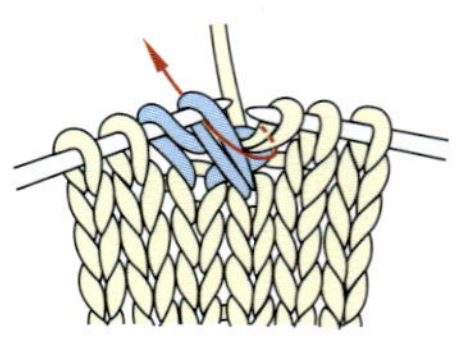 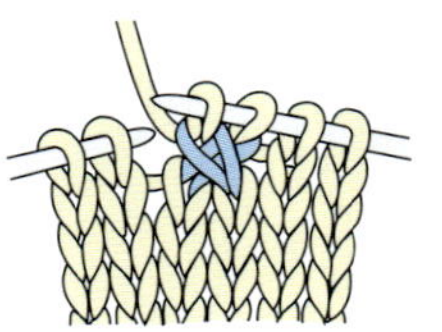

1 오른쪽 코 건너편 왼쪽 코에 바늘을 넣는다.

2 실을 걸어서 화살표처럼 빼내서 겉코를 뜬다.

3 왼쪽 코는 바늘에 걸린 채 오른쪽 코도 겉코를 뜬다.

4 왼쪽 바늘에서 2코를 옮기면 완성된다.

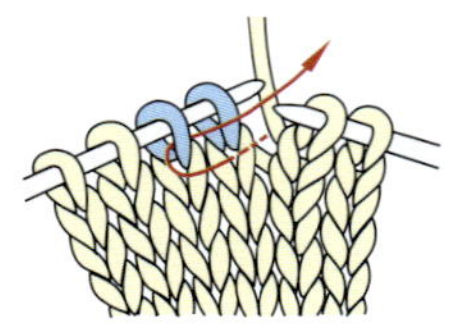 **왼쪽 위 1코 교차**

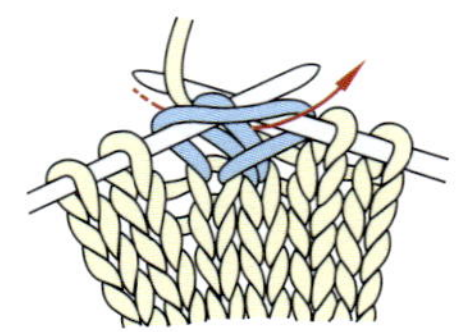 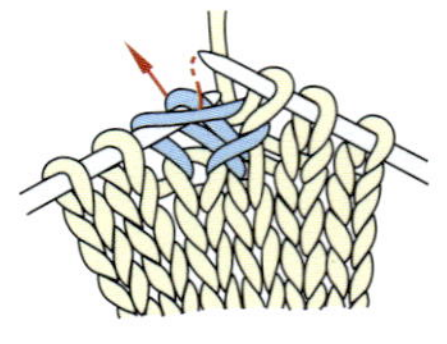 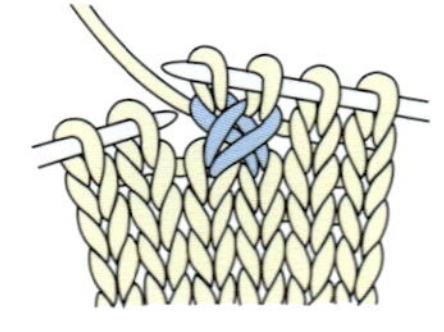

1 왼쪽 코에 화살표처럼 앞쪽부터 바늘을 넣는다.

2 왼쪽 코를 오른쪽으로 넘겨서 실을 걸어 겉코를 뜬다.

3 왼쪽 코는 바늘에 걸린 채 오른쪽 코를 겉코로 뜬다.

4 왼쪽 바늘을 빼내면 왼쪽 위 1코 교차가 완성된다.

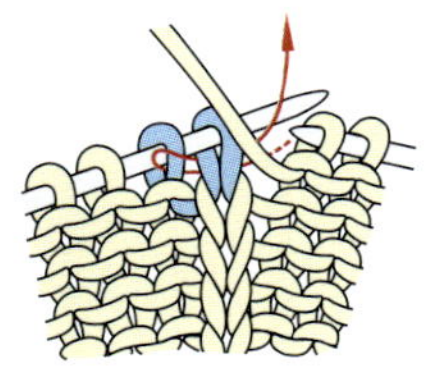 **오른쪽 위 1코 교차**(아래쪽 안코)

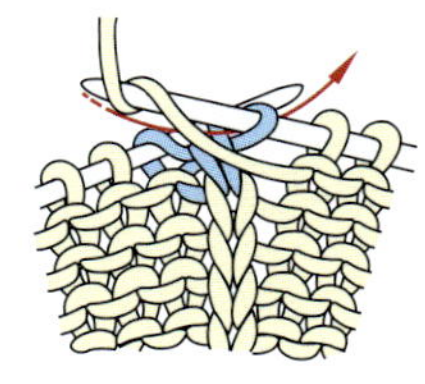 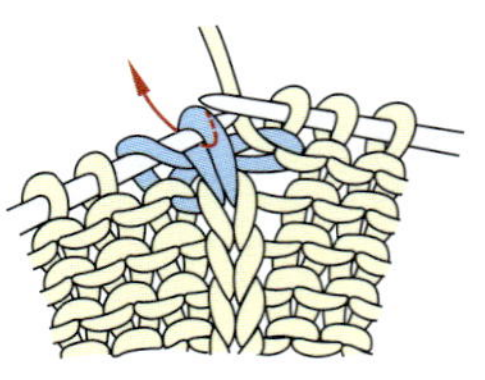 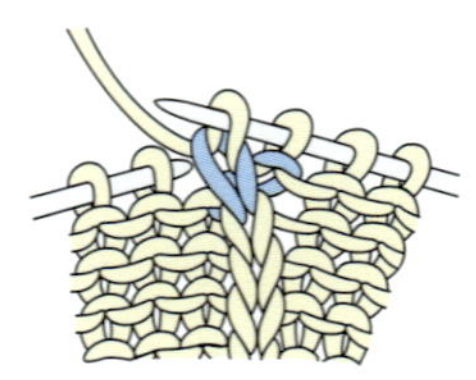

1 오른쪽 코의 건너편부터 왼쪽 코에 바늘을 넣는다.

2 왼쪽 코를 오른쪽으로 넘겨서 실을 걸어 안코를 뜬다.

3 왼쪽 코는 바늘에 걸린 채 오른쪽 코를 겉코로 뜬다.

4 왼쪽 바늘의 2코를 옮기면 완성된다.

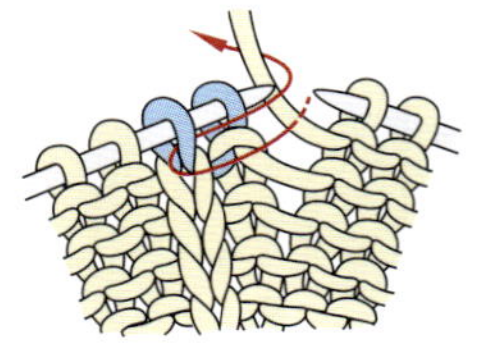 왼쪽 위 1코 교차(아래쪽 안코)

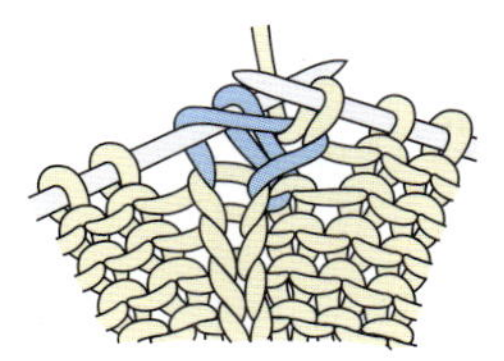 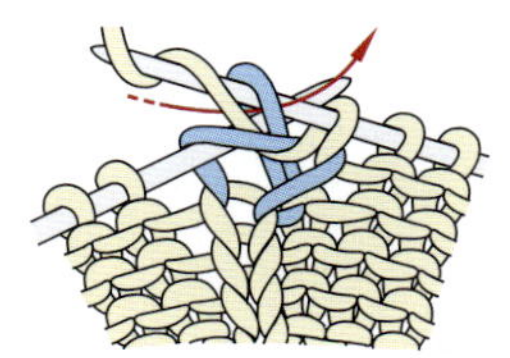 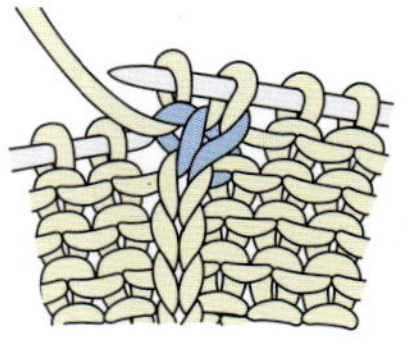

1 왼쪽 코에 화살표처럼 앞쪽부터 바늘을 넣는다.

2 왼쪽 코를 그림과 같이 오른쪽으로 넘겨서 겉코로 뜬다.

3 뜬 코를 왼쪽 바늘에 걸어둔 채 오른쪽 코를 안코로 뜬다.

4 2코를 왼쪽 바늘에서 옮기면 완성된다.

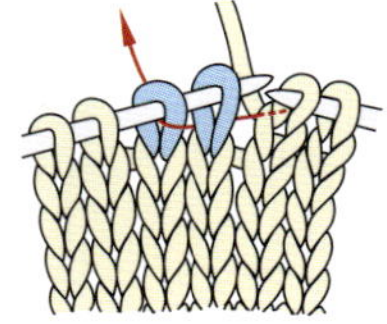 오른쪽 위 돌려 1코 교차

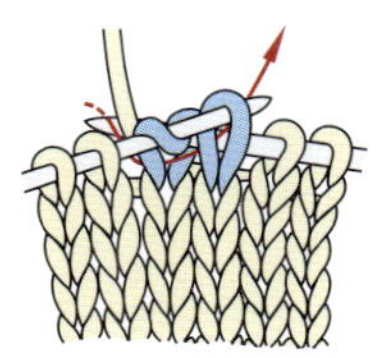 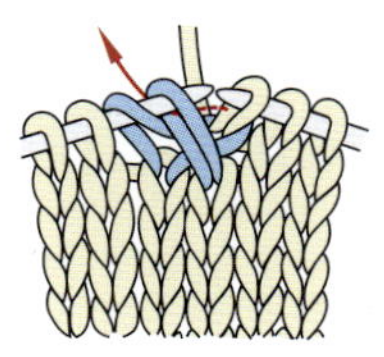 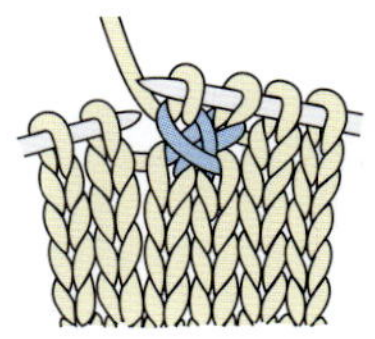

1 오른쪽 코의 건너편부터 왼쪽 코에 바늘을 넣는다.

2 실을 걸어서 화살표처럼 빼내고 겉코를 뜬다.

3 왼쪽 코를 걸어둔 채 오른쪽 코를 돌린코로 뜬다.

4 왼쪽 바늘에서 2코가 옮겨가면 완성된다.

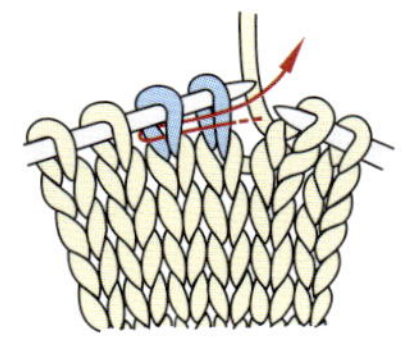 왼쪽 위 돌려 1코 교차

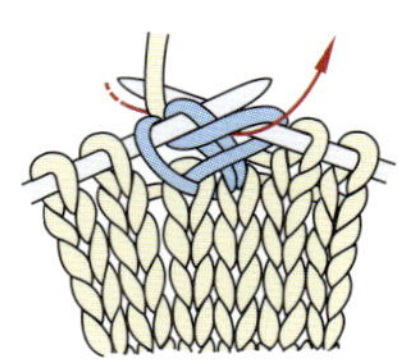 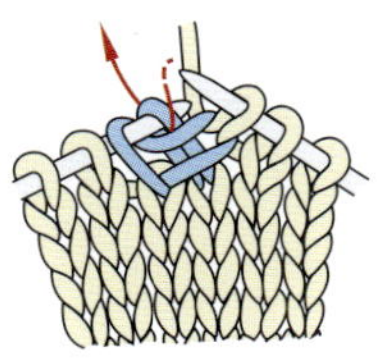 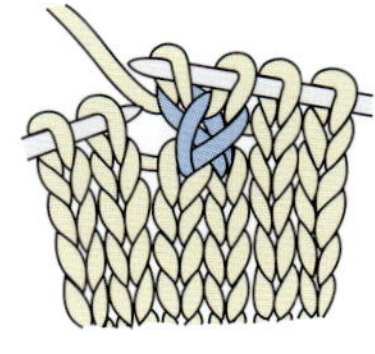

1 왼쪽 코에 앞쪽부터 돌리도록 바늘을 넣는다.

2 오른쪽에 넘겨진 실을 빼내서 돌린코로 뜬다.

3 뜬 코를 걸어둔 채 오른쪽 코를 겉코로 뜬다.

4 왼쪽 바늘에서 2코가 옮겨가면 완성된다.

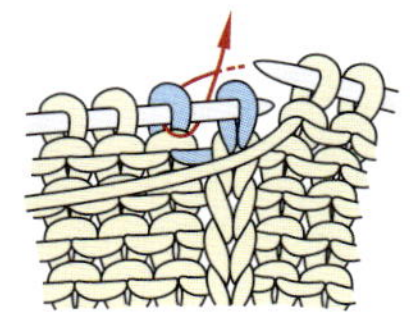 오른쪽 위 돌려 1코 교차(아래쪽 안코)

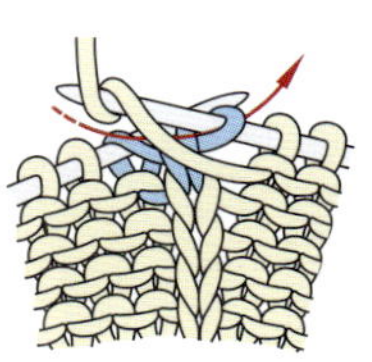 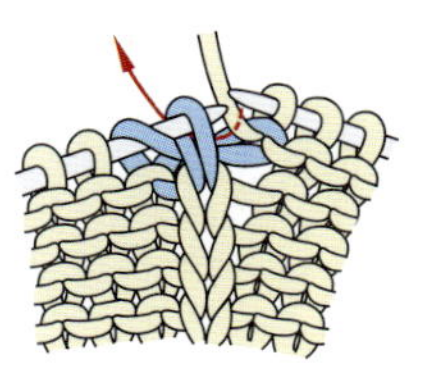 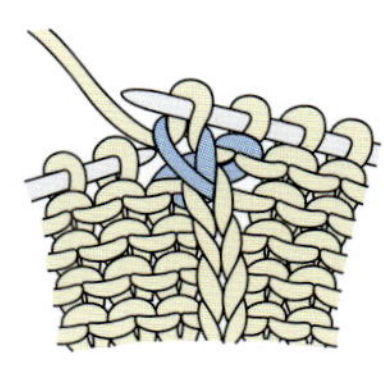

1 실을 앞쪽으로 해서 왼쪽의 건너편에서부터 바늘을 넣는다.

2 그림처럼 오른쪽으로 넘겨서 안코를 뜬다.

3 뜬 코를 걸어둔 채 오른쪽 코를 돌린코로 뜬다.

4 왼쪽 바늘에서 2코가 옮겨가면 완성된다.

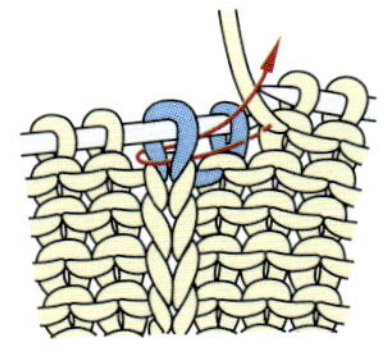 왼쪽 위 돌려 1코 교차(아래쪽 안코)

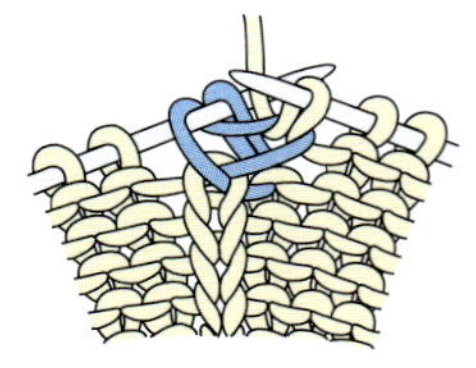 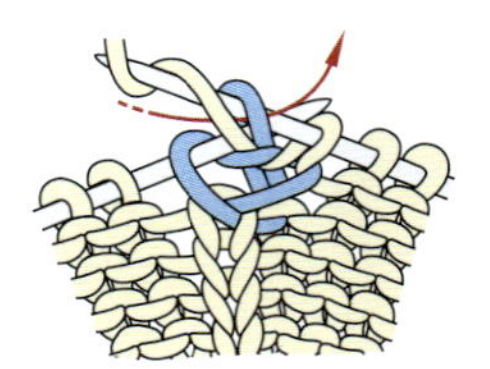 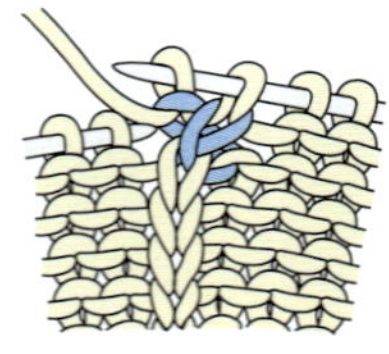

1 왼쪽 코에 화살표처럼 돌리도록 바늘을 넣는다.

2 오른쪽으로 넘겨서 겉코를 뜬다.

3 뜬 코를 왼쪽 바늘에 걸어둔 채 오른쪽 코를 안코로 뜬다.

4 2코를 왼쪽 바늘에서 옮기면 완성된다.

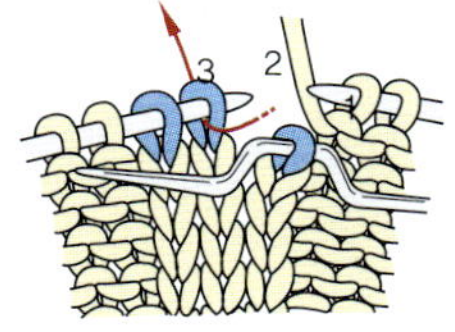 오른쪽 위 1코와 2코 교차

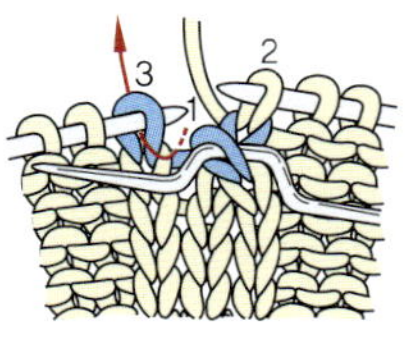 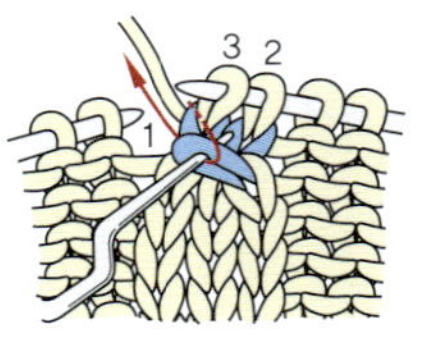 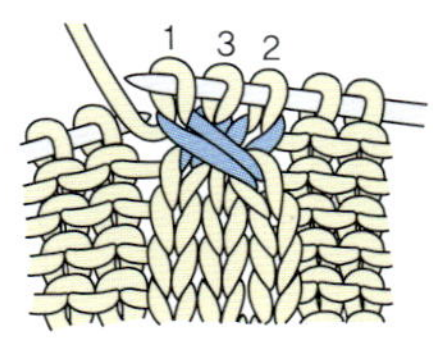

1 1번째 코를 줄뜨기 바늘에 끼워 앞쪽에 두고, 2번째 코를 뜬다.

2 다음 3번째 코에 화살표처럼 바늘을 넣어서 겉코를 뜬다.

3 마지막에 남겨둔 1번째 코를 줄뜨기 바늘에 둔 채 겉코를 뜬다.

4 오른쪽 위 1코와 2코 교차가 완성된다.

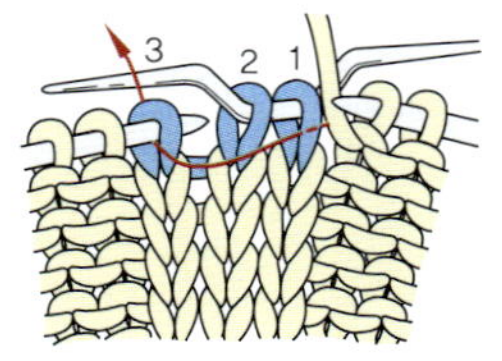 왼쪽 위 1코와 2코 교차

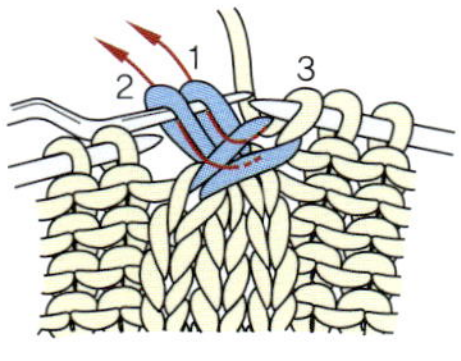 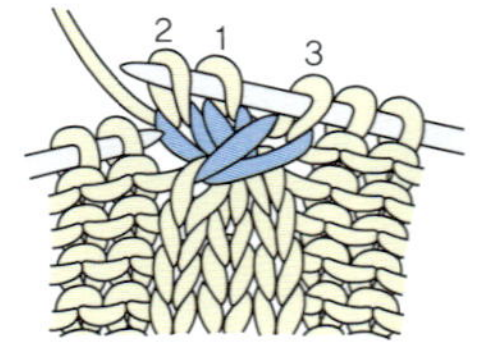

1 2코를 줄뜨기 바늘에 끼워 뒤쪽에 두고, 3번째 코를 뜬다.

2 다음 끼워둔 2코를 줄뜨기 바늘에 둔 채 겉코를 뜬다.

3 왼쪽 위 1코와 2코 교차가 완성된다.

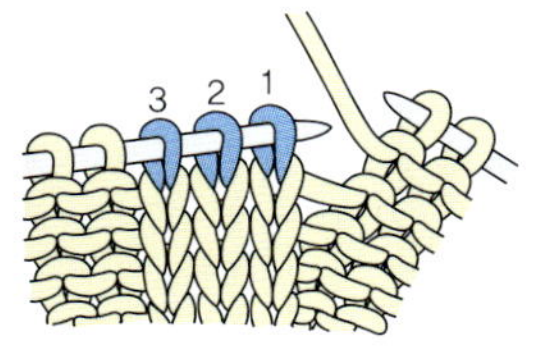 왼쪽 위 1코 오름 교차(사이 1코)

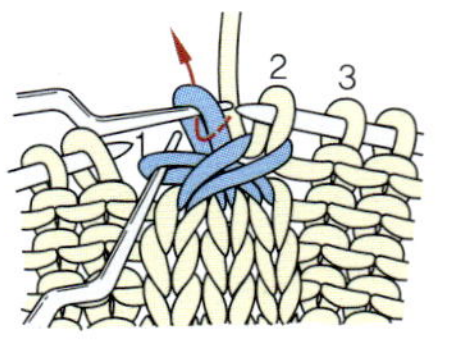 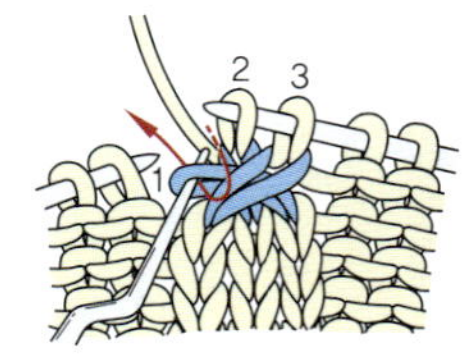 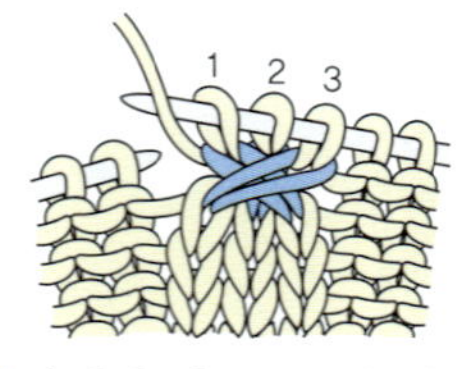

1 1과 2의 코를 줄뜨기 바늘에 끼워서 뒤쪽에 둔다.

2 3의 코를 겉코로 뜨고, 2의 코를 제일 뒤쪽에 두고 겉코로 뜬다.

3 나중에 1의 코에 화살표처럼 바늘을 넣어서 겉코를 뜬다.

4 사이가 겉코 1코인 왼쪽 위 1코 오름 교차가 완성된다.

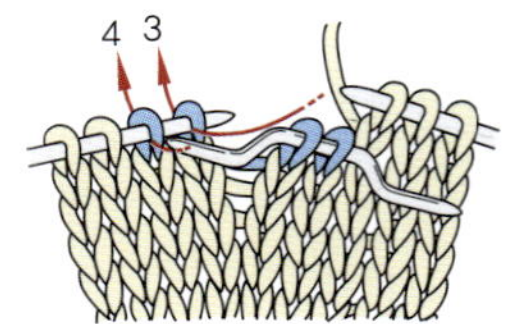 오른쪽 위 2코 교차

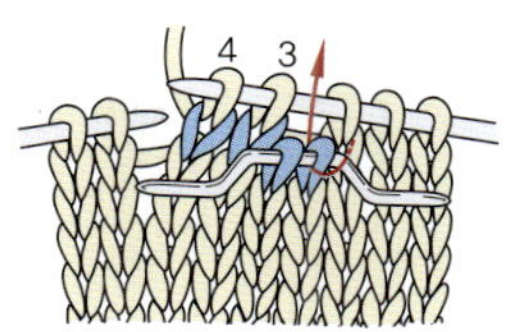

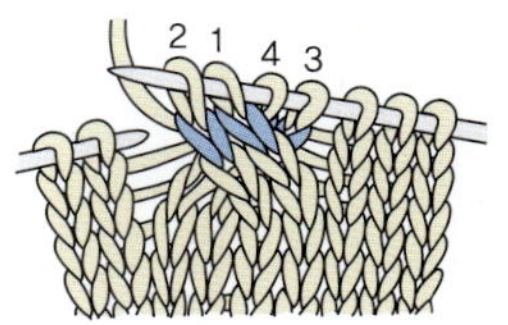

1 오른쪽 2코를 줄뜨기 바늘에 끼워서 앞쪽에 놓아둔다.

2 왼쪽의 3, 4번에 앞쪽부터 바늘을 넣어서 겉코로 뜬다.

3 줄뜨기 바늘의 2코를 겉코로 떠서 오른쪽 위 2코 교차가 완성된다.

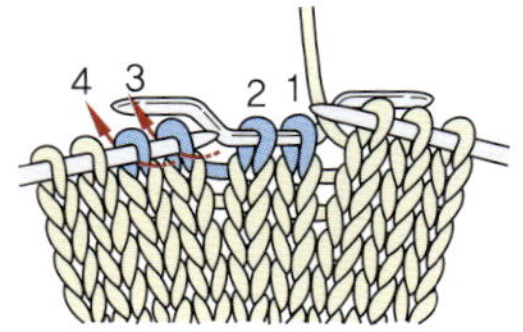 왼쪽 위 2코 교차

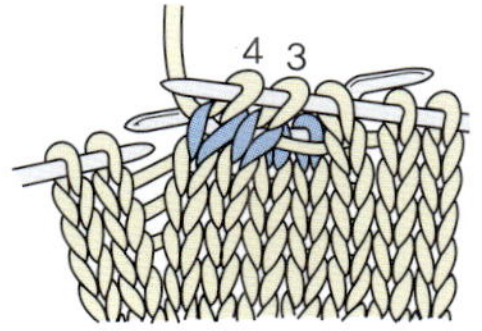

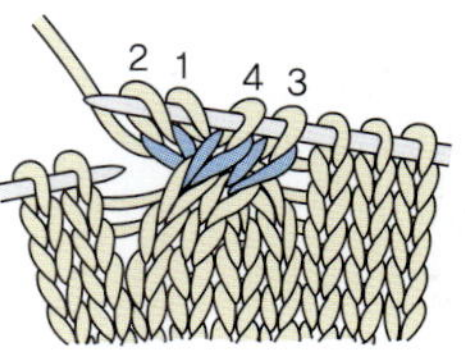

1 오른쪽에 2코를 줄뜨기 바늘에 끼워서 뒤편에 둔다.

2 왼쪽의 3, 4코에 바늘을 넣어서 겉코를 뜬다.

3 줄뜨기 바늘의 2코를 겉코로 떠서 왼쪽 위 2코 교차가 완성된다.

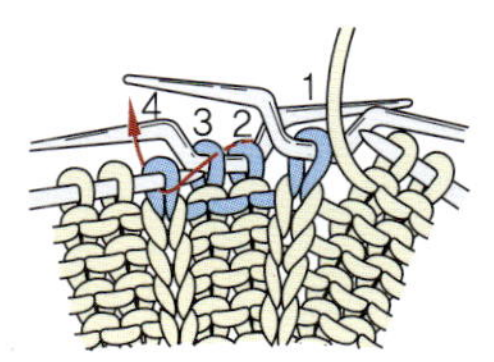 왼쪽 위 1코 오름 교차(사이에 안코 2코)

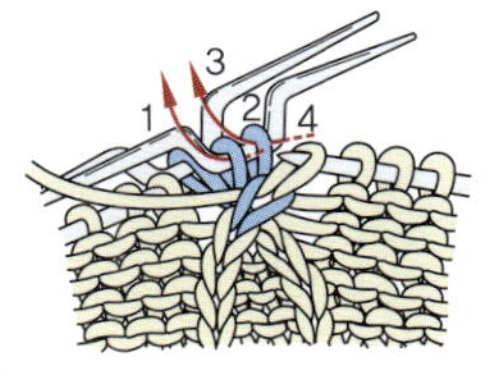

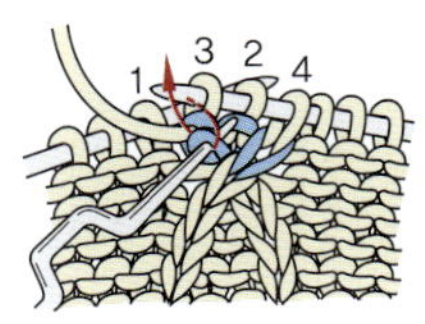

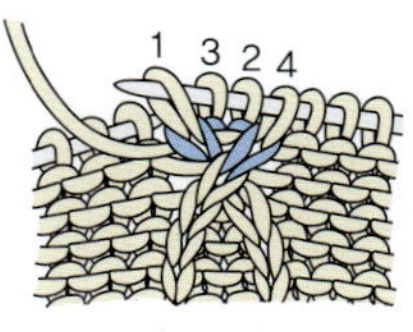

1 1의 코와 2, 3의 코를 2개의 줄뜨기 바늘에 끼워둔다.

2 4의 코를 겉코로 뜬다. 2, 3의 코를 뒤쪽에서 안코로 뜬다.

3 마지막에 1의 코에 앞쪽에서부터 바늘을 넣어서 겉코를 뜬다.

4 사이에 안코 2코 왼쪽 위 1코 오름 교차뜨기가 완성된다.

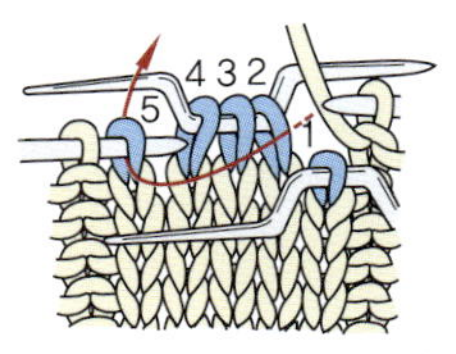 오른쪽 위 1코 오름 교차(사이 3코)

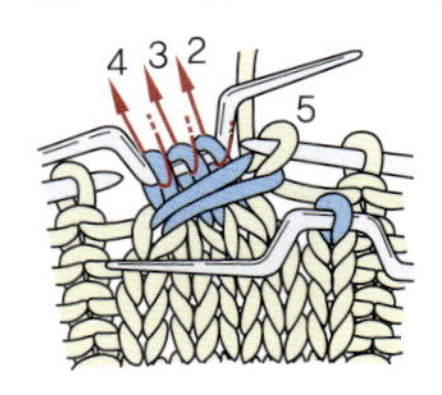

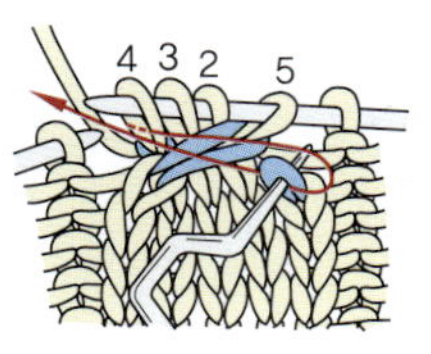

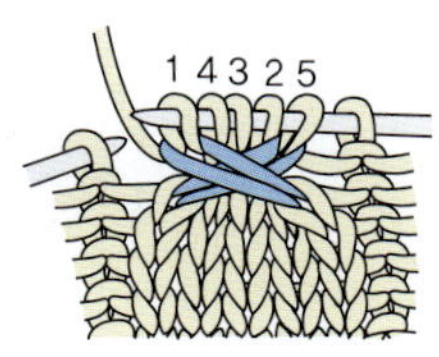

1 1의 코와 2~4의 코를 2개의 줄뜨기 바늘에 끼워둔다.

2 우선 5의 코를 겉코로 뜨고, 2~3의 코를 뜬다.

3 나중에 제일 앞쪽 1의 코를 넣어서 겉코를 뜬다.

4 사이에 겉코 3코 오른쪽 위 1코 오름 교차뜨기가 완성된다.

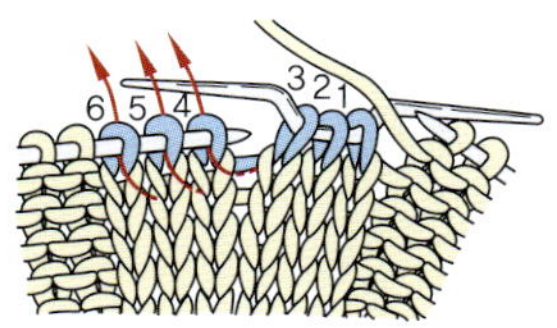
오른쪽 위 3코 교차

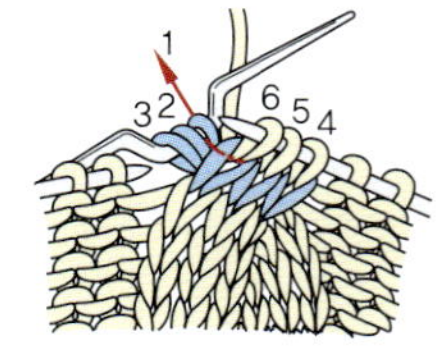

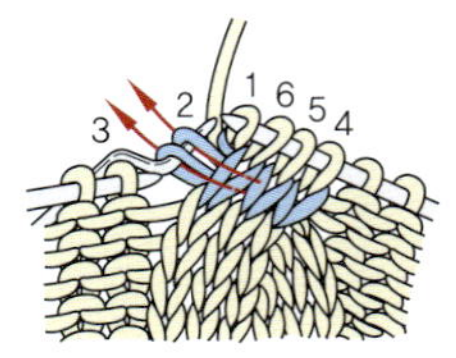

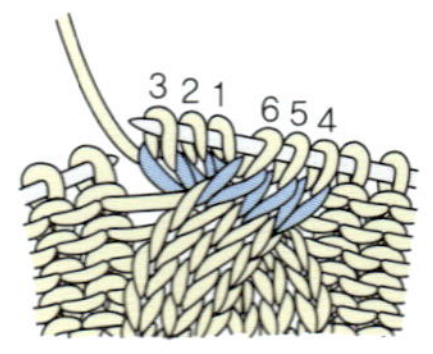

1 오른쪽 3코를 줄뜨기 바늘에 끼워서 뒤쪽에 두고, 왼쪽 3코를 뜬다.

2 놓아둔 3코를 줄뜨기 바늘 채로 왼쪽으로 넘긴다.

3 줄뜨기 바늘의 코에서 앞쪽으로 바늘을 넣어서 겉코를 뜬다.

4 오른쪽 위 3코 교차뜨기가 완성된다.

오른쪽 코에 꿴코(3코)

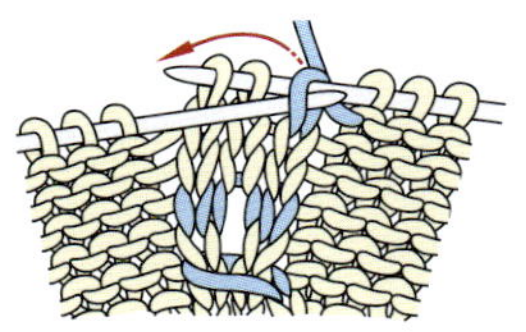

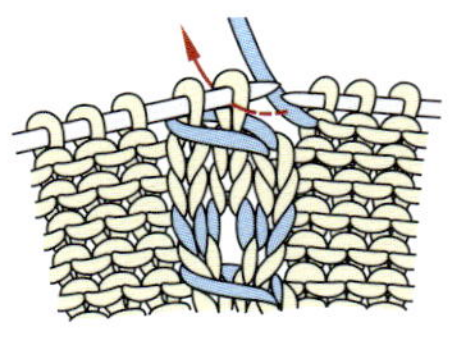

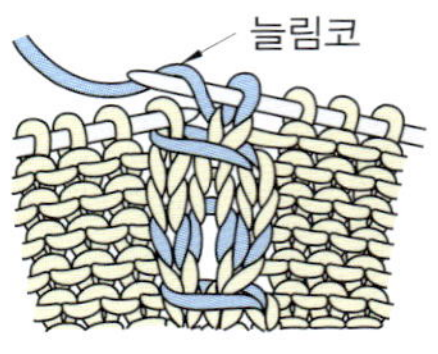

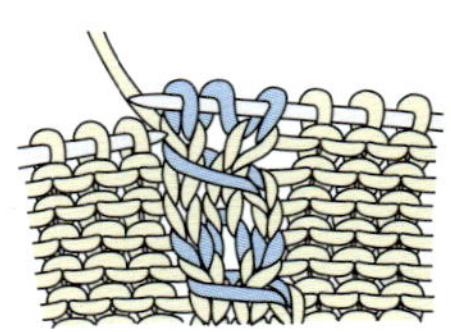

1 3코를 뜨지 않고 오른쪽 바늘에 옮기고, 1번째 코는 코의 방향을 바꾼다.

2 오른쪽 바늘을 1번째 코의 2코에 덮어 씌우고, 2코째를 겉코로 뜬다.

3 다음에 늘림코를 하고, 3번째 코에 바늘을 넣어서 겉코를 뜬다.

4 오른쪽 코에 꿴코(3코)가 완성된다.

왼쪽 코에 꿴코(3코)

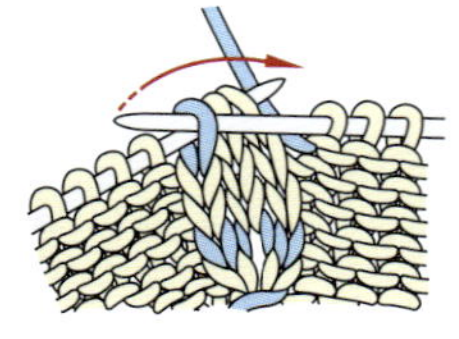

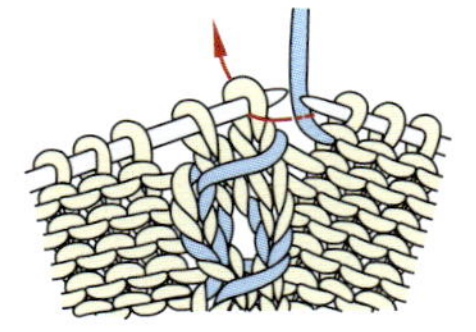

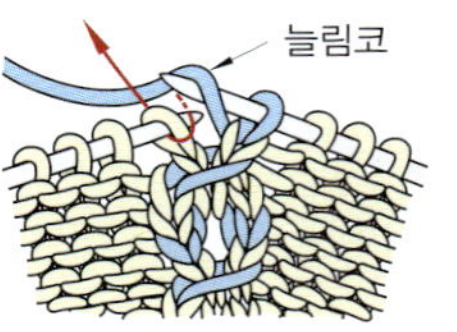

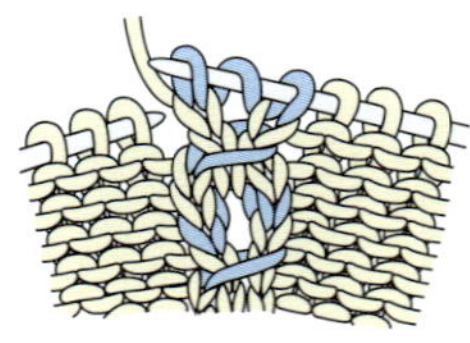

1 3번째 코에 먼저 바늘을 넣고, 화살표와 같이 오른쪽 2코에 덮어 씌운다.

2 오른쪽 코에 앞쪽으로 바늘을 넣어 빼내서 겉코로 뜬다.

3 다음에 늘림코를 하고, 왼쪽 코에 바늘을 넣어서 겉코를 뜬다.

4 왼쪽 코에 꿴코(3코)가 완성된다.

앞걸쳐뜨기(1단)

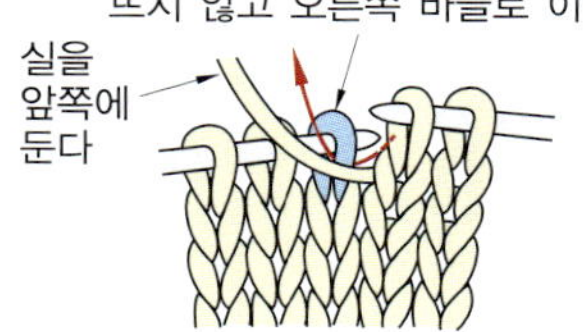

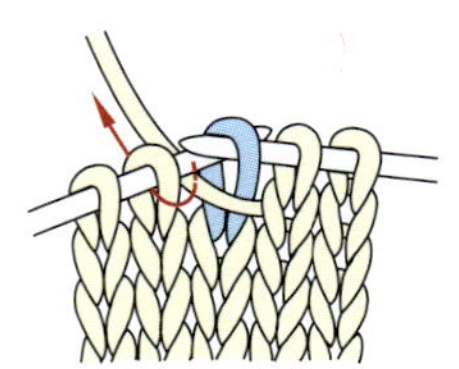

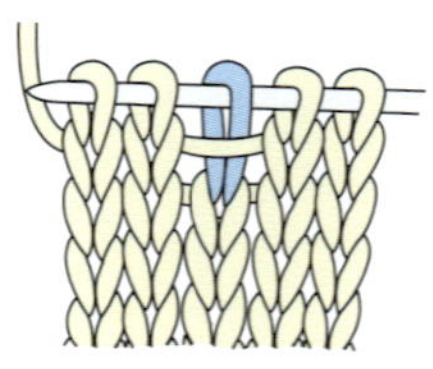

1 실을 앞쪽에 두고, 화살표 방향으로 바늘을 넣어서 뜨지 않고 옮긴다.

2 실을 뒤쪽에 두고, 다음 코부터는 보통으로 뜬다.

3 앞걸쳐뜨기가 완성된다.

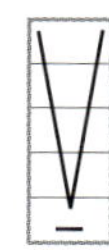 ## 안코 넘긴코(4단)

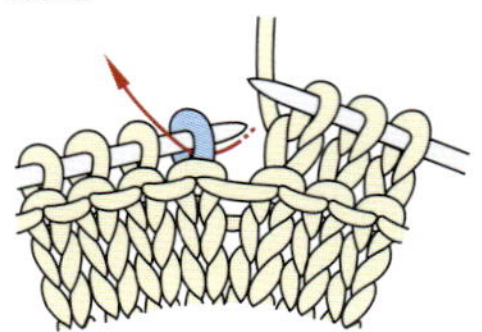
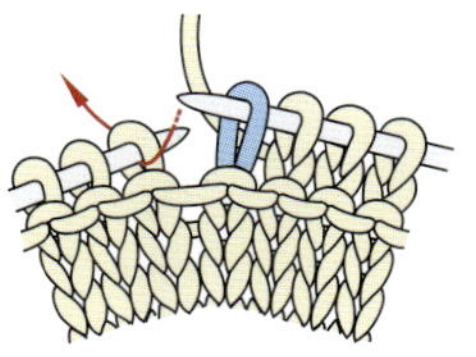
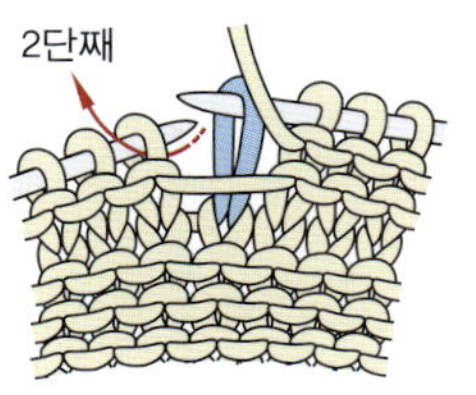

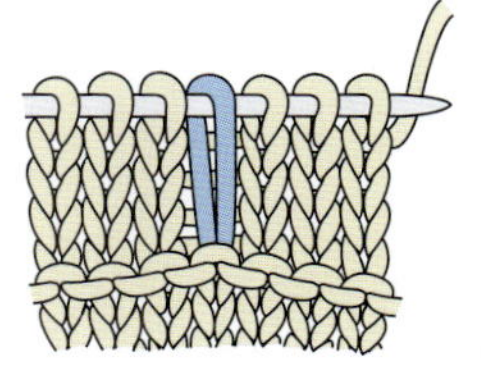

1 실을 뒤편에 두고 안뜨기를 뜨지 않고, 오른쪽 바늘로 이동한다.

2 다음코부터는 보통으로 뜬다.

3 2단째는 실을 앞으로 두고 뜨지 않고, 오른쪽 바늘로 옮긴다.

4 2, 3을 반복해서 안코 4단 넘긴코가 완성된다.

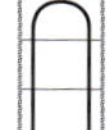 ## 끌어올린코(2단)

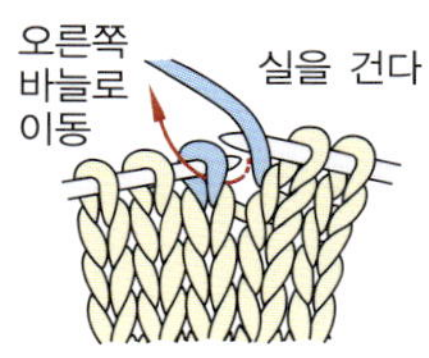

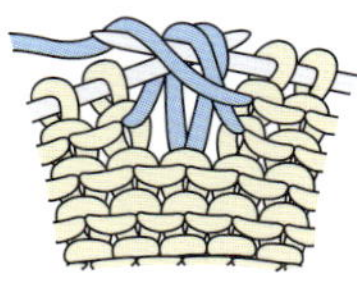
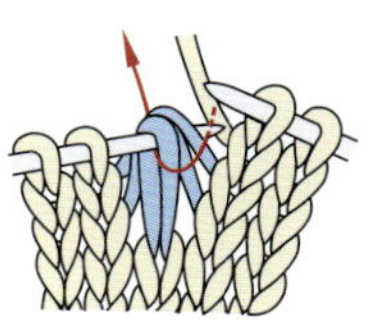
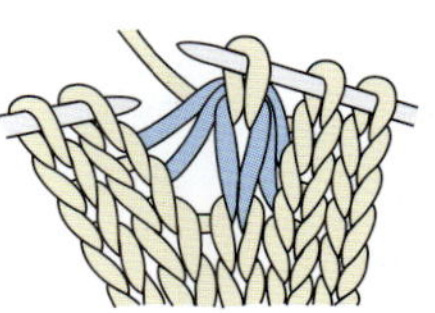

1 실을 바늘에 걸어서 코를 뜨지 않고, 오른쪽 바늘로 이동한다.

2 다음 단도 늘림코를 하고, 같은 코를 뜨지 않고 옮긴다.

3 끌어올린 2단 분량의 늘림코와 코를 함께 뜬다.

4 2단 분량의 끌어올린 코가 완성된다.

 ## 안코 끌어올린코(2단)

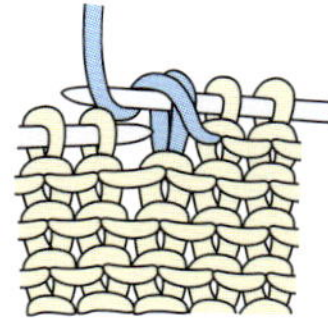
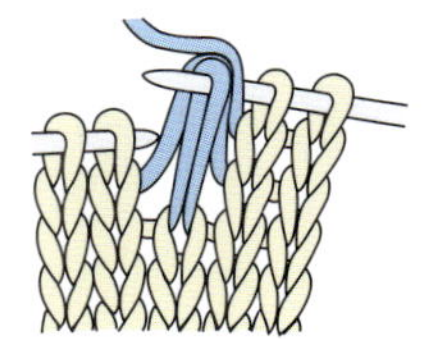
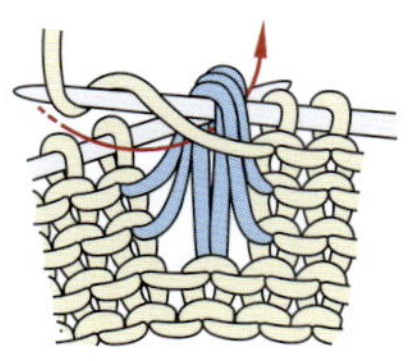
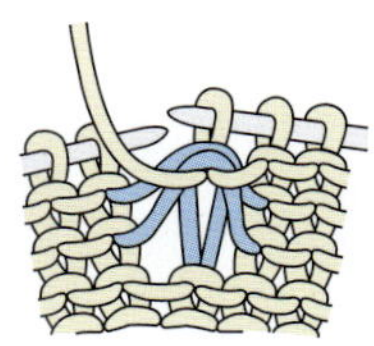

1 실을 바늘에 걸어서 코를 뜨지 않고, 오른쪽 바늘로 옮긴다.

2 다음 단도 늘림코를 하고, 같은 코를 뜨지 않고 옮긴다.

3 끌어올린 2단 분량의 실과 코를 함께 단코로 뜬다.

4 2단 분량의 안코 끌어 올린코가 완성된다.

코바늘뜨기 기호와 뜨는 법

◯ 사슬뜨기

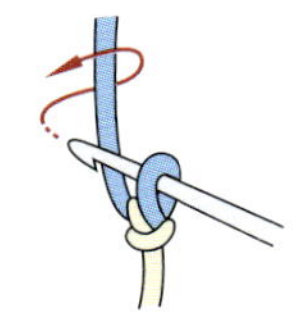
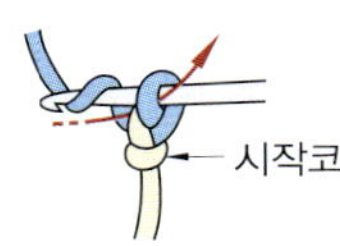

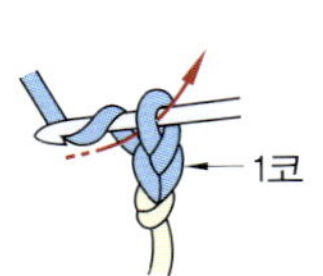

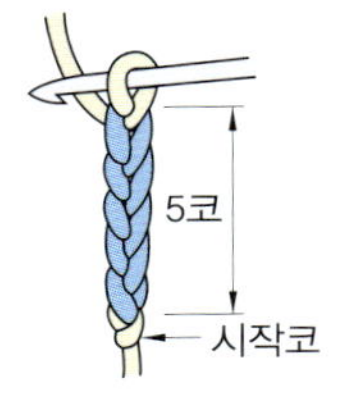

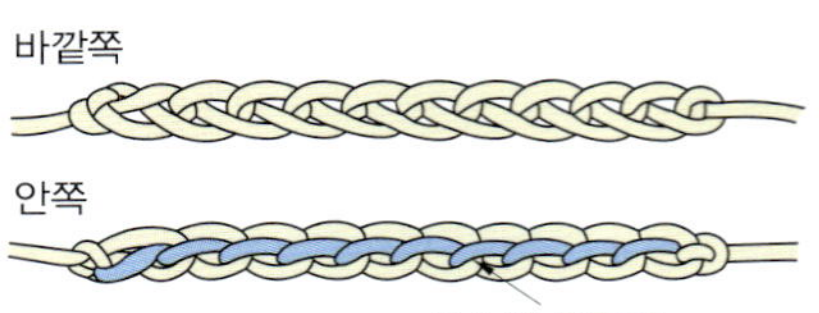

1 화살표와 같이 바늘을 돌린다.

2 고리의 중심으로 실을 꺼낸다.

3 실을 걸어서 2코를 뜬다.

4 시작코는 1코로 세지 않는다.

5 사슬뜨기 코만들기에서 코를 주울 때 보통 사슬의 뒷고리에서 1개씩 줍는다.

+ 짧은뜨기

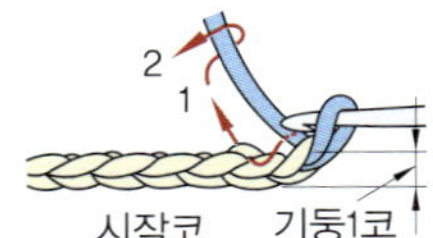

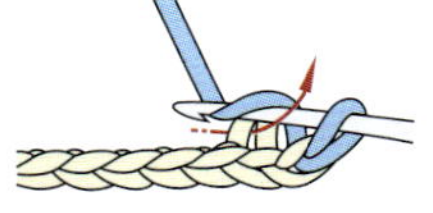
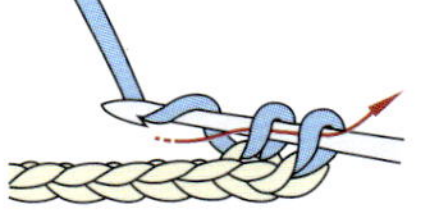
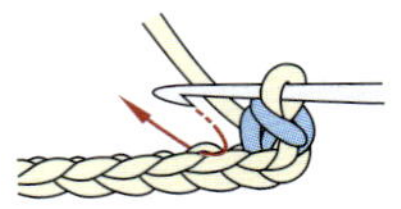
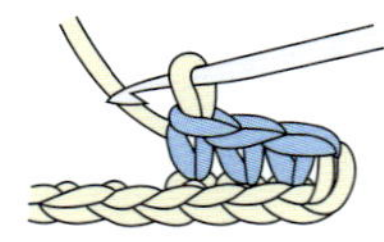

1 사슬1코를 세워서 2코째 뒷고리에 바늘을 넣는다.

2 바늘에 실을 걸어서 화살표와 같이 빼낸다.

3 한번 더 실을 걸어서 2개의 고리를 한번에 빼낸다.

4 짧은뜨기 1코를 뜬다.

5 1~3을 반복하면 짧은뜨기 3코가 떠진다.

T 긴뜨기

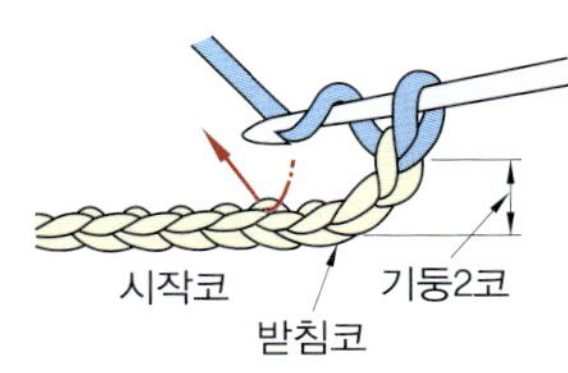

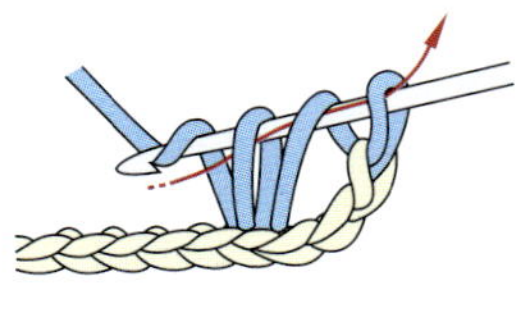
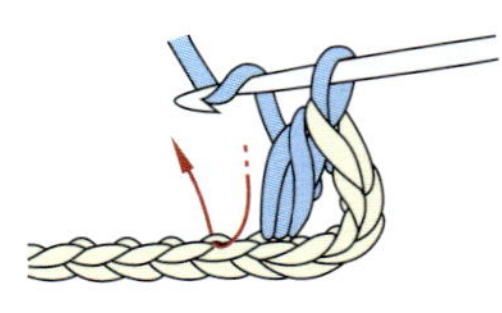
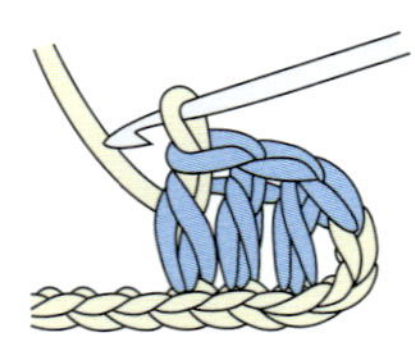

1 사슬2코를 기둥으로 하여 바늘에 실을 걸어 바늘에서 4번째 사슬의 안쪽 기둥에 바늘을 넣는다.

2 실을 걸어서 고리를 빼내고, 고리를 한번에 빼낸다.

3 긴뜨기 1코를 완성한 후 다음 코를 화살표 위치에 넣어 뜬다.

4 기둥을 1코로 셀 수 있으므로 긴뜨기 4코가 된다.

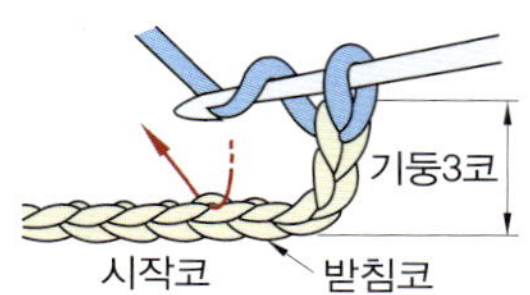

⊤ 1길 긴뜨기

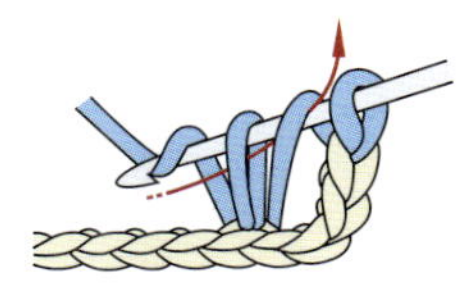

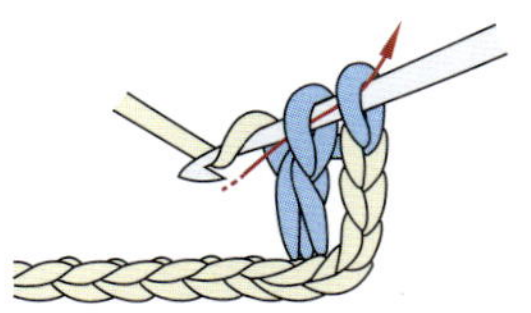

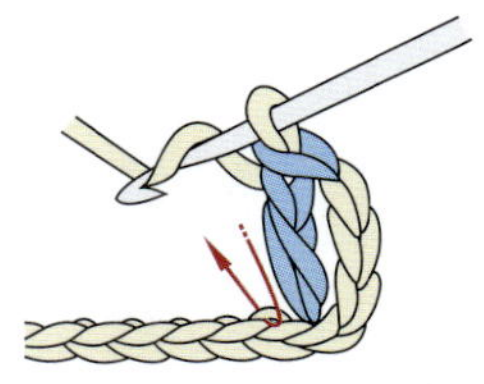

1 사슬3코로 기둥을 세워 실을 걸어 5코째 사슬 뒷고리에 바늘을 넣는다.

2 실을 빼내서 다시 실을 걸어 2개 고리만을 빼낸다.

3 한번 더 실을 걸어서 나머지 2개를 빼낸다.

4 1길 긴뜨기가 완성되었다. 다음코에도 1~3을 반복한다.

⊤ 2길 긴뜨기

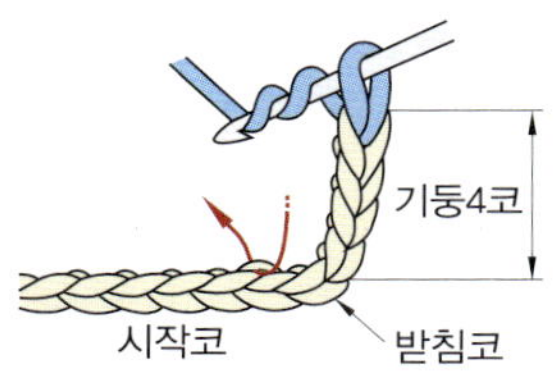

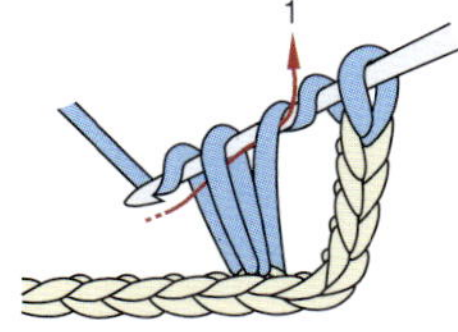

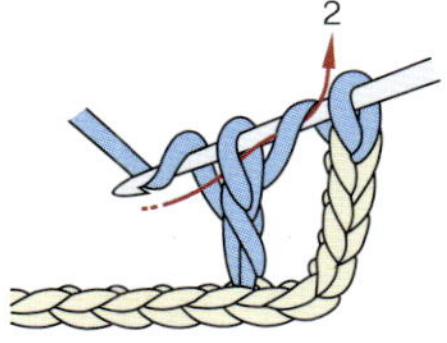

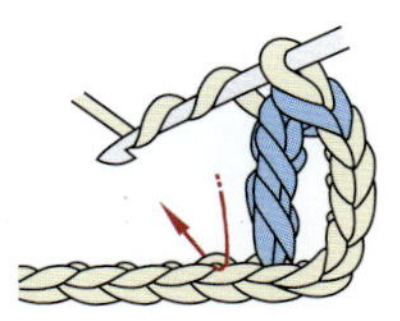

1 바늘에 실을 2번 감아 6번째 코 뒷고리에 실을 넣는다.

2 실을 빼면서 화살표와 같이 2개만을 빼낸다.

3 다시 실을 화살표와 같이 2개씩 빼낸다.

4 다시 한번 실을 걸어서 나머지 1개를 빼낸다.

5 2길 긴뜨기가 완성되었다. 1~4를 반복한다.

⋒ 사슬3코 피코뜨기

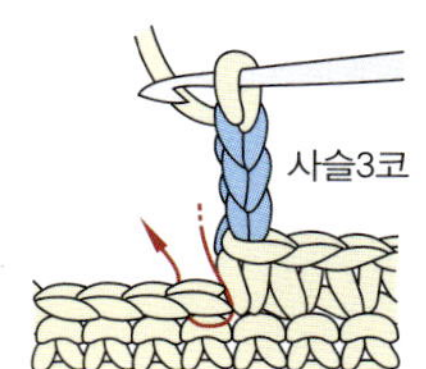

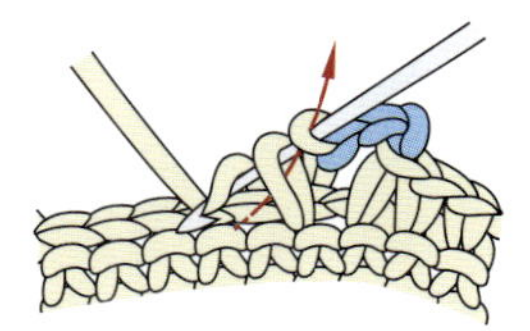

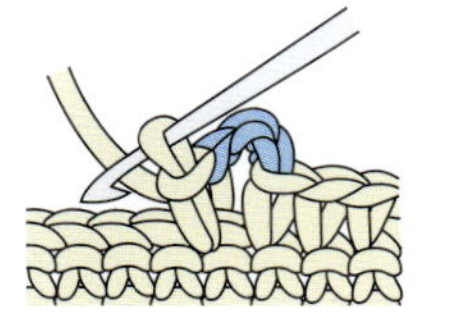

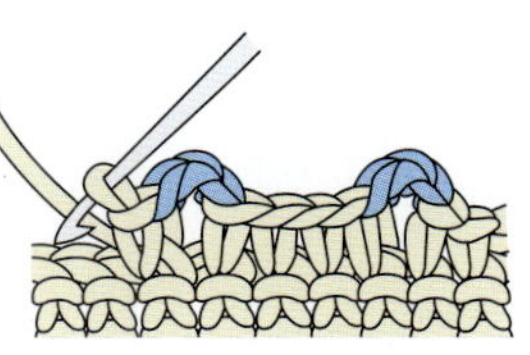

1 사슬3코를 뜬 다음에 화살표의 위치에 바늘을 넣는다.

2 바늘에 실을 걸어서 빼내고, 다시 실을 걸어서 짧은뜨기를 뜬다.

3 사슬3코 피코뜨기 1개가 완성되었다.

4 4코 간격으로 2번째 피코뜨기가 완성된다.

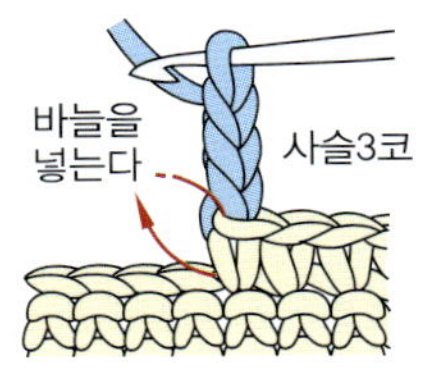

사슬3코 피코빼뜨기

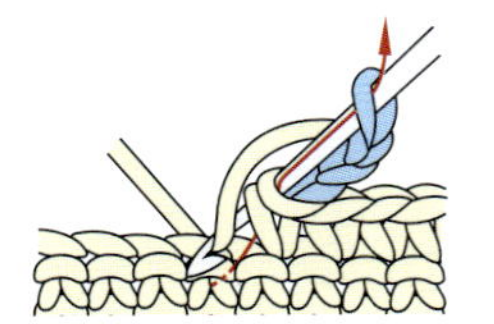

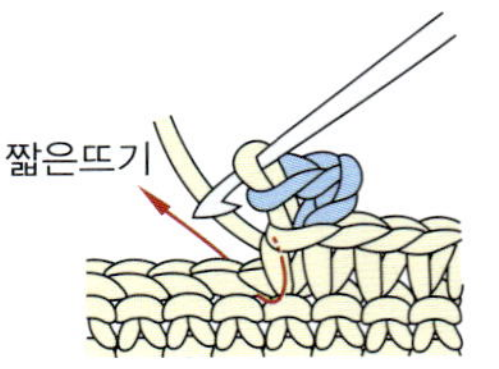

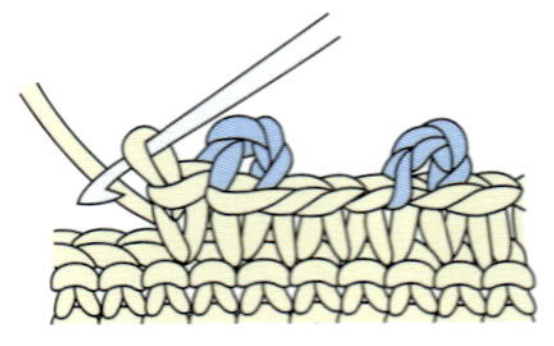

1 사슬3코를 뜨고, 화살표와 같이 바늘을 넣는다.

2 바늘에 실을 걸고, 새로운 루프를 빼내고 짧은뜨기를 뜬다.

3 완성된 상태이다.

4 간격은 자유롭게 만들어서 다음의 피코를 뜬다.

1길 긴뜨기 2코 한번에 빼뜨기

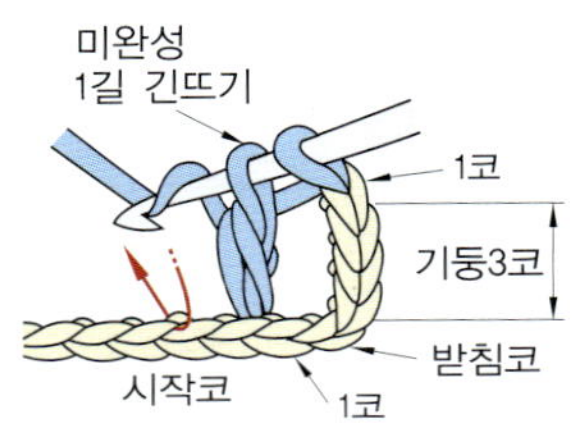

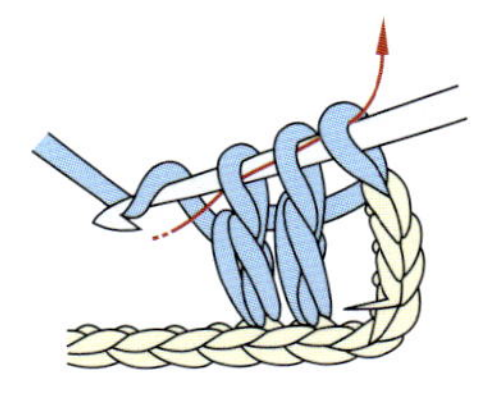

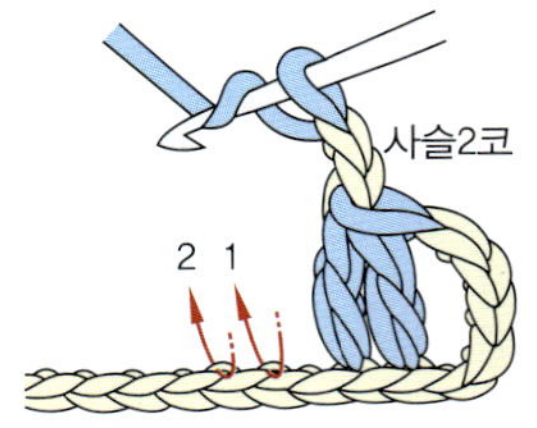

1 먼저 미완성 1길 긴뜨기를 1개 뜨고, 다음 코에도 같은 모양을 뜬다.

2 바늘에 걸려 있는 3개 고리를 한번에 빼낸다.

3 1길 긴뜨기 2개를 한번에 빼뜨기 완성한다. 다음은 화살표의 위치에 뜬다.

4 2개째 1길 긴뜨기 2개 한번에 빼뜨기가 완성된다.

1길 긴뜨기 2코 방울뜨기 구멍에 넣어뜨기

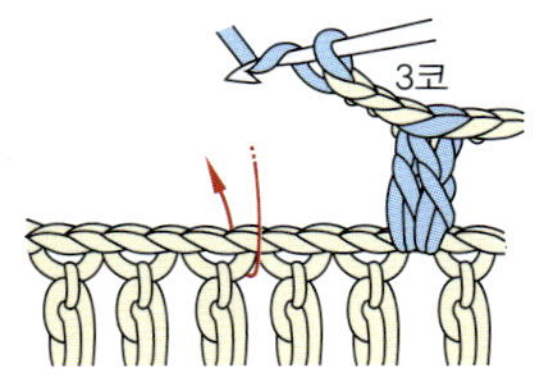

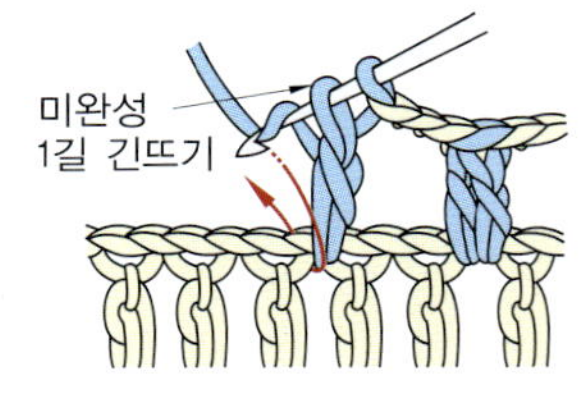

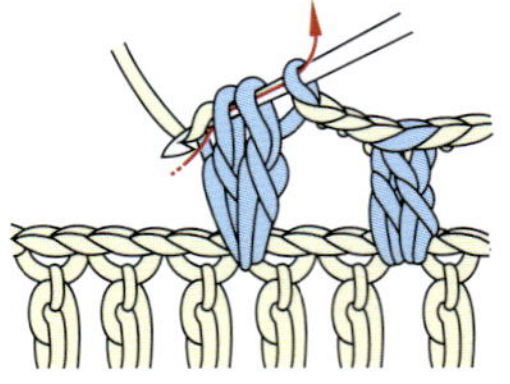

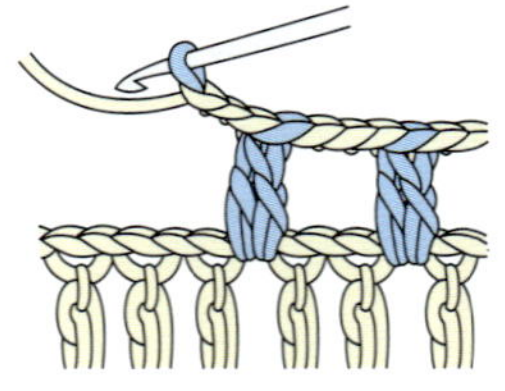

1 바늘에 실을 걸어서 전단의 화살표 위치에 바늘을 모두 집어 넣는다.

2 미완성 1길 긴뜨기를 같은 위치에 또 1코 집어 넣는다.

3 바늘에 실을 걸어서 화살표와 같이 3개 고리를 한번에 빼낸다.

4 1길 긴뜨기 2코 방울뜨기를 하고, 사슬을 3코 뜬다.

1길 긴뜨기 한번에 빼뜨기

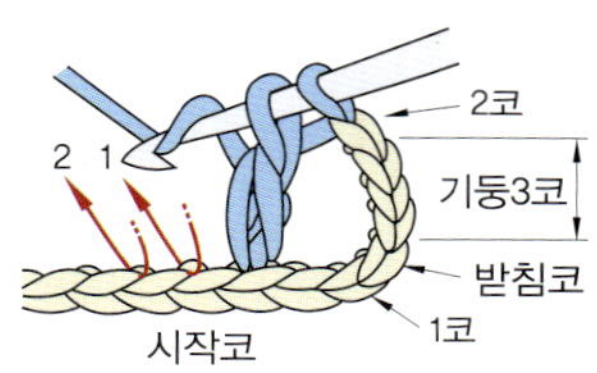
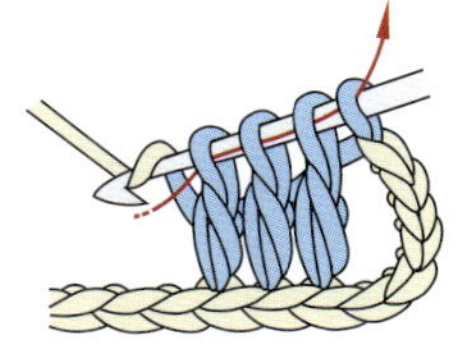
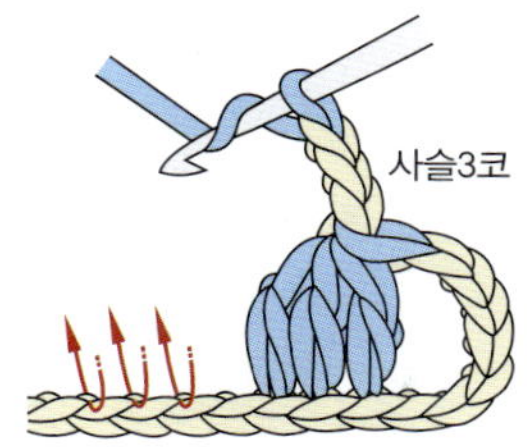
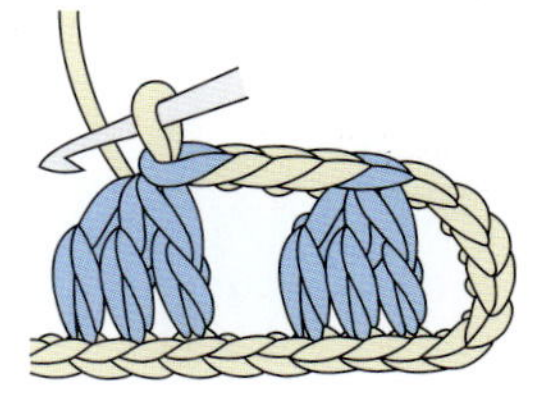

1 미완성 1길 긴뜨기를 1코 뜨고, 계속해서 화살표와 같이 2코 더 뜬다.

2 바늘에 실을 걸어서 화살표와 같이 바늘에 걸린 4개 고리를 한번에 빼뜬다.

3 1길 긴뜨기 3코 한번에 빼뜨기가 완성되었다. 다음은 화살표의 3코에 떠 넣는다.

4 2개가 완성되었다. 다음의 코를 뜨게 되면 처음 부분이 안정된다.

1길 긴뜨기 3코 방울뜨기

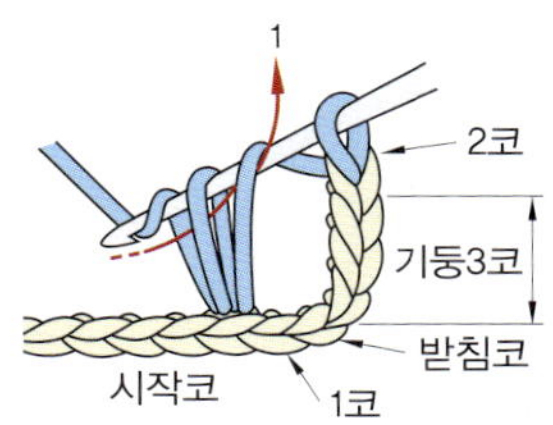
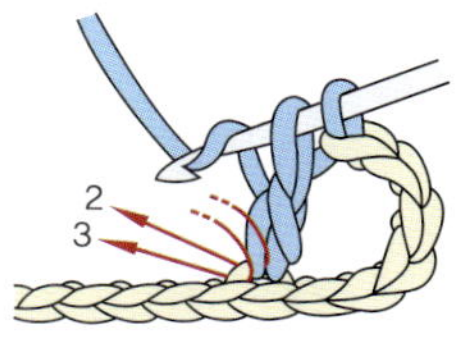
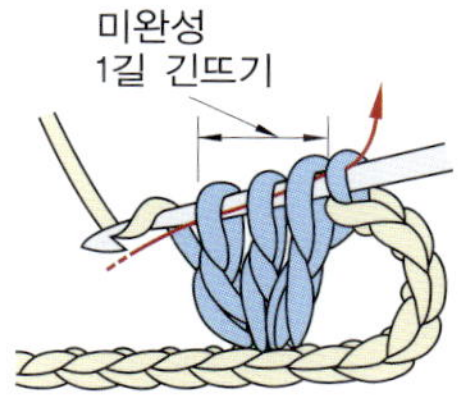

1 기둥은 사슬3코이다. 먼저 미완성 1길 긴뜨기를 1코 뜬다.

2 같은 코에 바늘을 넣어서 미완성 1길 긴뜨기를 뒤쪽에 2코 뜬다.

3 바늘에 실을 걸어 화살표와 같이 고리 4개를 한번에 빼낸다.

4 1~3을 되풀이해서 1길 긴뜨기 3코 방울뜨기 2개가 완성되었다.

1길 긴뜨기 3코 방울을 구멍에 넣어뜨기

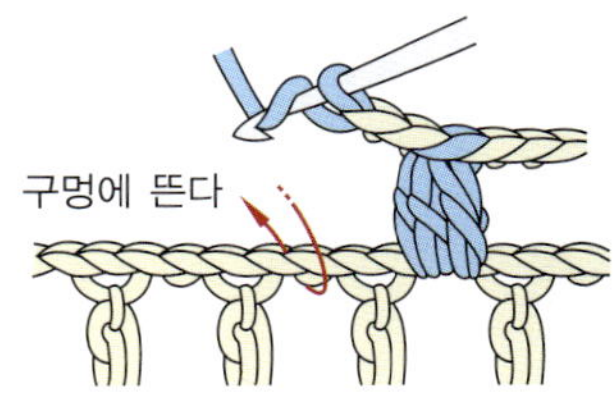
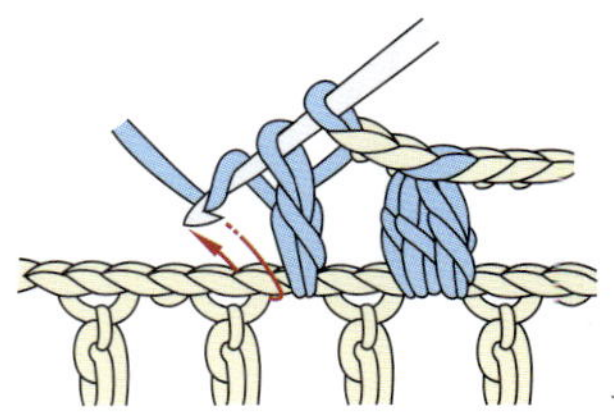
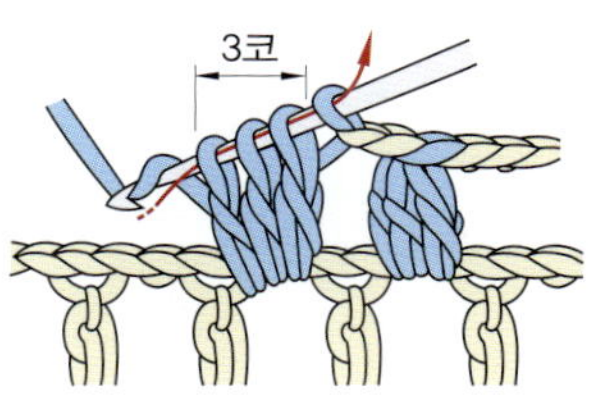
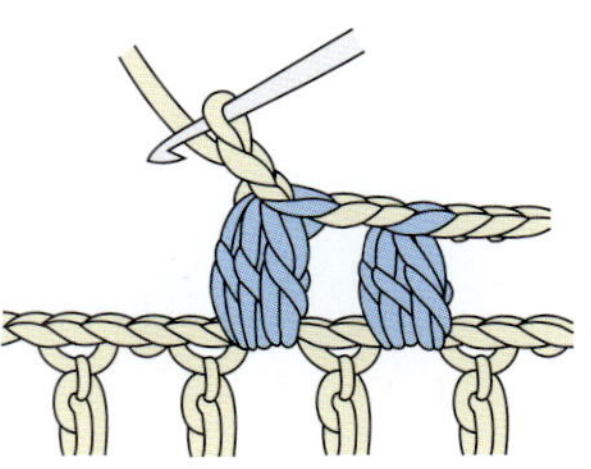

1 바늘에 실을 걸어 화살표와 같이 바늘을 넣어서 전단 구멍에 뜬다.

2 실을 빼서 고리 2개를 빼내고, 미완성 1길 긴드기를 1코 뜬다.

3 같은 위치에 또 2코 떠서 4개 고리를 한번에 빼낸다.

4 완성되었다. 다음 코를 뜨면 처음 부분이 안정된다.

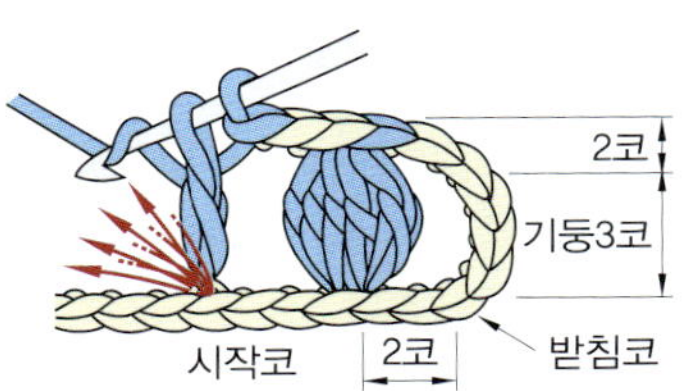

1길 긴뜨기 5코 방울뜨기

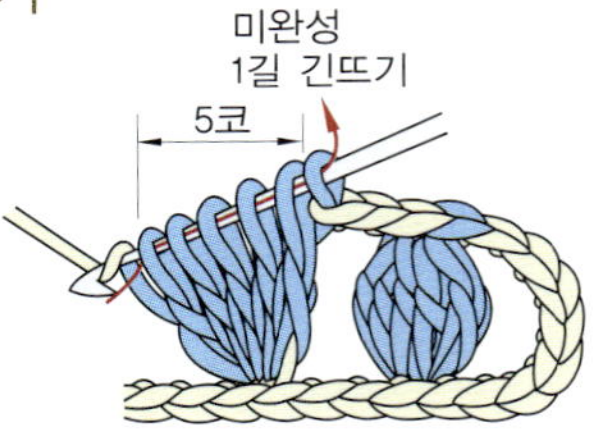

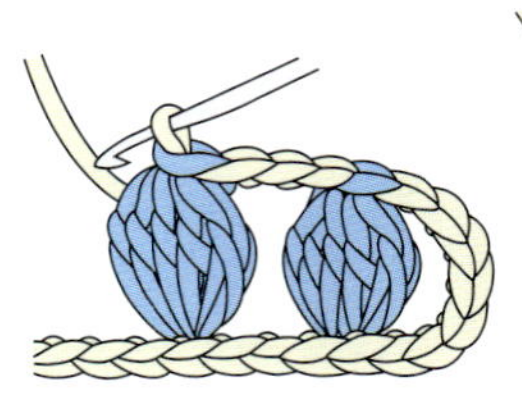

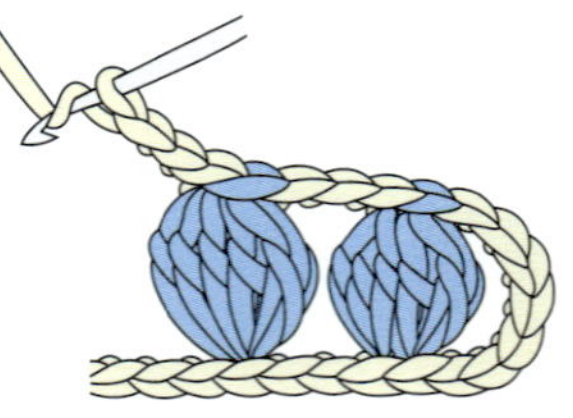

1 바늘에 실을 걸어서 화살표가 표시된 코에 미완성 1길 긴뜨기를 1코 뜬다.

2 같은 코에 4번 더 바늘을 넣어서 미완성 1길 긴뜨기를 4코 떠 넣는다.

3 바늘에 걸려 있는 6개의 고리를 한번에 빼낸다.

4 1길 긴뜨기 5코 방울뜨기를 2개 뜨고, 사슬뜨기 3코를 뜬 것이다.

1길 긴뜨기 5코 방울뜨기를 구멍에 넣어서 뜨기

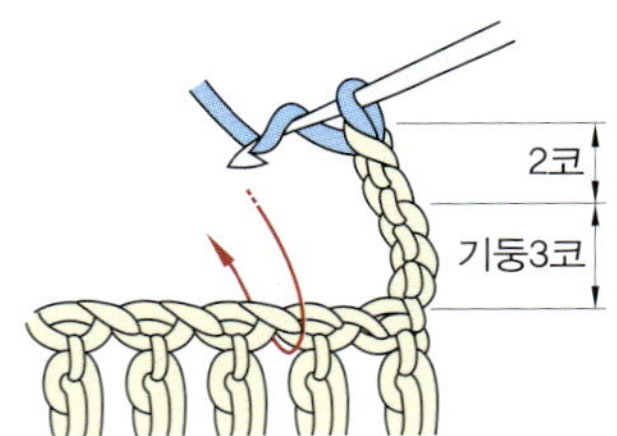

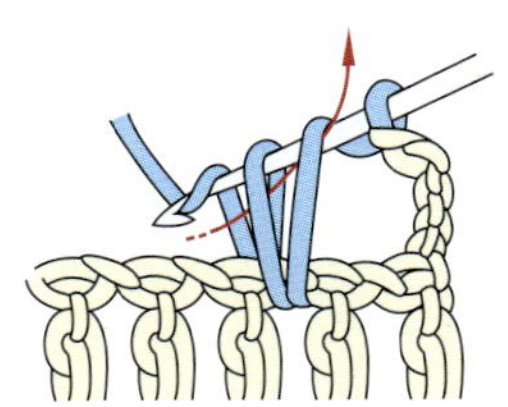

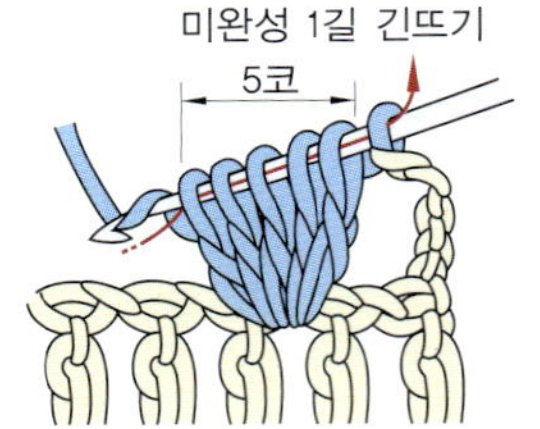

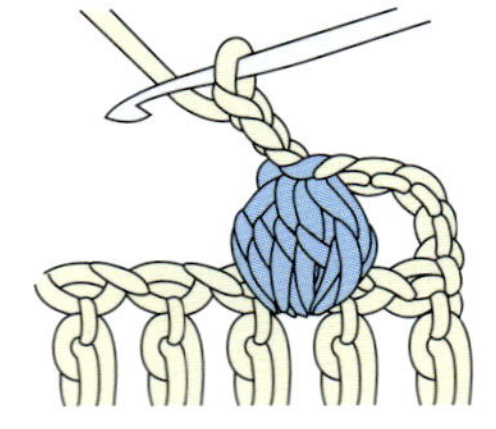

1 화살표 위치에 바늘을 넣어서 실을 꺼낸다.

2 실을 걸어서 2개 고리만을 빼내어 미완성 1길 긴뜨기를 뜬다.

3 같은 위치에 바늘을 넣어서 미완성 1길 긴뜨기를 4코 더 뜬다.

4 6개 고리를 한번에 빼내서 방울뜨기를 완성한다.

1길 긴뜨기 5코 팝콘뜨기

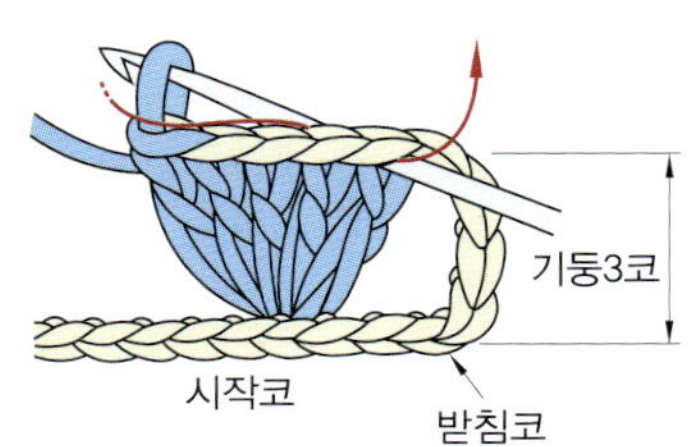

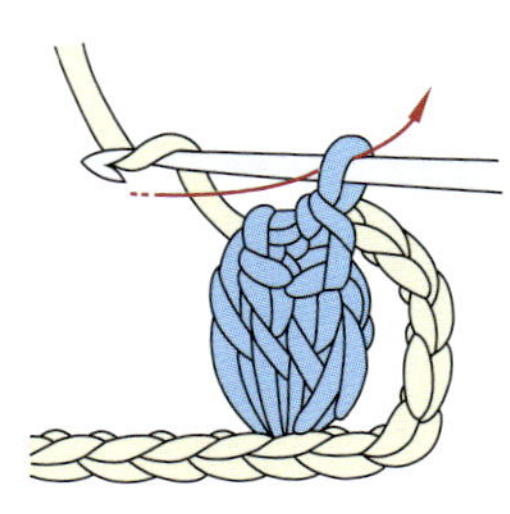

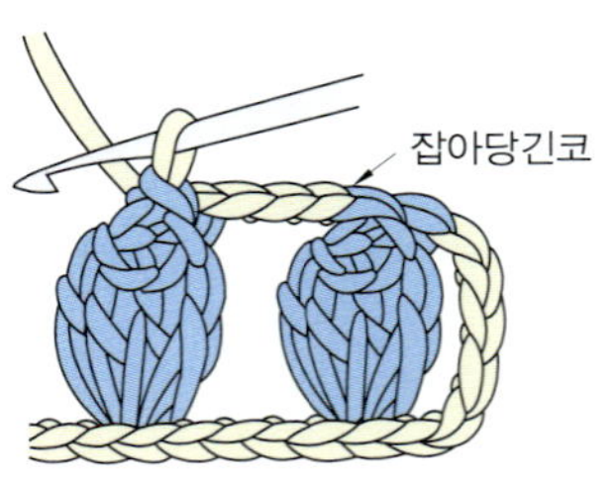

1 같은 코에 1길 긴뜨기를 5코 뜨고, 일단 바늘을 바꾸어 집어 넣는다.

2 첫째 코의 앞부분으로 빼내어 다시 사슬뜨기를 해서 집어 당긴다.

3 1길 긴뜨기 5코의 팝콘뜨기가 완성되었다.

1길 긴뜨기 5코 팝콘뜨기를 구멍에 넣어서 뜨기

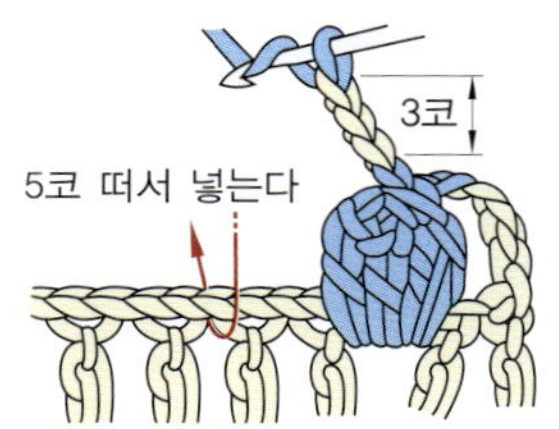

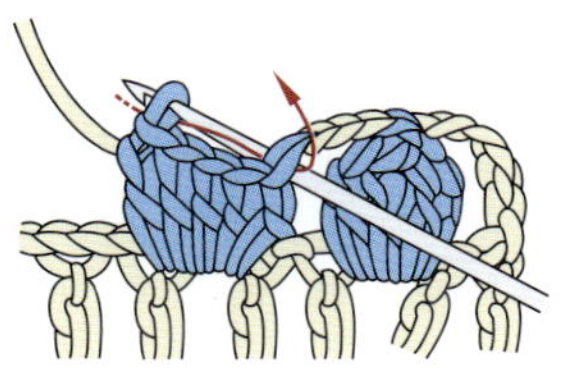

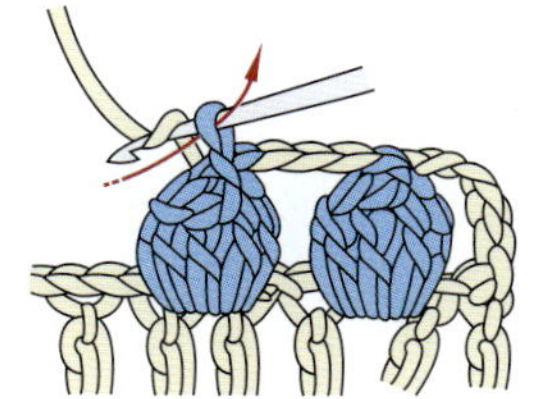

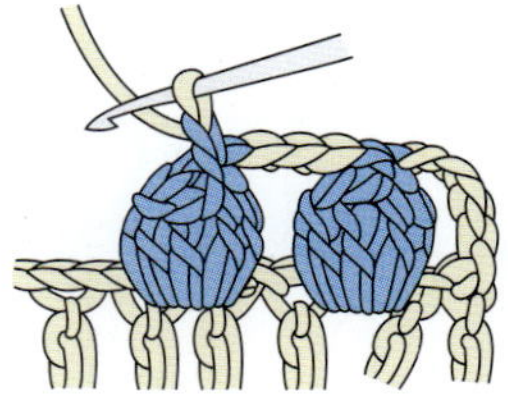

1 바늘에 실을 걸어서 화살표의 위치에 바늘을 넣어 전단 구멍에 넣어서 뜬다.

2 1길 긴뜨기 5코 뜨기를 하고, 일단 바늘을 바꾸어 집어 넣는다.

3 고리를 첫 번째 코의 일부분에 빼내고, 다시 사슬뜨기 1코를 잡아당긴다.

4 구멍에 넣어 뜨는 팝콘뜨기가 2개 완성되었다.

1길 긴뜨기 5코 한번에 뜨기

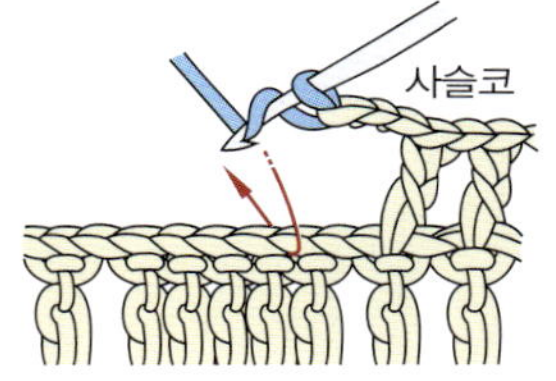

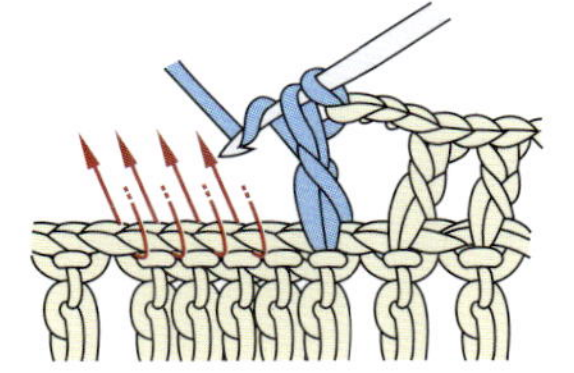

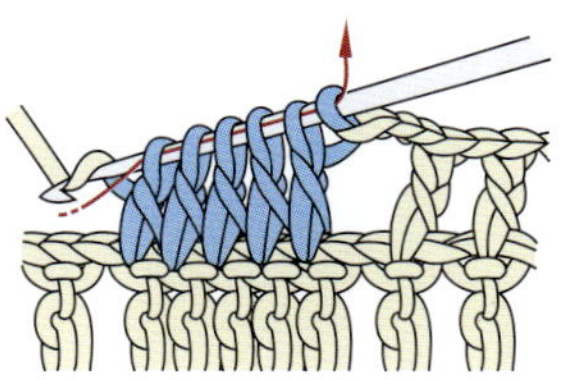

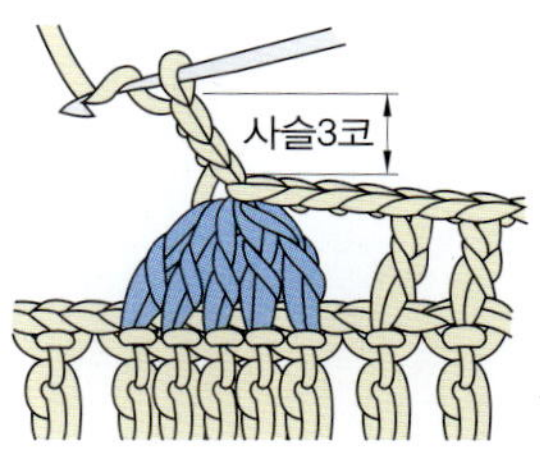

1 화살표에 바늘을 넣어서 실을 빼고, 고리 2개만을 빼낸다.

2 화살표 위치에 바늘을 넣어서 1과 같은 모양으로 미완성 1길 긴뜨기를 4코 더 뜬다.

3 실을 걸어서 바늘에 걸려 있는 6개 고리를 한번에 빼낸다.

4 1길 긴뜨기 5코 한번에 뜨고, 사슬뜨기 3코를 뜬 것이다.

1길 긴뜨기 2코 떠넣기

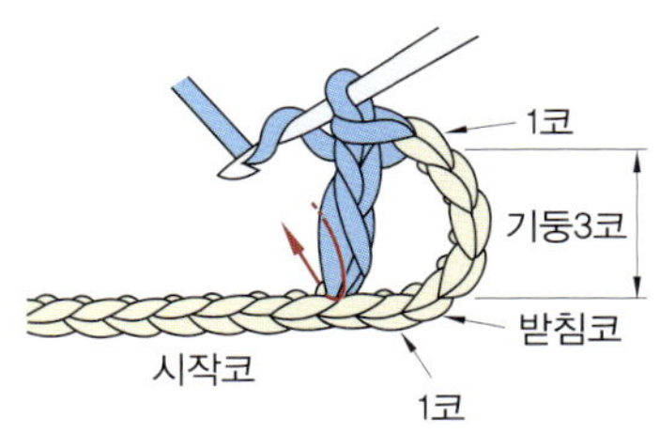

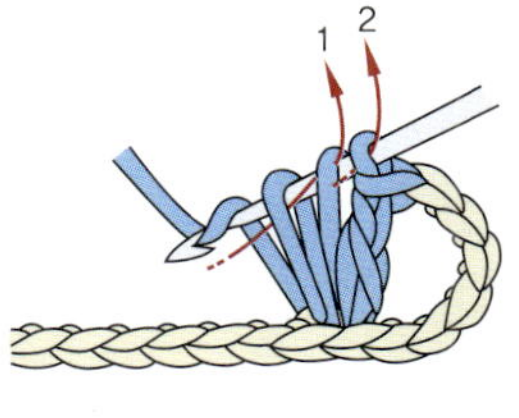

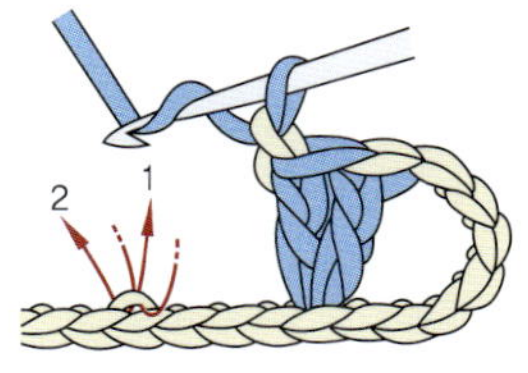

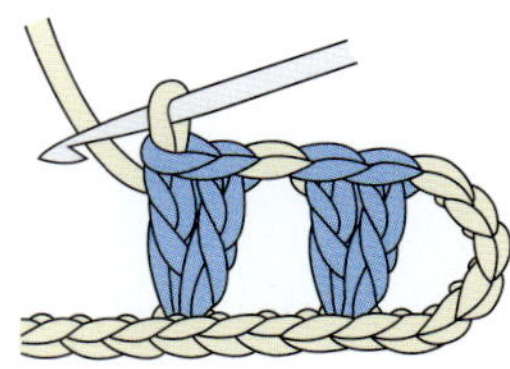

1 먼저 1길 긴뜨기를 1코 뜨고, 같은 코에 화살표와 같이 바늘을 넣는다.

2 고리에 빼내는데 2개씩 빼내어 1길 긴뜨기를 뜬다.

3 1코에 1길 긴뜨기를 2코 떠 넣은 상태에서 1개가 완성되었다.

4 사슬 1코의 간격을 두고 2개째 뜬 것이다.

⟦V⟧ 1길 긴뜨기 2코를 구멍에 떠넣기

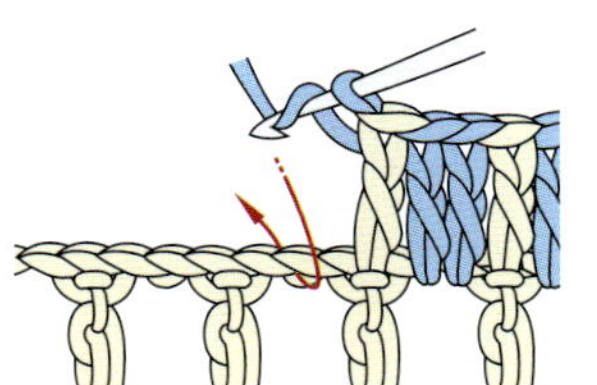 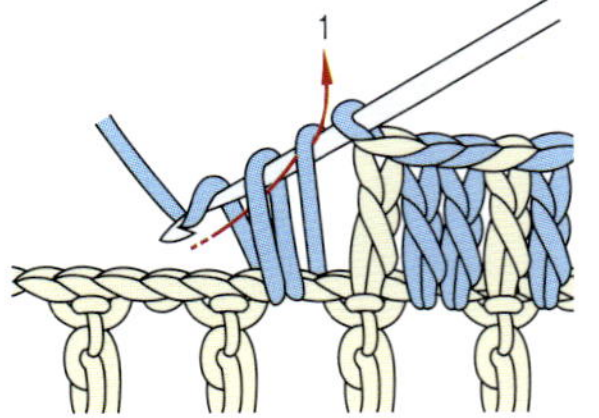 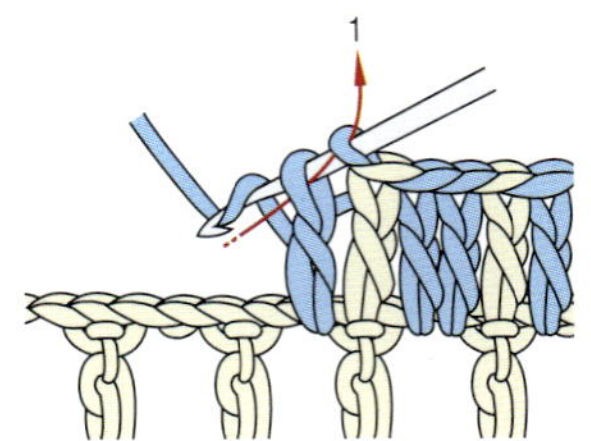 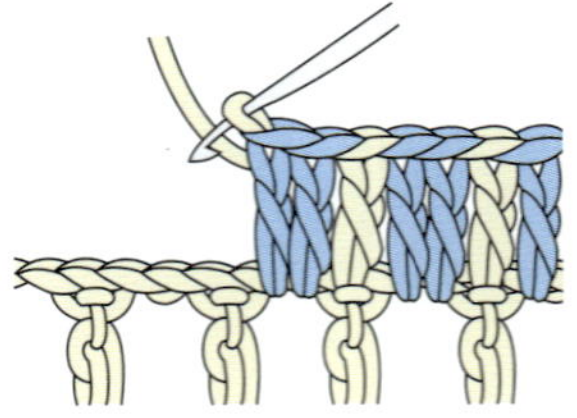

1 바늘에 실을 걸어서 전단의 화살표 위치에 바늘을 넣는다.

2 실을 걸어서 빼내고, 화살표와 같이 고리 2개만을 빼낸다.

3 다시 남은 2개 고리도 빼내서 1길 긴뜨기를 1코 뜬다.

4 같은 위치에 또 1코 떠 넣고, 구멍에 뜬 1길 긴뜨기 2코가 완성되었다.

⟦W⟧ 1길 긴뜨기 3코 떠넣기

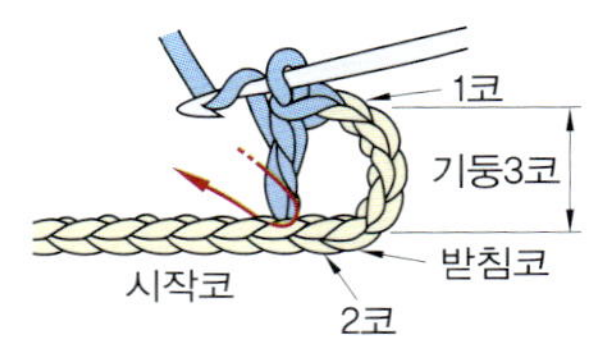 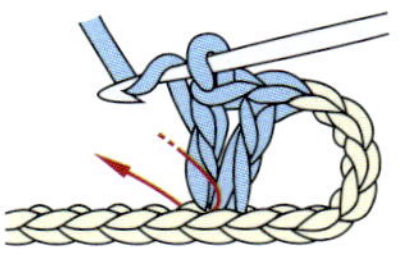 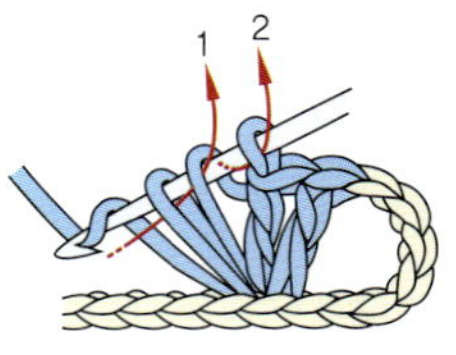 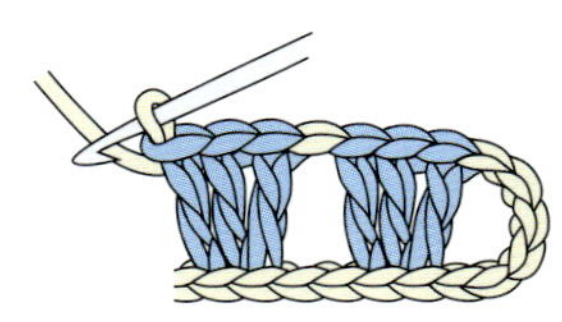

1 1길 긴뜨기를 1코 떠서 같은 코에 바늘을 넣어 다시 1코 뜬다.

2 바늘에 실을 걸어서 한번 더 같은 위치에 바늘을 넣는다.

3 고리를 빼내서 1길 긴뜨기를 뜨고, 1코에 3코 떠 넣어 완성한다.

4 사슬 1코의 간격을 두고 2개가 완성되었다.

⟦W⟧ 1길 긴뜨기 3코를 구멍에 떠넣기

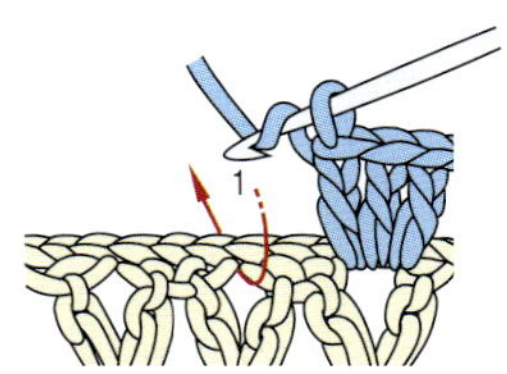 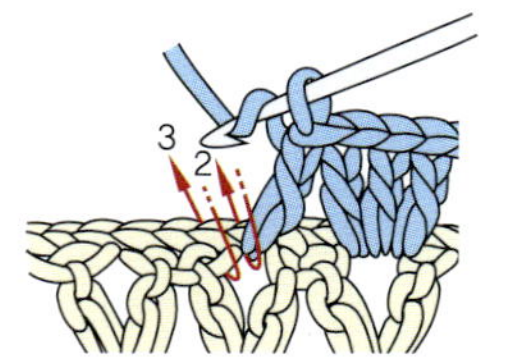 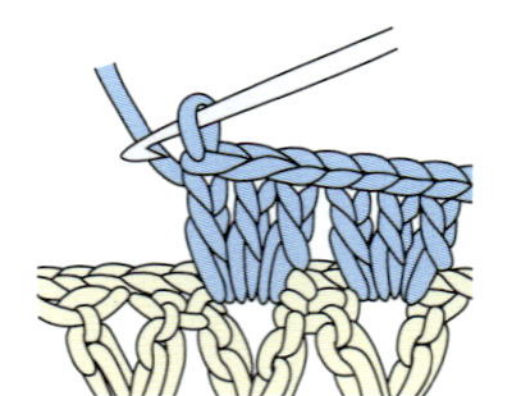

1 바늘에 실을 걸어서 전단을 화살표와 같이 구멍에 넣어 뜬다.

2 1길 긴뜨기를 1코 뜨고, 같은 위치에 바늘을 넣어 2코 더 뜬다.

3 구멍에 떠 넣은 1길 긴뜨기 3코가 완성되었다.

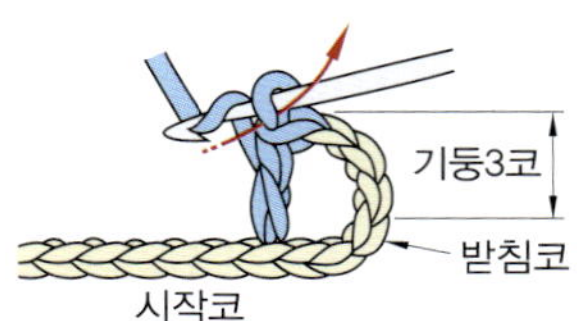 1길 긴뜨기 2코 떠넣기(1코 간격)

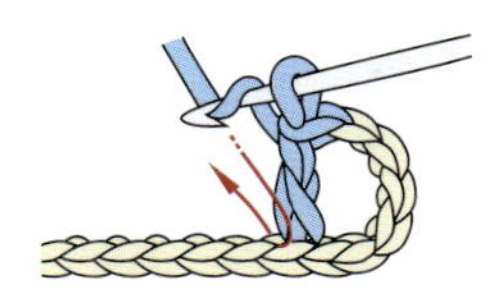

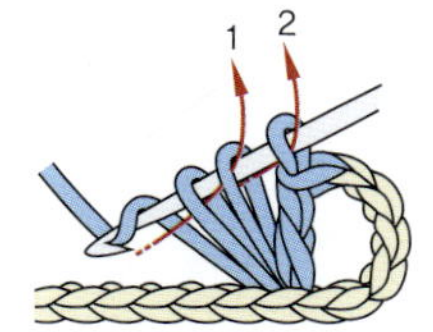

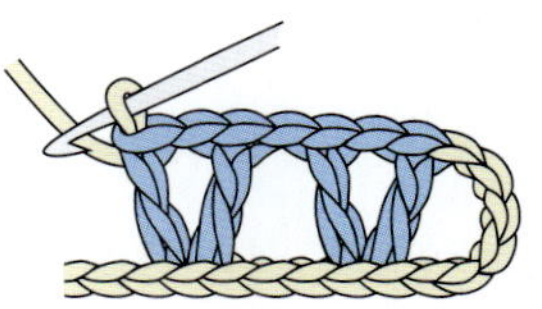

1 사슬3코로 기둥을 세우고, 받침코에서부터 2번째 코 뒷고리에 1길 긴뜨기를 1코 뜬다.

2 사슬을 1코 뜨고 1길 긴뜨기를 뜬 같은 위치에 바늘을 집어 넣는다.

3 고리를 빼내고 실을 걸어 2개씩 빼내면 완성된다.

4 코만들기에 사슬2코 간격으로 2개째 만들어졌다.

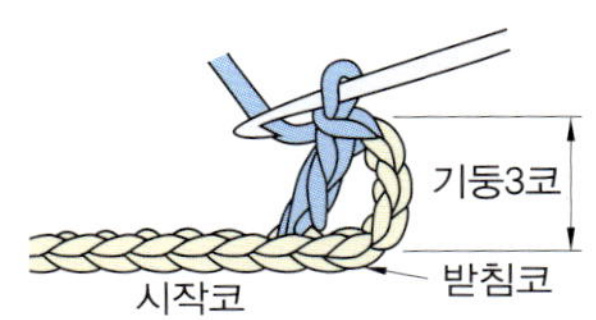 1길 긴뜨기 2코 떠넣기(3코 간격)

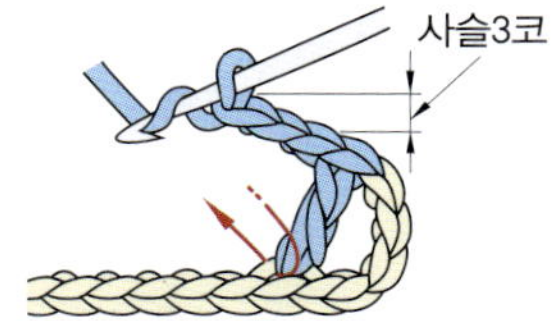

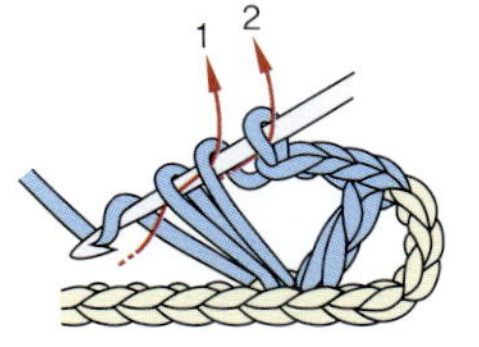

1 사슬3코로 기둥을 세우고, 받침코에서부터 3번째 코에 1길 긴뜨기를 1코 뜬다.

2 사슬을 3코로 뜨고, 1길 긴뜨기와 같은 위치에 화살표와 같이 바늘을 넣는다.

3 고리를 빼내어 실을 걸어서 2개씩 빼낸다.

4 사이에 사슬3코를 넣은 1길 긴뜨기 2코가 완성되었다.

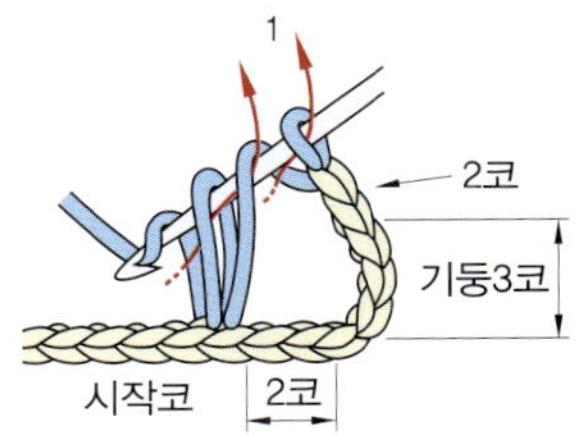 1길 긴뜨기 4코 떠넣기

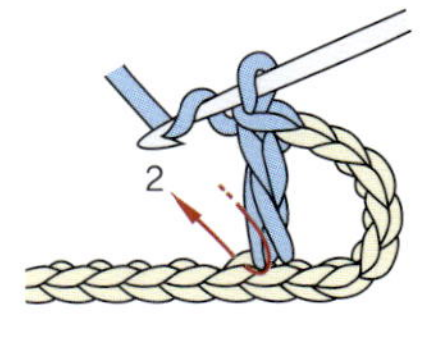

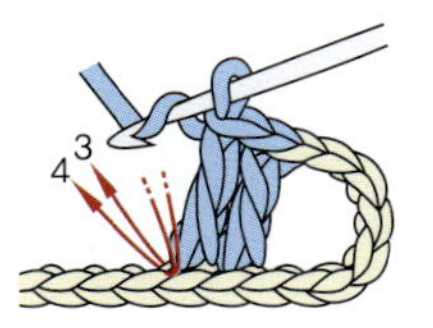

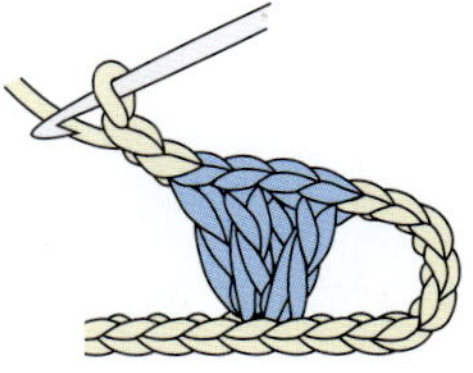

1 사슬3코로 기둥을 세우고, 받침코에서 4번째 코에 바늘을 넣어서 1길 긴뜨기를 뜬다.

2 실을 걸어서 1길 긴뜨기와 같은 코에 바늘을 넣어 1코 더 뜬다.

3 실을 걸어서 같은 위치에 바늘을 넣어 2코 더 뜬다.

4 1코에 1길 긴뜨기를 4코 떠넣어 완성되었다.

1길 긴뜨기 5코를 구멍에 떠넣기

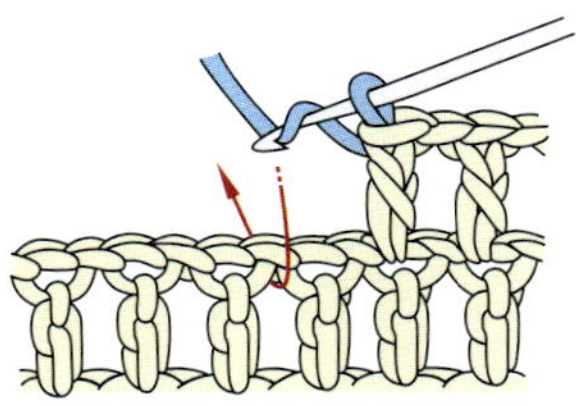 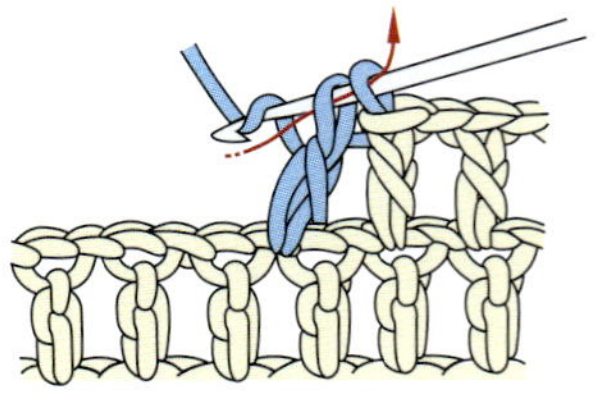 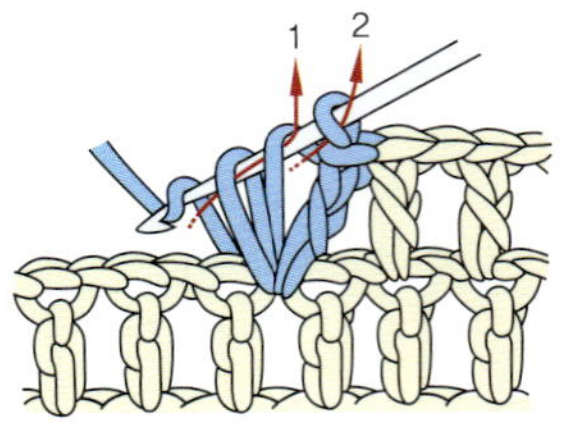 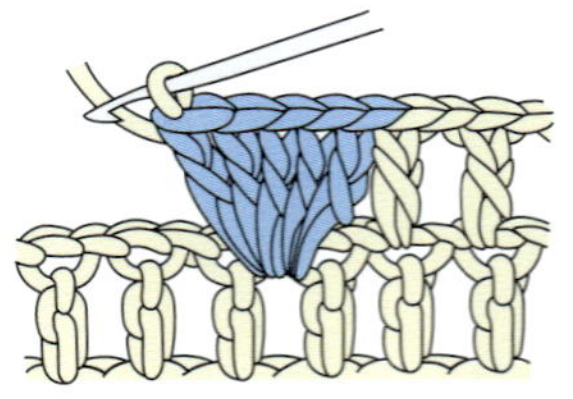

1 바늘에 실을 걸어서 화살표와 같이 전단의 구멍에 바늘을 집어 넣는다.

2 바늘에 실을 걸어서 빼내고, 고리 2개씩 빼내어 1길 긴뜨기를 1코 뜬다.

3 전단과 같이 위치에 바늘을 넣어 1코 더 1길 긴뜨기를 뜬다.

4 1길 긴뜨기 5코를 구멍에 넣어 뜨기가 완성되었다.

1길 긴뜨기 5코 떠넣기(솔잎뜨기)

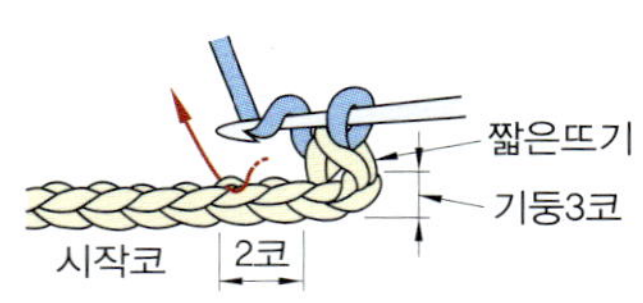

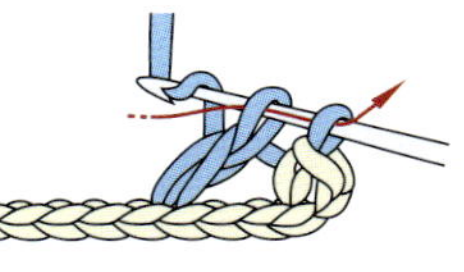

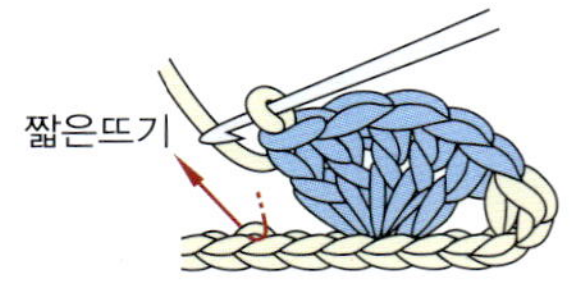 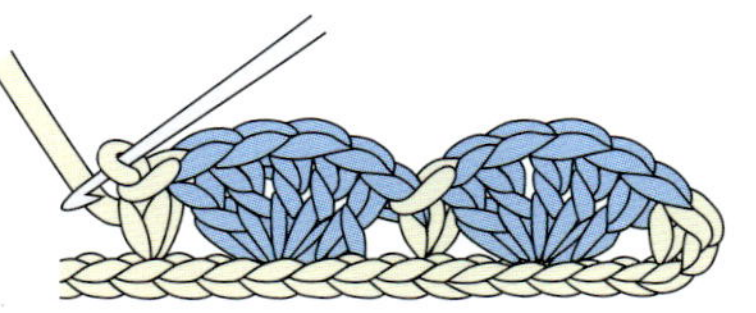

1 짧은뜨기를 1코 뜨고, 실을 걸어서 3번째 코에 바늘을 넣는다.

2 실을 빼내서 고리 2개씩 빼내어 1길 긴뜨기를 뜬다.

3 같은 코에 4코 더 뜨고, 3번째 코에 짧은뜨기를 한다.

4 1길 긴뜨기를 5코 떠 넣은 솔잎뜨기 2개가 완성되었다.

1길 긴뜨기 5코를 구멍에 넣어뜨기(솔잎뜨기)

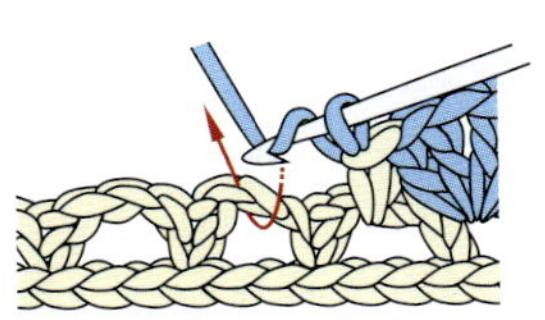 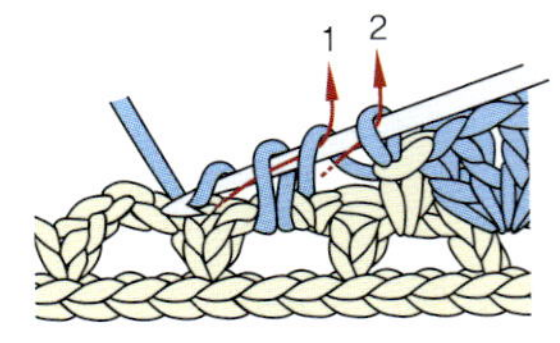 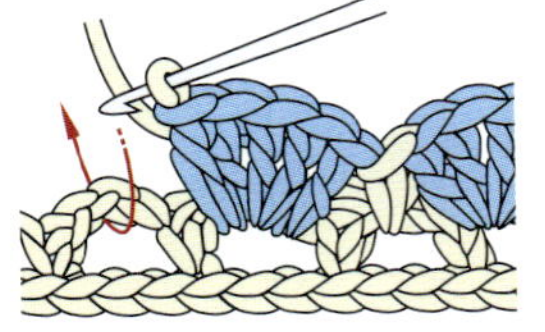 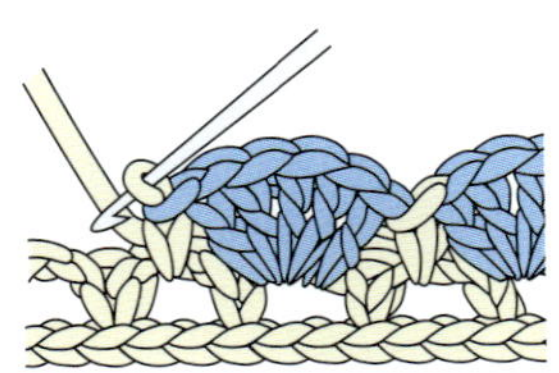

1 짧은뜨기를 1코 뜨고, 실을 걸어서 전단 고리에 바늘을 넣는다.

2 실을 빼내서 화살표와 같이 2개씩 빼내어 1길 긴뜨기를 뜬다.

3 같은 위치에 바늘을 넣은 후 4코 뜨고, 화살표 위치에 바늘을 넣는다.

4 짧은뜨기를 하고 1길 긴뜨기 5코를 구멍에 넣어 떠서 솔잎뜨기를 완성한다.

 ## 1길 긴뜨기 4코 떠넣기(셸뜨기)

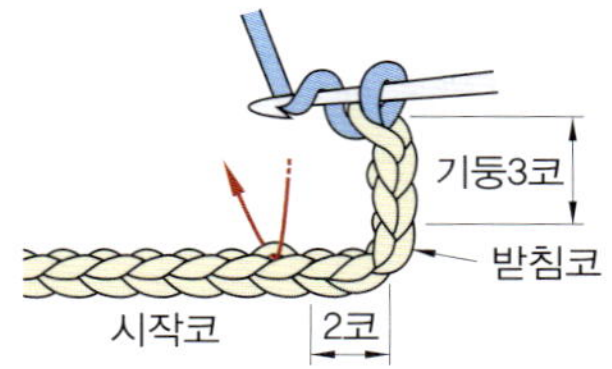

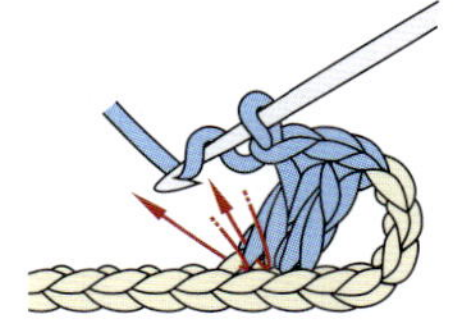

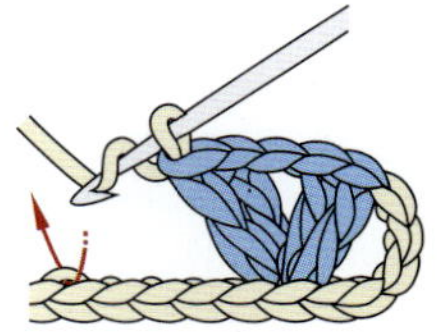

1 사슬뜨기 3코로 기둥을 세우고, 실을 걸어서 받침코에서 3번째 코에 바늘을 넣는다.

2 같은 코에 1길 긴뜨기를 2코 뜬다. 사슬뜨기를 1코 뜨고, 같은 위치에 바늘을 넣는다.

3 다시 1길 긴뜨기를 2코 뜨고, 사이에 사슬뜨기를 1코 넣어 셸뜨기를 완성한다.

1길 긴뜨기 6코 구멍에 넣어뜨기(셸뜨기)

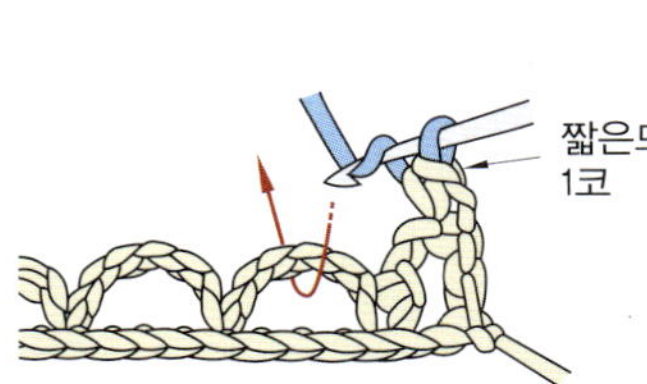

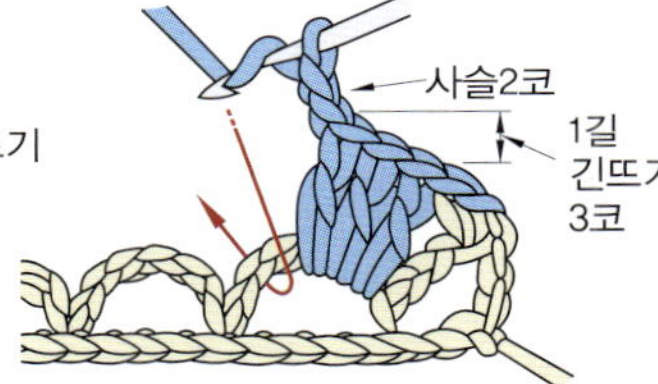

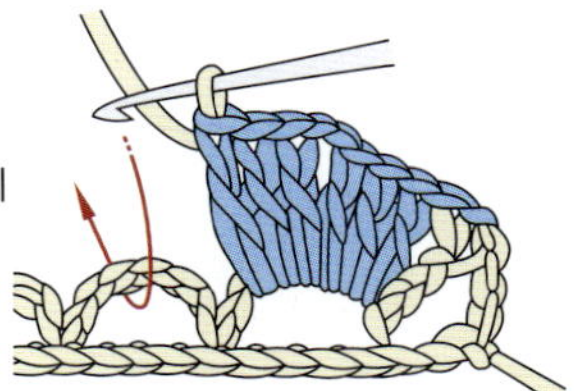

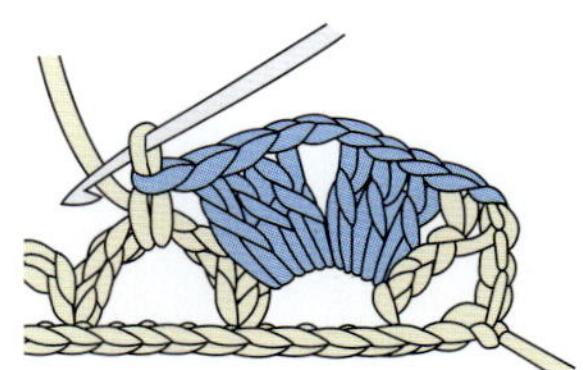

1 우선 짧은뜨기를 1코 뜨고, 전단의 고리에 바늘을 넣는다.

2 같은 위치에 바늘을 넣어서 1길 긴뜨기를 3코 뜨고, 다음에 사슬뜨기를 2코 뜬다.

3 같은 위치에 다시 1길 긴뜨기를 3코 뜨고, 다음 고리에 바늘을 넣는다.

4 짧은뜨기를 1코 뜨고, 1길 긴뜨기 6코를 구멍에 넣어 떠서 셸뜨기를 완성한다.

1길 긴뜨기 겉으로 코 빼뜨기

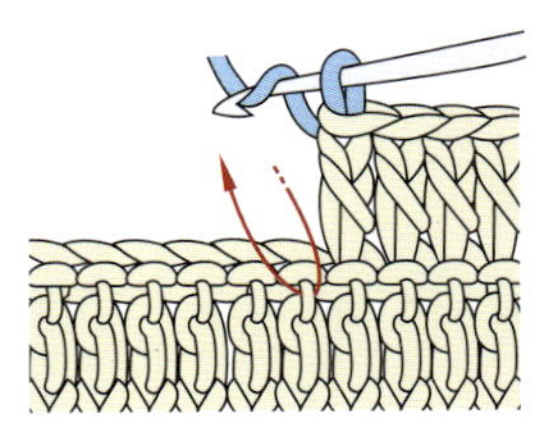

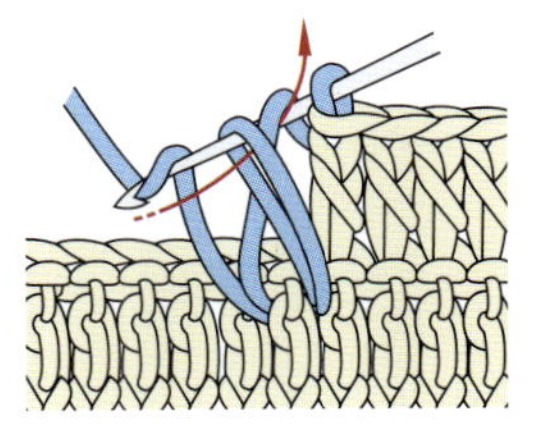

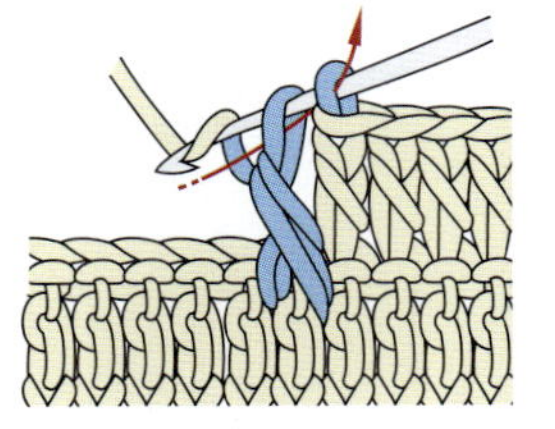

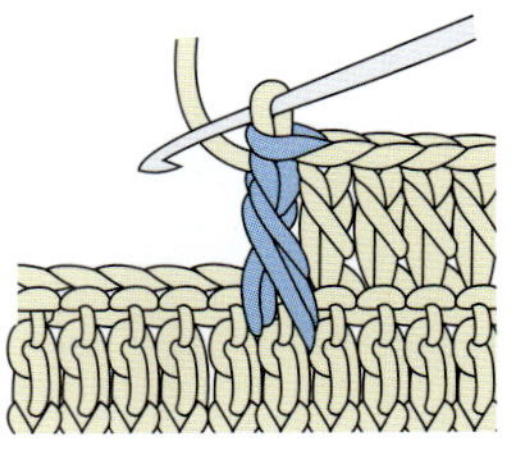

1 화살표와 같이 전단 코의 아래에 바깥쪽부터 바늘을 넣는다.

2 바늘에 실을 걸어서 길게 빼내어 고리 2개만 빼낸다.

3 화살표와 같이 남은 고리 2개를 빼내서 1길 긴뜨기를 뜬다.

4 1길 긴뜨기 겉으로 코 빼뜨기가 완성되었다.

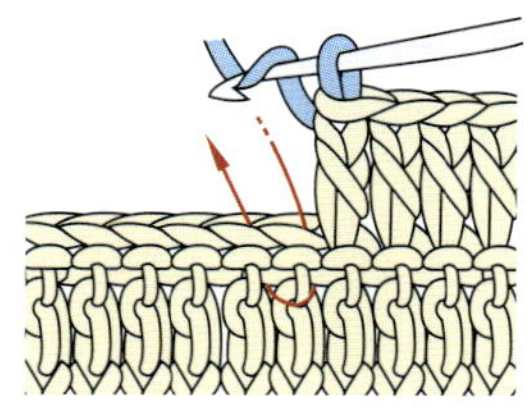 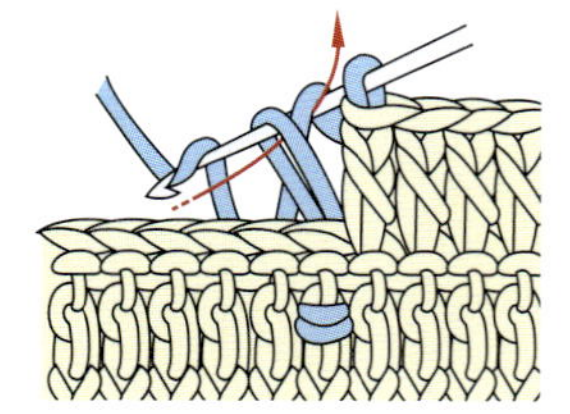 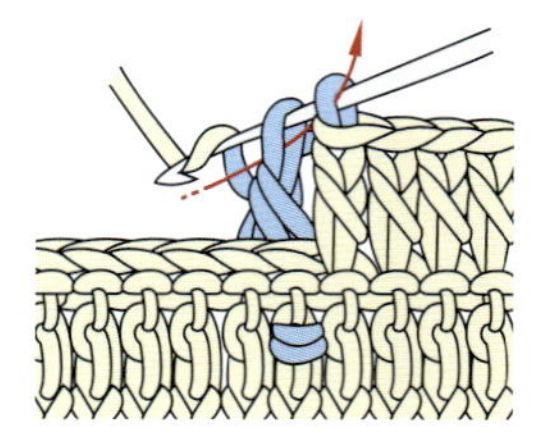 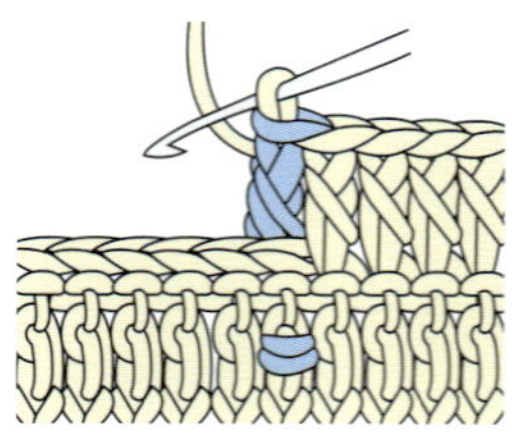

1 화살표와 같이 전단의 코 아래에 안쪽으로 바늘을 넣는다.

2 바늘에 실을 걸어서 길게 빼내어 고리 2개만 빼뜬다.

3 화살표와 같이 남은 2개의 고리를 빼내서 1길 긴뜨기를 뜬다.

4 1길 긴뜨기 안쪽으로 코 빼뜨기가 완성되었다.

개더 (Gather)
천을 여러 겹으로 겹쳐서 성기게 꿰맨 것을 말한다. 손으로 꿰매거나 미싱으로 실을 당겨서 잔주름을 잡는다. 스커트나 요크의 소매산, 소매부리 등에 사용된다. 개더를 평행으로 여러 줄을 모으면 셔링이 된다.

개더 플레어 스커트 (Gather flare skirt)
스커트의 허리에 잔주름을 잡은 스커트이다. 직선으로 재단한 것과 플레어로 재단한 것 등이 있으며, 후자의 것을 개더 플레어 스커트라고 한다.

그라데이션 (Gradation)
색의 계층을 말한다. 색을 지워서 연하게 하여 색의 농담에 의해 움직임이 있는 통일감을 준다.

기모노
일본의 기모노에서 유래된 프랑스어로, 독특한 기모노의 형태에서 힌트를 얻은 패션을 말한다. 암홀선이 없고 몸판과 슬리브가 하나로 된 상의를 말한다.

내추럴 (Natural)
견직물로서 정련한 것뿐 아니라 표백하지 않은 상태와 그런 색의 올을 가리킨다.

네글리제 (Neglige)
가볍고 부드럽게 보이며 레이스나 프릴과 같은 장식이 많은 실내복이나 화장복을 말한다. 방안에서의 휴식 때에도 입으며 웨이스트 라인에 보통 새시를 매는 경우가 많다. 소매는 아름답고 부드러운 천을 쓰고 최근에는 나이트 가운으로도 이용되고 있다.

네오 로맨티시즘 (Neo-romanticism)
새로운 낭만주의란 뜻이다. 낭만주의는 문학, 미술, 음악 등의 분야에서 19세기의 태반을 통해서 흐르고, 그 중에서도 1830년대에 왕성기를 맞이한 주의, 사조, 정신적인 풍토를 가리킨다. 장식으로는 여성에 있어서 19세기 초의 고대 그리스, 로마풍의 엠파이어 스타일에 대해서 나타난 가는 웨이스트, 완만한 어깨, 불룩하게 된 스커트에 의한 X자형 실루엣, 가련하고 섬세한 장식, 감상적이라고도 할 수 있는 것 같은 표정 등으로 반영되었다. 네오 로맨티시즘은 한시대를 풍미한다든가, 무엇인가의 분야에 하나의 양식을 형성할 수 있는 사상이나 주의로서, 넓게 평가된 말이 아니라 전의 로맨티시즘 시대를 연상케하는 듯한 스타일의 경향을 편이적으로 가리키는 가칭이다. 복식에서는 기능적, 캐주얼, 획일적인 복장에 대하여 장식적, 회고적인 스타일을 가리킨다.

네오클래식 (Neoclassic)
신고전주의라는 의미. 역사적으로는 멀리 고대 그리스나 로마에 이어지는 고전주의에 어떻게든 대응하는 것으로 생각되는데, 모드상에서는 1965년 전후의 미니스커트를 계기로 앙드레 꾸레주 등을 중심으로 한 기하학적, 건축적인 조형 감각에서 더욱 우주 시대적 감각에로 에스컬레이트(Escalate)해가는 초현대적인 패션경향의 반동으로서, 충분한 장식성과 공들인 디자인으로 상징되는 소위 고전적인 복장에 대한 동경의 표현을 가리킨다. 그것은 단순히 회고취미적인 것이 아니라 어디까지나 복장의 현대적인 새로운 감각을 가지고, 그 고전적인 우수함과 아름다움을 현재에 재생한 것이다.

노스탤직 패션 (Nostalgic fashion)
향수를 느끼게 하는 패션인데, 옛날 좋았던 때를 그리워한 올드 패션의 리바이벌을 말한다. 1920년대, 30~40년대, 50~60년대 시대의 패션을 현대적으로 되살려 내려고 하는 경향이다.

뉴 트래디셔널 (New traditional)
본래의 트래디셔널 모델은 현대적인 변형을 가미한 복장의 총칭이다. 웨이스트를 약간 셰이프트로 하고 라펠을 폭넓게 하는 등 유럽풍의 영향이 엿보인다. 1970년대 이후의 새로운 트래디셔널 룩을 말한다.

다운 재킷 (Down jacket)
다운이란 "오리털"을 말하며, 오리털을 넣고 누빈 퀼팅된 나일론지로 만든 방한용의 점퍼 스타일 재킷을 말한다. 원래 실용적인

의류였는데 다운 베스트와 함께 타운 웨어로서 젊은이들 사이에서 애용되고 있다.

더블 칼라 (Double collar)

두 겹으로 된 칼라이다. 대개 흰 피케나 오건디 등으로 만들며 붙였다 떼었다 할 수 있도록 고안된 것도 있다. 드레스나 수트의 칼라와 같은 형으로 된 것을 포개어 사용한다.

더플 코트 (Duffle coat)

거친 모직으로 만들어진 군용 코트가 제2차세계대전 후 스포츠 코트에 사용되어 인기를 모으면서 널리 퍼지게 되었다. 후드가 달린 짧은 싱글 코트로 단추 대신에 끈으로 여미도록 된 것이 특징이다.

도 트

물방울 무늬를 말하며, 크기에 따라 작은 물방울 무늬는 핀 도트, 지름 1cm 정도의 물방울 무늬는 폴카 도트라고 하고, 동전 크기의 무늬는 코인 도트라고 하다. 도트 프린트는 70년대 멋쟁이들이 입던 약간은 촌스럽고 여성스러운 스타일로 스커트와 코디해 여성스러움과 복고적인 느낌을 표현할 수 있다.

돌먼 슬리브 (Dolman sleeve)

돌먼이란 터키사람들이 입는 긴 겉옷을 말하며, 그 옷의 소매를 모방하여 소매의 진동을 깊게 판 여유있는 소매를 말한다. 소매 진동을 얕게 하거나 덧붙이는 천을 넣은 돌먼의 변형도 있다.

디너 드레스 (Dinner dress)

저녁시간에 입는 옷으로 이브닝 드레스보다 약식이다. 길이는 긴 것이 보통이나 평상복처럼 짧은 것도 많다. 대부분 소매가 달려 있어 몸의 노출도 이브닝보다 덜하다. 만찬회나 연극관람 등에 착용한다.

디자이너 브랜드 (Designer brand)

유명 디자이너 이름으로 된 브랜드를 말한다. 지명도가 높은 디자이너의 상품에는 기업명이나 따로 고안된 이름을 붙이지 않고 디자이너명을 그대로 브랜드로 한 것이 많다.

라운드 칼라 (Round color)

둥근 칼라의 총칭으로, 피터팬 칼라처럼 작은 것에서부터 어깨를 가리는 케이프 칼라와 같이 큰 것까지 포함된다.

란제리 룩 (Lingerie look)

속옷 룩. 속옷 종류의 여러 가지 스타일에서 힌트를 얻은 옷차림을 말한다. 특징은 속옷에서 사용하는 매우 얇은 소재를 사용하여 살갗을 드러나게 만든 것이다. 대표적인 옷으로서는 캐미솔 톱, 캐미솔 드레스, 슬립 드레스, 페티코트 스커트, 페티코트 드레스 등이 있다.

래글런 코트 (Reglan coat)

래글런 소매로 된 스포티한 코트를 통털어 말한다. 즉 소매달림선이 네크라인에서 소매쪽으로 사선의 이음선이 완만한 느낌으로 된 코트를 말한다. 원래 영국의 래글런 장군이 즐겨 입었다고 해서 이와 같이 부르게 되었다.

레이시 니트 (Lacy knit)

투명한 사이로 무늬가 나타나서 레이스처럼 보이는 편직물의 총칭이다.

레이어드 룩 (Layered look)

층이진 모양이란 뜻으로, 여러 겹을 겹쳐 입은 스타일을 말한다. 여러 단을 연결한 것도 레이어드 룩이라고 한다.

로맨틱 드레스 (Romantic dress)

그 이름과 같이 로맨틱한 표정을 갖는 드레스의 총칭이다. 뉴 로맨틱 패션의 물결을 타고 등장한 장난기 가득찬 드레스라는 것으로, 뛰어난 장식적인 디자인의 바로크풍 드레스이다. 여기서는 기능성보다도 몸치장을 한다는 점이 최대의 목적으로 디자인되었다.

매니시 룩 (Mannish look)

남성다운 룩이라는 뜻인데, 남성 신사복의 디자인을 도입한 판탈롱 스타일을 말한다. 스포티브 룩에는 원래 남성 작업복의 디자인을 도입한 것 등이 많지만, 특히 매니시 룩이라고는 부르지 않는다. 또 이것은 여성복이 남성복화 된 것으로 일종의 트랜스 섹스라고도 할 수 있다. 그러나 모노 섹스는 아니고 어디까지나 여성다움의 표현을 겨냥한 것이다.

매시 백

바스켓 소재나 매시 소재 백을 가리키는 말로, 바스켓 백이라고도 한다. 여름과 가장 잘 어울리는 소재로 짜여진 굵기나 모양, 또는 색상에 따라 다양한 분위기 연출이 가능하다. 아이보리와 브라운의 매치같은 일반적인 색상보다 분홍, 파랑, 빨강 등 컬러풀한 색상이 눈에 띄며, 로맨틱한 원피스나 시크한 시가렛 팬츠에 코디하면 세련된 느낌을 준다.

마린룩 (Marine look)

해군 수병복 룩을 말한다. 별칭으로는 세일러 룩, 미디 룩이라고도 한다. 프랑스어로는 마리니에르 룩이라고 한다.

머메이드 라인 (Mermaid line)

이브닝 드레스와 같이 슬림한 스커트의 단을 끊어서, 인어의 꼬리처럼 느낄 수 있도록 한 플리츠나 플라운스를 붙인 실루엣을 말한다.

머천다이징 (Merchandising)

상품화 계획 또는 상품 기획이라고도 한다. 미국 마케팅협회에서는 적절한 상품이나 장소, 시기, 수량, 가격으로 판매하기 위한 계획 활동으로 규정하고 있다. 소비자의 수요에 적당한 상품을 만들기 위해 시장조사 자료를 바탕으로 신제품의 개발, 품질, 디자인, 색채 등을 검토한다.

모노톤 (Monotone)

본래는 단조로운 색조로 정돈이 된 스타일을 말하는데, 특히 흰색이나 검정색 등 무채색을 기조로 한 스타일을 말한다.

모드 (Mode)

어원은 라틴어의 Modus에서 왔으며 프랑스어, 영어 공용어이다. 프랑스의 라우스 소사전(Petit Larousse)에는 시대의 취미, 기호에 따라 생활이나 의복 양식을 정하는 일시적인 풍속으로 정의하고 있다. 시즌에 앞서 디자이너가 작품을 발표할 단계에 이른 것을 모드라 부르고, 그 중에서 일반화되는 것을 패션으로 구별하기도 하나 보통 모드와 패션은 같은 개념으로 쓰인다.

뮬

뒤꿈치가 노출된 슬리퍼 형태로 앞이 막힌 것과 뚫린 것이 있다. 스포티한 운동화 스타일부터 화려하고 여성스런 스타일까지 다양하다.

밀리터리 룩 (Military look)

주로 육군 군복의 디자인에서 힌트를 얻은 스타일을 말한다. 제2차세계대전 중에 유행했던 모난 어깨와 짧은 스커트가 그 대표적인 예이다. 1963년 앙드레 꾸레주와 1966년 이브 생 로랑이 견장과 금빛단추 등을 활용하여 밀리터리 룩을 보다 더 본격적으로 발전시켰다.

버버리 (Burberry)

면의 가느다란 번수인 쌍사로 치밀하게 짜고 특수한 방수가공을 한 고급스런 면의 개버딘에 대한 영국 버버리사의 등록 상표명, 능직 체비엇의 슈팅이나 톱 코팅, 또는 오버 코팅을 말하기도 한다.

박시 라인 (Boxy line)

박스 실루엣과 같은데 상자처럼 네모진 라인으로, 주로 재킷 등의 톱 실루엣을 말한다. 때로는 렉탱귤러 라인(Rectangular line)이라고 불려지는 장방형의 직선적인 실루엣의 코트 등을 포함할 때도 있다. 이 경우 앞의 것과 구별해서 쇼트 박시 라인이라고 부를 때도 있다.

버블 라인 (Bubble line)

버블(거품)과 같이 크게 부풀어 오른 실루엣을 말한다. 1970년대 후반에 빅 룩의 하나로서 주로 톱(Top)에서 볼 수 있다. 벌룬 라인이라고도 한다.

버튼 다운 (Button down)

와이셔츠의 칼라를 몸판의 단추로 채운 것이다. 아이비에 꼭 필요한 셔츠이다.

버튼 다운 칼라 (Button down collar)

셔츠 칼라의 끝을 단추로 길게 붙인 칼라로서 스포티한 느낌을 주는 칼라이다.

버튼 업 칼라 (Button up collar)

셔츠 칼라의 일종으로 깃의 양끝에 고리를 내어, 스냅 버튼 등으로 양깃 끝을 여미는 모양으로 된 것을 말한다. 태브 칼라의 일종이다.

베이직 컬러 (Basic color)

기본 색상을 말한다. 여러 가지 색상으로 배합하는 코디네이트에 있어서 전체의 색상을 결정하기 위한 기본 색상을 말하는 경우가 많다.

베이직 패션 (Basic fashion)

포워드 패션(Forward fashion)에 대한 말로서, 모든 유행 중에서 항상 근본이 되어 안정된 스타일을 보존하는 패션을 말한다.

빈티지 패션 (Vintage fashion)

구형 제작의 패션이란 뜻으로, 앤티크 패션과 동의어이다.

빈티지 룩 (Vintage look)

벼룩시장이나 보세가게에서 고른 오래된 듯한 낡은 옷들을 크로스 코디네이트해서 입는 스타일이다. 우리나라에서는 해외 여행의 붐을 타고 2~3년 전부터 외국의 벼룩시장에서 구입한 옷들이 들어오고, 보세가게가 많이 생기면서 단조로운 옷입는 방식에 싫증을 느끼던 젊은층들이 자신의 개성을 살리는 옷입기를 시도, 유행이 되었다. 의도적으로 품위없게 옷을 입는 키치적인 요소가 많은 일본의 아기자기한 스트리트 패션에서 영향을 받은 면도 크다. 손뜨개 아이템이나 구슬백, 꽃무늬 프린트들이 빈티지 룩을 살리는 요소들이다. 우리나라 디자이너 중에서는 이경원이 빈티지 느낌을 소녀스럽게 소화하는 디자이너로 손꼽힌다. 낡은 느낌이라고 해서 털실로 짠 모자, 군화 스타일의 부츠 등을 소품으로 겹쳐입기를 시도하는 지저분한 스타일과는 구별된다. 원래 빈티지는 최고급 포도주인 빈티지 와인을 뜻하는 단어이다.

샤넬 (Chanel)

프랑스의 디자이너 샤넬에 의해서 디자인된 수트로서, 심플한 카디건 수트의 일종이다. 네크라인에서 앞여밈과 헴을 브레이드로 가장자리를 한 재킷과 심플하며 스트레이트한 스커트를 짝지은 수트이다. 블라우스나 액세서리의 변화로 옷차림 분위기를 쉽게 바꿀 수 있으며, 그 단순함과 입기 편함으로 인해 널리 애용되고 있다.

셔 링

네크라인이나 가슴선에 여러 겹의 주름을 잡아 풍성하게 만든 것을 말한다. 부인복이나 아동복 디자인에 많이 이용되었으나 요즈음은 여성복의 치맛단이나 네크라인 등에 이용되어 로맨틱하면서도 귀여운 느낌을 연출한다.

세일러 칼라 (Sailor collar)

여학생의 세일러복에 쓰이고 있는 칼라로 앞이 V자형으로 트여 있다. 앞에서 이어져 어깨에서 등으로 넘어가면 뒤쪽이 네모진 패널형으로 된 칼라를 말한다. 수병복의 칼라에서 유래된 것으로 미디 칼라라고도 한다.

슈미즈 룩 (Chemise look)

속옷으로서의 슈미즈풍 드레스가 패션의 주류가 된 것을 말한다. 19세기 초경의 엠파이어 룩, 1920년대의 가르손느 룩, 1958년의 색 드레스, 1974년 가을의 나이브 슈미즈 등이 패션 역사에서 반복적으로 등장하고 있다.

스모키 톤 (Smoky tone)

스모키는 "연기나는, 연기색의"란 뜻으로, 색깔이 침침한 색조를 말한다. 그 범위는 청색과 탁색으로 나누었을 때에 탁색에 들어간다.

스타일리스트 (Stylist)

스타일을 담당하는 사람이라는 뜻으로 몇 개의 직종이 있다. 1) 텍스타일 메이커나 어패럴 메이커에 있어서 스스로 디자인을 하지 않지만, 오리지널 디자인을 자사의 정책 방침을 기초로 하여 판매할 수 있는 물품을 변형해 나가는 사람을 말한다. 2) 잡지 등의 저널리즘에 있어서 편집 테마에 따라 그에 해당하는 어패럴을 코디네이트하여 지면 제작에 협력해 가는 사람을 말한다. 3) 광고사진이나 예능관계로 모델, 탤런트의 의상을 담당하는 사람이다. 4) 패션쇼 연출 스태프의 일원으로 모델이 입는 드레스를 관리하고, 필요에 따라 액세서리 등을 코디네이트하는 사람을 말한다.

스트라이프 (Stripe)

줄무늬를 말한다. 이때 선의 굵기는 여러 가지이며 굵기를 다르게 한 선의 복합물도 있다.

스트랩 슈즈

스트랩이 끈이라는 의미로 구두의 앞부분의 여밈이 끈으로 되어 있는 스타일을 말한다. 요즘은 앞코가 둥근 복고풍 스타일에 귀여운 끈 여밈을 포인트로 디자인된 구두가 유행이다.

스트레이트 실루엣 (Straight silhouette)

허리를 조이지 않는 직선적인 실루엣의 총칭이다. 박스 실루엣이나 튜뷸러 실루엣도 이 속에 포함된다.

슬릿 스커트

좁거나 꼭 맞는 스커트의 앞면이나 뒷면 또는 옆선에 동작이 불편하지 않게 트임을 준 스커트를 말한다. 때때로 트임이 높게 올라가 섹시한 스타일을 만들기도 한다. 주로 폭이 좁은 타이트 스커트나 슬림한 라인에 이용된다. 1970년대 후반에 유행하였고 스커트 폭이 좁은 경우에는 테이퍼드라고 부르기도 한다. 중국이나 베트남 여성들이 입었던 스커트나 드레스에서 유래되었다.

시가렛 팬츠 (Cigarette Pants)

담배처럼 가늘어 다리에 꼭 맞는 팬츠로 스키니(skinny) 팬츠라고도 한다. 주름 잡힌 이 팬츠와 가슴이 깊게 파인 블라우스에 목걸이, 허리선을 나타내는 장식적인 벨트의 착용은 레이디 룩을 완성시키며, 어깨를 강조한 재킷과 코디한 80년대 수트 차림 등의 트렌드이다. 또한 시가렛 팬츠에 앞이 뾰족하고 굽이 높은 신발도 빼놓을 수 없다.

시스루 패션 (Seethrough fashion)

천을 통해서 살결이 비쳐보이는 듯한 룩스의 총칭이다. 주로 셔츠 분야에서 많이 볼 수 있으며, 레이스, 보일, 오건디 등의 소재를 사용한 드레시한 것이 쓰인다.

시크 (Chic)

"스마트한, 매력있는, 멋진, 근사한"의 뜻이다. 또한 치프 시크라는 표현도 있다.

시 폰

가는 강연 색사를 사용하여 씨실과 날실의 밀도를 비슷하게 짠 직물로, 제직 후 정련을 완전히 하지 않은 직물이며, 얇고 가벼운 것이 특징이다. 이 직물은 드레스, 란제리, 스카프 등에 쓰인다. 시폰 소재의 스카프는 단색 상의에 멋지게 코디할 수 있다.

실루엣 (Silhouette)

"그림자, 그림, 윤곽"이란 뜻이다. 복식 용어로는 복장의 전체적인 입체로서의 특징을 말한다. 때로는 소매나 스커트 등 부분의 입체적인 특징을 말할 때도 있다. 실루엣 라인 또는 라인이라고 부를 때도 있으며, 룩이나 스타일이라고 할 때도 있다.

아가일 (Argyle)

스코틀랜드의 주 이름에서 따온 것이다. 능직의 격자무늬. 기본은 3색인데 능직과 가는 사선 격자무늬로 되어 있다. 스웨터나 양말의 무늬에 이용하는 경우가 많다.

아가일 스웨터 (Argyle Sweather)

스코틀랜드 서부 연안 아가일 주의 이름을 딴 스웨터를 말한다. 어떤 색의 다이아몬드 체크 위에 가늘고 경사진 격자무늬가 겹쳐지고 있다. 원래는 3색 배색이었다.

아가일 체크 (Argyle Check)

3~4가지 색상을 사용하여 다이아몬드 문양으로 편직한 체크로 스코틀랜드 지방의 타탄 체크에서 유래되었다. 카디건이나 스웨터, 두터운 양말에 많이 쓰이는 패턴으로 귀엽고 발랄한 이미지를 연출한다. 버건디, 와인 등 유행색과 함께 감각적인 느낌을 준다.

아이비 룩 (Ivy look)

아이비란 식물의 "담쟁이 덩굴"을 말한다. 미국 동부의 8개 명문 대학 건물이 덩굴로 뒤덮여 있어, 이들 대학을 아이비 콜리지라고 부르고 있다. 이들 대학생이나 졸업생들이 즐겨 입은 신사복을 중심으로 한 스타일을 아이비 룩이라 부르고 있다. 아이비 타이, 아이비 셔츠, 아이비 슬랙스, 아이비 리그 모델(신사복) 등이 이것에 포함된다.

앙상블 (Ensemble)

조화, 통일, 함께라는 의미이다. 의상의 통일성을 목적으로 블라우스와 자켓, 원피스와 자켓 등 처음부터 한 벌로 입기 위해 디자인 된 것이다.

앤티크 패션 (Antique fashion)

고물, 시대에 뒤떨어진 패션이라는 뜻인데, 여기서 말하는 옛시대란 거의 19세기 이후의 것을 말한다. 그래니 룩(Granny look)이 그 전형으로서 할머니가 착용하였던 헌옷을 찾아내, 그대로 착용하거나 그 비슷한 디자인의 룩을 말한다. 또한 액세서리·가구 등에 대해서도 같은 취미를 엿볼 수 있다.

에스닉 룩 (Ethnic look)

민족복 룩을 말한다. 유럽 민족 이외의 세계 여러 나라 민족 고유의 복장을 힌트로 한 것이다. 20세기 초기에 폴 포와레의 작업에서 동양 취미가 강한 이런 종류의 룩을 볼 수 있다. 또한 1970년대 후반에는 많은 디자이너에 의해서 여러 가지 에스닉 룩이 발표되었다.

엘레강스 (Elegance)

프랑스어로 "우아한, 고상한, 맵시"의 뜻이다. 성인을 대상으로 한 페미닌풍을 주체로 하는 클래식하고 콘서버 리치한 패션감각을 말한다.

오뜨꾸뛰르 (Haute couture)

프랑스어로 "고급의상점"이란 뜻이다. 원칙적으로 파리의 고급의 상점조합(통칭 생디카)에 가입한, 조합규정의 규모와 조건을 갖춘 의상점을 말한다. 하지만 생디카에 가입되지 않은 점포라도 오뜨꾸뛰르의 조건을 갖춘 곳이 많다. 특히 프랑스에서 일류 디자이너의 고급 주문 여성복을 의미한다. 폴포와레, 가브리엘 샤넬, 엘자 스키아파렐리, 비오네 등이 활약한 1910~30년대와 디오르, 피에르 가르댕, 이브생 로랑 등의 1940~50년대까지는 귀족과 상류층을 고객으로 하여 번창하였다. 그러나 현재는 오히려 프레타포르테에 진출하는 디자이너가 많고, 왕년의 명성이 쇠퇴해져가는 경향이다. 봄, 가을에 발표되는 콜렉션은 세계의 모드에 큰 영향을 주고 있다.

오리엔탈 패션 (Oriental fashion)

유럽에서 볼 때 동방 제국, 즉 터키, 이집트, 페르시아, 인도, 중국 등 각 나라들의 풍속을 디자인의 힌트나 모티브로 한 유행을 말한다.

인너 웨어 (Inner wear)

속옷의 총칭이다. 원래 언더 웨어라고 부르는 방법도 있었는데, 업계에서는 즐겨 이 호칭을 쓰고 있다. 또한 업계에서는 달리 보디 패션이라고도 부르고 있다.

조 리

가죽끈 사이로 발가락을 끼는 일본식 샌들을 말하며, thong이라고도 한다. 스펀지 고무창에 스포티한 스타일이 일반적이었지만 가죽끈의 교차방식이나 밑창의 소재에 따라 그 느낌이 다양해졌다. 해변에서 물과 모래의 감촉을 느끼며 걷기에 적당하지만 비즈장식이 있거나 발목을 감싸는 끈에 굽이 있는 스타일은 여성스런 스커트나 시크한 바지에도 잘 어울린다.

차이니즈 룩 (Chinese look)

중국의 민족의상에서 모티브를 얻은 패션을 말한다. 에스닉 붐에 편승하여 등장한 동양풍의 대표적인 패션으로 주목되고 있다. 흔히는 퀼팅 소재로 스탠드 칼라나 칼라리스의 재킷 등이 표현되어 토 프런트, 태브 프린트를 특징으로 할 때가 많다.

체크 무늬 (check patten)

세로선과 가로선이 직각으로 교차된 문양을 말한다.

카키 (Khaki)

코튼, 울, 우스티드, 리넨 등을 사용하여 능직으로 짠 카키색의 천을 말한다. 원래 카키는 토사를 뜻하는 힌두어로, 색상의 명칭으로 쓰였다. 카키는 군복용으로 많이 쓰이며 승마복, 캐주얼 웨어 등에도 널리 사용된다.

캐미솔 탑

캐미솔은 끈으로 상의의 앞뒤를 연결하고 어깨선과 목선을 드러낸 디자인이다. 면스판, 실크, 시폰 소재로 여성스러움을 표현하며 여러 겹의 레이스나 비즈, 스팽글로 화려함을 연출하기도 한다. 투명비닐이나 누드색의 어깨끈으로 섹시함을 강조한 디자인이 인기이며 프릴을 달고 셔링으로 귀여운 느낌을 준 디자인 등 다양한 디자인이 유행하고 있다.

캐주얼 (casuals)

우리가 옷을 구분할 때 대략 크게 포멀 웨어(formal ware : 격식을 갖춘 옷차림)와 인포멀 웨어(informal ware : 약식의 옷차림)로 구분한다면 캐주얼은 인포멀 웨어에 속하는 것이라 할 수 있다. 정장, 즉 수트의 까다로운 격식에서 벗어나 스스로를 편안하고 부드럽게 즐기기 위해서 평상시 무난하게 입을 수 있는 옷차림 이다. 캐주얼은 캐주얼 수트(casual suit)를 말하는 것으로, 형식에 얽매이지 않고 자유롭고 편안하게 입을 수 있는 스타일의 스포티한 재킷과 스커트나 팬츠로 이루어진다. 20대의 젊은 직장인을 타깃으로 하는 정장 캐주얼에는 크게 ▲타운 캐주얼 ▲캐릭터 캐주얼 등 두 가지로 나뉜다. 타운 캐주얼은 신입사원을 타깃으로 하는 정장으로 보면 된다. 심플하고 편안한 스타일이다. 반면 캐릭터 캐주얼은 연예인들이 선호하는 정장으로 패션 감각과 자기 표현력이 높은 층을 주요 고객으로 한다. 착 달라붙거나 허리가 잘록하게 피트되는 등 매우 튀는 스타일이다.

코듀로이 (Corduroy)

흔히 골덴이라 불리는 골이 파인 천을 말한다. 원래는 목면으로 된 것을 말하지만 레이온으로 된 것도 있다. 어원은 프랑스어인 Corde du roi(임금의 밭이랑)에서 유래되었다. 주로 용도는 슬랙스, 캐주얼 재킷, 코트, 퀼로트 스커트, 수렵복, 실내장식 등에 다양하게 사용된다.

콜렉션 (Collection)

오뜨꾸뛰르나 프레타포르테의 메이커가 시즌 끝에 발표하는 작품을 말한다. 가장 역사가 오래된 파리 콜렉션은 아직도 전 세계 모드를 좌우할만큼 영향력이 크다. 또한 발표회를 말하기도 한다.

크롭프트 팬츠

무릎이나 발목까지 오는 다양한 길이로 만들어진 바지이다. 대개 길이는 무릎 바로 밑까지 오며 바지폭이 넓고 길이가 길며 허리부분이 주름으로 처리된 스타일이 1984년에 유행하였다.

타탄 (Tartan)

원래는 스코틀랜드의 하일랜드 지방에서 짰던 소모나 방무의 격자무늬 모직복지. 이 타탄을 코트와 같이 어깨에 걸치고 아래는 킬트(Kilt)라는 스커트를 입었다. 타탄에는 클랜 타탄(각 씨족에서 정하고 있는 특정 색무늬로서 군장용. 전쟁에서 이것으로 적군과 아군을 구별했다.) 치프스 타탄(영주와 그 가족만이 사용하는 색무늬), 디스트릭트 타탄(자기 영토의 목동을 분별하기 위해 서민용 색무늬로서 출신지를 나타낸다) 등이 있다. 지금은 이런 규칙에서 떠나 타탄과 같은 격자무늬의 천을 이렇게 부르고 있다.

타탄 체크 (Tartan Chek)

스코틀랜드 지방의 민속품의 하나로, 크란에서 전해지는 지방의 가문을 상징하는 전통적인 격자 무늬. 체크 문양이 이중, 삼중으로 겹쳐서 독특한 체크무늬를 형성한다. 현대에는 영국 민족 무늬뿐 아니라 여러 가지로 쓰인다. 영국풍의 트래디셔널 스타일에 많이 활용되며 플리츠 스커트, 칠부 바지 등에 사용되어 귀여운 느낌을 주기도 한다. 블랙과 그린을 중심으로 한 '블랙워치 타탄'과 갈색을 중심으로 한 '브라운워치 타탄'은 남자옷에서 많이 볼 수 있다. 타탄 체크는 '클랜 타탄', 크기가 큰 타탄 체크는 '타탄 브레이드'라고도 한다.

탱크 탑 (Tank top)

탱크란 실내 또는 옥외의 풀을 가리키며 런닝셔츠의 모양을 한 여성 상의를 말한다. 1930년대의 원피스 스타일 수영복인 탱크 수트에서 온 명칭이다. 티셔츠 위에 겹쳐 입거나 직접 맨 살 위에 입는 것이 1970년대 후반에 유행, 지금까지 다양한 스타일로 사랑받고 있는 아이템이다. 면소재나 니트소재의 심플한 스타일이 일반적이며 하프팬츠, 스커트, 데님, 면바지 등 다양한 스타일의 하의와 어울린다. 최근에는 비즈나 프릴로 장식된 화려한 디자인, 시폰이나 실크소재로 된 여성스런 디자인, 기하학적 패턴이 있는 독특한 디자인 등이 인기를 끌고 있다.

터틀 네크 (Turtle neck)

거북의 목처럼 생긴 네크라인을 말한다. 목둘레를 겉으로 접어넘긴 것도 있으며 풀오버에 많이 쓰인다. 요즘에는 블라우스 등에도 이용되고 있다.

턴 오버 칼라 (Turn over collar)

턴 오버는 "접어 젖힌"이란 뜻으로, 접어 젖힌 칼라의 총칭이다. 턴 다운 칼라, 턴 백 칼라라고도 한다.

테일러드 칼라 (Tailored collar)

신사복에서 볼 수 있는 남성적인 칼라의 총칭이다. 오버 코트, 수트 등에 쓰이며 보통 테일러 칼라라 부른다.

토트백

어깨에 매는 형식이 아닌 손으로 들고 다니는 다양한 사이즈의 손가방. 가방 위에 손잡이가 있으며 원래는 위가 트여 있는 쇼핑백 모양의 가방으로 많은 물건을 넣고 다닐 수 있다. 주로 부드러운 캔버스로 만든다.

트로피컬 (Tropical)

얇은 천으로 가볍고 깔깔한 촉감의 소모직물이다. 열대지방이나 여름철 의복에 적당한 직물로서, 레이온, 아세테이트, 나일론 등과의 혼방제품도 있다.

트위드 (Tweed)

순모로 된 스코틀랜드산 홈스펀을 말하며, 평직이나 능직 혹은 삼능직으로 짠 홈스펀 종류의 천을 총칭하여 트위드라 부르기도 한다. 질감이 굵고 거친 것이 특징이다. 잉글랜드와 스코틀랜드 사이를 흐르는 트위드 강 근처에서 제직되어 붙은 명칭이다. 대개는 두 가지 색으로 선염직하는데, 때로는 두 가지 이상의 색을 사용하고 창살무늬, 삼능무늬를 많이 넣는다. 샤넬의 트위드 재킷이 대표적인데, 슈트, 스커트, 팬츠, 코트를 비롯한 액세서리까지 그 영역이 확대되었을 만큼 복고를 대표할 만한 소재이다. 따뜻해 보이는 만큼 두툼하기 때문에 마른 체격에 잘 어울린다. 주로 코트, 수트, 스포츠 웨어에 많이 쓰인다.

파스텔 (Pastel)
뛰어나게 아름다우며 엷은 색의 조화로 파스텔 톤 등으로 쓰인다. 패션의 유행색에 거듭 나타나는 색조이다.

파우더 블루 (Powder blue)
코발트 안료를 넣은 푸른 유리색으로 회색을 띤 녹청색을 말한다.

파우치 백
파우치는 〝돈주머니, 지갑'이라는 의미로, 돈지갑처럼 여미는 쇠붙이 장식이 붙어 있는 주머니형 가방을 말한다. 입구쪽에는 잔주름이 있으며 여밈은 지퍼나 끈을 사용하는 것도 있다.

패브릭 (Fabric)
모든 천의 총칭이다. 단순하게 직물을 가리키는 일도 있지만, 그것보다도 섬유 제품(피륙, 직물, 편물, 부직포 등) 전반을 의미하는 편이 강하다.

패치워크 (Patchwork)
여러 가지 색상과 무늬, 소재의 작은 천조각을 서로 꿰매 붙이는 것을 말한다. 때로는 바탕이 되는 기본 천에다 작은 천 조각을 꿰매가는 방법도 있고, 아플리케와 명확히 구별할 수 없는 것도 있다.

페미닌 룩 (Faminine look)
여성다운 우아한 분위기를 가진 스타일로, 인체의 곡선미를 살려서 둥근 어깨선, 부풀린 가슴, 잘록한 허리 등을 나타내지만 일정한 형식은 없고 그때마다 시대를 반영한 우아함이 포인트이다.

풀 오버 (Pull over)
머리로부터 뒤집어 써서 입는 형식으로 된 스웨터를 말한다.

플랫 칼라 (Flat collar)
네크라인에서 바로 젖혀진 칼라이다. 허리가 전혀 없는 평평한 칼라를 말하며 피터팬 칼라 등 여러 가지가 있다.

플레어 스커트 (Flare skirt)
체형선에 따르지 않고 허리에서 도련에 걸쳐 나팔꽃 모양으로 벌어진 여유있는 스커트의 총칭이다.

홀터넥 탑
앞 몸판에서 이어진 밴드를 목 뒤에 둘러 입는 디자인으로, 어깨선과 등이 노출되어 섹시함을 연출한다. 어깨가 좁고 목이 길며 등선이 예쁜 사람에게 어울리며 여성스런 스타일의 하의와 코디하면 한층 돋보인다. 요즈음은 네크라인을 X라인으로 처리한 디자인이 눈길을 끌고 있다

후드 (hood)
머리로부터 목 부분을 감싸는 부드러운 모자로 때로는 어깨까지 내려오는 것도 있다. 코트와 재킷에 붙기도 하고 단독으로 쓰이기도 한다.

힙본 (Hipbone)
웨이스트 라인보다 낮은 요골의 위치에 맞추어 만든 스커트나 팬츠를 말한다.

봄·여름·가을용

프리미엄 손뜨개

2006년 6월 15일 1판1쇄
2008년 7월 15일 1판3쇄

저자 : 서경숙
펴낸이 : 남상호

펴낸곳 : 도서출판 **예신**
www.yesin.co.kr

140-896 서울시 용산구 효창동 5-104
전화 : 704-4233, 팩스 : 715-3536
등록 : 제03-01365호(2002. 4. 18)

값 18,000원

ISBN : 978-89-5649-041-0

＊이 책에 실린 글이나 사진은 문서에 의한 출판사의
동의 없이 무단 전재·복제를 금합니다.